普通高等教育“十二五”机电类规划教材

单片机原理及应用

（第2版）

主　编　蔡振江　索雪松

副主编　马跃进　韩庆瑶　岳建锋

電子工業出版社

Publishing House of Electronics Industry

北京 • BEIJING

内 容 简 介

单片机开发技术和编程技术日新月异，为了使读者能够尽快掌握这一技术，根据工科大学生的知识背景编写了本教材。

本书主要包括单片机基础知识，51单片机的基本硬件结构，MCS-51单片机的指令系统，MCS-51汇编语言的编写方法和格式，MCS-51系统总线及其构造技术，功率接口电路及编程方法，C51特点及编程注意事项，基于RTX51的实时操作系统的程序设计方法，单片机开发选型应注意的事项等内容。

本书力求通俗易懂，注重实用，可作为高等院校本专科教材，也可供科技人员参考或自学。为了方便教学和学习，本书配有教学课件。

图书在版编目（CIP）数据

单片机原理及应用/蔡振江，索雪松主编. —2版. —北京：电子工业出版社，2012.5
普通高等教育“十二五”机电类规划教材
ISBN 978-7-121-16954-0

Ⅰ. ①单… Ⅱ. ①蔡… ②索… Ⅲ. ①单片微型计算机－高等学校－教材 Ⅳ. ①TP368.1

中国版本图书馆 CIP 数据核字（2012）第 088202 号

策划编辑：李 洁
责任编辑：刘真平
印 刷：
装 订：北京京师印务有限公司
出版发行：电子工业出版社
北京市海淀区万寿路 173 信箱 邮编 100036
开 本：787×1 092 1/16 印张：16.75 字数：428.8 千字
印 次：2012 年 5 月第 1 次印刷
印 数：3 000 册 定价：33.00 元

凡所购买电子工业出版社图书有缺损问题，请向购买书店调换。若书店售缺，请与本社发行部联系，联系及邮购电话：（010）88254888。

质量投诉请发邮件至 zlts@phei.com.cn，盗版侵权举报请发邮件至 dbqq@phei.com.cn。

服务热线：（010）88258888。

前　言

单片机技术广泛应用于智能化测控设备及仪器仪表中，为了培养学生能够熟练掌握单片机技术，并能够利用所学知识开发、应用智能产品，作者结合多年来单片机教学经验编写了《单片机原理及应用》一书，该书经过几年的使用，得到许多同仁的关爱和指正。随着电子技术和软件技术的高速发展，新的元器件、新的程序设计理念和手段不断涌现出来。为了使学生了解和掌握最前沿的技术和知识，根据近几年的教学实践经验和社会需求，对原教材进行了修订和补充，增加了单片机 C 语言程序设计和基于 RTX51 实时操作系统的单片机程序开发等内容。

本教材的特点是：在内容编排上融入了编者多年的教学经验，针对工科类学生的课程特点，既考虑内容的系统性和完整性，又照顾到各专业学生的知识特点，力求做到书中内容和实际应用不脱节，理论和实践相结合，所学内容即是社会所需。为方便教学和学习，本书还配备了详细的电子课件。

全书内容共分 9 章。其中，第 1 章介绍单片机的基本知识，计算机中数的表示方法，计算机中一些常用的术语。第 2 章主要介绍 MCS-51 单片机的基本硬件结构和特点，通过本章的学习，使学生对 51 系列单片机有一个全面的理解和掌握，为后面章节的学习打下基础。第 3 章全面系统地介绍 MCS-51 单片机的指令系统。第 4 章介绍 MCS-51 汇编语言的编写方法和格式，通过实例介绍 51 单片机汇编程序的开发过程及各部分的功能开发。第 5 章介绍 MCS-51 单片机系统总线及其构造技术，以及常用接口芯片的扩展技术，其中包括程序存储器、数据存储器（RAM）、I/O 口，以及常用并行和串行 D/A 和 A/D 的扩展技术，并且通过实例介绍这些芯片的外围扩展电路及基本编程方法。第 6 章介绍键盘接口设计及 LED、LCD 显示器与单片机的接口电路及程序设计方法，学习功率器件在工业控制中的应用、功率接口电路及编程方法。第 7 章介绍基于 C 语言的 51 单片机程序开发。鉴于目前工科学生基本已经掌握了 C 语言，因此本章阐述了 C51 与普通 C 语言的异同之处，通过实例介绍单片机 C 语言的开发过程。第 8 章介绍基于实时操作系统的 51 单片机程序的设计。第 9 章介绍单片机应用系统的开发方法、研制过程；介绍常用单片机开发工具，叙述单片机软件、硬件设计方法及调试方法，使学生进一步学习和领会单片机应用系统的开发方法和技巧，为学生走向社会进行实际设计开发打下基础。

参加本书编写和修订的有河北农业大学蔡振江、索雪松、马跃进、邢雅周、张德宁、华北电力大学韩庆瑶、天津工业大学岳建锋、廊坊学院陈贵峰、铜陵学院崔雪英。全书由蔡振江教授统稿。在编写和修订过程中牛琳媛、连贯、张得龙等同学做了大量的工作，在此对他们表示感谢。

本书在修订和编写过程中，参考和吸收了兄弟院校教材的部分内容，并得到了有关院校老师的鼓励和支持，在此谨向有关同事、作者表示衷心的感谢！

限于编者水平，本书虽然进行了全面的修订和补充，但书中一定还存在不妥之处，恳请广大读者、专家学者予以批评指正。

编　者

2011 年 12 月

目　　录

第1章　单片机基础

学习要点：本章主要讲述计算机和单片机系统的基本知识。通过学习本章内容，要求了解计算机和单片机的发展概况、趋势、硬件系统组成和各功能部件的作用；掌握二进制数、十进制数和十六进制数之间的换算关系；熟悉二进制数四则运算的方法；了解二进制数原码、反码和补码的表示方法；了解BCD码和ASCII码。

重点与难点：数制的换算关系和运算方法，二进制数原码、反码、补码的表示，单片机硬件系统组成。

1.1　概述

1.1.1　计算机发展概况

1．计算机的诞生

1945年年底，世界上第一台使用电子管制造的电子计算机在美国宾夕法尼亚大学莫尔学院研制成功，并在1946年2月15日举行了计算机的揭幕典礼。这台电子计算机总共用了18 800个电子管，耗电140千瓦，占地150平方米，重达30吨，每秒可进行5 000次加法运算。电子计算机是人类历史上最伟大的发明之一。

2．计算机的发展

按照组成计算机元器件的技术发展水平作为分类的依据，计算机技术的发展已经走过了四代。

第一代计算机是电子管计算机（1945—1954年）。

第二代计算机是晶体管计算机（1955—1964年）。

第三代计算机是集成电路计算机（1965—1971年）。

第四代计算机是大规模集成电路计算机。

在不远的未来，第五代计算机可能会应用于生物技术、纳米技术和量子技术等先进技术。

1.1.2　计算机分类

计算机可分为模拟计算机和数字计算机两大类。

数字计算机按用途又可分为专用计算机和通用计算机。

专用计算机针对某类问题能显示出最有效、最快速和最经济的特性，但它的通用性较差，不适于其他方面的应用。

通用计算机按其规模、速度和功能等又可分为巨型机、大型机、中型机、小型机、微型机及单片机。

单片机则只由一片集成电路制成，其体积小、重量轻、结构十分简单。

1.1.3 单片机的特点及主要应用领域

单片机是指在一块芯片上集成了中央处理器 CPU、随机存储器 RAM、程序存储器 ROM 或 EEPROM、定时/计数器、中断控制器及串行口、并行 I/O 接口等部件，构成一个完整的微型计算机系统。

1．单片机的特点

从结构上看，单片机不但与通用微型计算机一样，是一个有效的数据处理机，而且是一个功能强大的过程控制机。一块单片机就具有一台微型计算机的基本功能，只要加上所需的输入/输出设备，就可以构成一个完整的系统，从而满足各应用领域的需要。

（1）通用计算机的 CPU 主要面向数据处理，其发展主要围绕数据处理功能、计算速度和精度的进一步提高。单片机主要面向控制，因为控制中的数据类型和数据处理相对简单，所以单片机的数据处理功能比通用计算机相对弱一些，计算速度和精度也要相对低一些。

（2）通用计算机中存储器组织结构主要是针对增大存储容量和加快 CPU 对数据的存取速度。单片机中存储器的组织结构比较简单，存储器芯片直接挂接在单片机的总线上，CPU 对存储器的读/写直接用物理地址来寻址存储单元，存储器的寻址空间一般为 64KB。

（3）通用计算机中的 I/O 接口主要考虑标准外设（如 CRT、标准键盘、鼠标、打印机、硬盘、光盘等），即插即用。而单片机应用系统的外设都是非标准的，且千差万别，种类繁多。单片机的 I/O 接口实际上是向用户提供的与外设连接的物理界面。

单片机与通用微型计算机的相同功能部分在具体构造中存在许多不同。正因如此，单片机与通用微型计算机是两个不同的发展分支。

2．单片机的主要应用领域

因为单片机具有体积小、重量轻、价格便宜、功耗低、控制功能强等特点，所以在国民建设、军事及家用电器等领域均得到广泛的应用。按照单片机的特点，可分为单机应用和多机应用。

1）单机应用

在一个应用系统中，只使用一个单片机，这是目前应用最多的方式，主要应用领域有：

（1）测控系统。用单片机可构成各种工业控制系统、自适应系统、数据采集系统等。例如，温室人工气候控制、生产线自动控制、车辆检测控制系统等。

（2）智能仪表。用单片机改造原有的测量、控制仪表，能促进仪表向数字化、智能化、多功能化、综合化、柔性化发展，如温度、压力、流量、浓度等的测量、显示及仪表控制。通过采用单片机软件编程技术，解决测量仪表中长期存在的误差修正、线性化处理等难题。

（3）机电一体化产品。单片机与传统的机械产品结合，使传统机械产品结构简化，实现智能控制。这类产品有简易数控机床、电脑绣花机、医疗器械等。

（4）智能接口。在计算机控制系统（特别是较大型的工业测控系统）中，普遍采用单片机进行接口的控制与管理。因为单片机与主机是并行工作的，所以大大提高了系统的运行速度，而且还能对数据进行预处理，如数字滤波、线性化处理、误差修正等。

（5）智能民用产品。在家用电器、玩具、游戏机、音像设备、收银机、办公设备、厨房设备等产品中引入单片机，不仅使产品的功能大大增强，而且获得良好的使用效果。

2）多机应用

单片机的多机应用系统可分为多功能集散系统、并行多机控制系统及局部网络系统。

（1）多功能集散系统。多功能集散系统是为了满足工程系统多种外围功能的要求而设置的多机系统。例如，一个加工中心的计算机系统除完成机床加工运行控制外，还要完成对刀系统、坐标系统、刀库管理、状态监视、伺服驱动等机构的控制。

（2）并行多机控制系统。并行多机控制系统主要解决工程应用系统中的快速问题，以便构成大型实时工程应用系统。典型的有快速并行数据采集处理系统、实时图像处理系统等。

（3）局部网络系统。单片机网络系统的出现，使单片机应用进入了一个较高的水平。目前该网络系统主要是分布式测控系统，单片机主要用于系统中的通信控制及构成各种测控子系统。

1.2 单片机的发展历史及典型机型

1.2.1 单片机的发展历史

自 1971 年美国 Intel 公司制造出第一块 4 位处理器以来，在短短的 20 余年间，单片机技术已发展成为计算机技术中一个非常有活力的分支，拥有自己的技术特征、规范、发展道路和应用环境。其发展十分迅猛，到目前为止，大致可分为以下几个阶段。

1. 4 位单片机

1971 年 11 月，Intel 公司设计了集成度为 2 000 只晶体管/片的 4 位微型处理器 Intel 4004，并配有 RAM、ROM 和移位寄存器，成为第一台 4 位微处理器。这种微处理器虽然仅用于简单控制，但价格便宜，至今仍不断有多功能的 4 位微处理器问世。4 位单片机主要用于家用电器、电动玩具等。

2. 8 位单片机

1976 年 9 月，美国 Intel 公司首先推出了 MCS-48 系列 8 位单片机，随后单片机发展进入一个崭新阶段，各种 8 位单片机应运而生。例如，1978 年莫斯特克（Mostek）和仙童（Fairchild）公司共同合作生产的 3870（F8）系列，摩托罗拉（Motorola）公司的 6801 系列等。

在 1978 年以前各厂家生产的 8 位单片机，由于受集成度（几千只管/片）的限制，一般没有串行接口，并且寻址范围小（小于 8KB），从性能上看属于低档 8 位单片机。

随着集成电路工艺水平的提高，在 1978—1983 年期间集成度提高到几万只管/片，一些高性能的 8 位单片机相继问世。例如，1978 年摩托罗拉公司的 MC6081 系列，齐洛洛（Zilog）公司的 Z8 系列，1979 年 NEC 公司的 μPD78XX 系列，1980 年 Intel 公司的 MCS-51。这类单片机的寻址范围达到64KB，片内ROM容量达4～8KB，片内除带有并行I/O接口外，还有串行I/O接口，甚至某些还有A/D转换器功能。因此，把这类单片机称为高档8位单片机。

3．16位单片机

Mostek公司于1982年首先推出了16位单片机68200，随后Intel公司于1983年推出16位单片机8096，其他公司也相继推出同档次的产品。由于16位单片机采用了最新的制造工艺，其计算速度和控制功能也大幅度提高，具有很强的实时处理能力。

4．32位单片机

近年来，各个计算机生产厂家已经进入更高性能的32位单片机研制、生产阶段。由于控制领域对32位单片机需求并不十分迫切，所以32位单片机的应用并不是很多。

需要提及的是，单片机的发展虽然按先后顺序经历了4位、8位、16位的阶段，但从实际使用情况来看，并没有出现推陈出新、以新代旧的局面。4位、8位、16位单片机仍各有应用领域，如4位单片机在一些简单家用电器、高档玩具中仍有应用，8位单片机在中小型规模控制系统中仍占主流地位，16位单片机在比较复杂的控制系统中才有应用。

1.2.2 常用单片机的机型

目前单片机产品多达50个系列，300多种型号。国内单片机应用中常见的有Intel公司的MCS系列，Atmel公司的89系列和AVR系列，Motorola公司的68HC05、68HC11系列，Philips公司的80C51系列，MicroChip公司的PIC16系列，台湾凌阳61系列和国内STC系列等。下面将对Intel公司的MCS系列产品做简要介绍。

MCS系列单片机是Intel公司生产的单片机的总称。Intel公司是生产单片机的创始者，其产品在单片机的各个发展阶段具有代表性。Intel公司生产的单片机大体上可分为3大系列：MCS-48系列、MCS-51系列、MCS-96系列。MCS系列单片机主要机型如表1-1所示。

表1-1 MCS系列单片机主要机型

系列	型号	片内存储器（字节）		片外存储器直接寻址（字节）		I/O接口线		中断源	定时器/计数器（个×位）
		ROM/EPROM	RAM	RAM	EPROM	并行	串行		
MCS-48（8位）	8048	1K	64	256	4K	27	—	2	1×8
	8748	1K	64	256	4K	27		2	1×8
	8035	—	64	256	4K	27		2	1×8
	8049	2K	128	256	4K	27		2	1×8
	8749	2K	128	256	4K	27		2	1×8
	8039	—	128	256	4K	27		2	1×8
MCS-51（8位）	8051	4K	128	64K	64K	32	UART	5	2×16
	8751	4K	128	64K	64K	32	UART	5	2×16
	8031	—	128	64K	64K	32	UART	5	2×16
	8052	8K	256	64K	64K	32	UART	6	3×16
	8752	8K	256	64K	64K	32	UART	6	3×16
	8032	—	256	64K	64K	32	UART	6	3×16

续表

系　列	型　号	片内存储器（字节）		片外存储器直接寻址（字节）		I/O 接口线		中　断　源	定时器/计数器（个×位）
		ROM/EPROM	RAM	RAM	EPROM	并行	串行		
MCS-51（8 位）	80C51	4K	128	64K	64K	32	UART	5	2×16
	80C31	—	128	64K	64K	32	UART	5	2×16
	87C51	4K	128	64K	64K	32	UART	5	2×16
MCS-96（16 位）	8094	—	232	64K	64K	32	UART	8	4×16
	8095	—	232	64K	64K	32	UART	8	4×16
	8096	—	232	64K	64K	48	UART	8	4×16
	8097	—	232	64K	64K	48	UART	8	4×16

注：芯片的制造工艺有 HMOS 与 CHMOS 之分。采用低功耗的 CHMOS 工艺的 MCS-51 系列芯片命名为 80C51 和 87C51 等。

Intel 公司的 3 大系列产品虽然经历了从低级阶段到高级阶段的发展过程，但从市场应用情况来看，并不是高级阶段产品淘汰低级阶段产品，它们都拥有着各自的应用领域。高速应用场合选用 16 位或 32 位单片机，低速应用场合仍选用 8 位单片机或 4 位单片机。MCS-51 系列单片机在中小型应用场合很常见。20 世纪 80 年代中期，Intel 公司将 8051 内核使用权以专利互换或出售形式转让给世界许多著名的 IC 制造厂商，如 Philips、西门子、AMD、OKI、NEC、Atmel 等，这样就保证了 8051 用户到 21 世纪仍具有技术的领先性。因此，MCS-51 系列是单片机教学的首选机型。本书也是以 MCS-51 单片机作为主讲对象来讲述的。

1.3 计算机中的数制及相互转换

1.3.1 计算机中数的表示方法

在日常生活中人们最熟悉的是十进制数，但在计算机中，采用二进制数“0”和“1”可以很方便地表示机内的数据与信息。在编程时，为了便于阅读和书写，人们还常用八进制数或十六进制数来表示二进制数。下面介绍计算机中常用数的表示方法及常用进位计数制。

1. BCD 码的定义及运算

人们习惯使用十进制数，为使计算机能识别、存储十进制数，并能对十进制数进行运算，需要对十进制数进行编码。将十进制数表示为二进制编码的形式，称为二-十进制编码，即 BCD（Binary Coded Decimal）码。表 1-2 给出了十进制数和 8421BCD 码的对应关系。

表 1-2　十进制数和 8421BCD 码的对应关系表

十 进 制 数	8421BCD 码	十 进 制 数	8421BCD 码
0	0000	5	0101
1	0001	6	0110
2	0010	7	0111
3	0011	8	1000
4	0100	9	1001

2．ASCII 码

目前国际上比较通用的是1963年美国国家标准学会ANSI制定的美国国家信息交换标准字符码（American Standard Code for Information Interchange），简称ASCII码，它的编码见表1-3。

表 1-3　ASCII 码表

LSB 位 3210 \ MSB 位 654		0	1	2	3	4	5	6	7
		000	001	010	011	100	101	110	111
0	0000	NUL	DLE	SP	0	@	P	`	p
1	0001	SOH	DC_1	!	1	A	Q	a	q
2	0010	STX	DC_2	″	2	B	R	b	r
3	0011	ETX	DC_3	#	3	C	S	c	s
4	0100	EOT	DC_4	$	4	D	T	d	t
5	0101	ENQ	NAK	%	5	E	U	e	u
6	0110	ACK	SYN	&	6	F	V	f	v
7	0111	BEL	ETB	’	7	G	W	g	w
8	1000	BS	CAN	（	8	H	X	h	x
9	1001	HT	EM	）	9	I	Y	i	y
A	1010	LF	SUB	*	:	J	Z	j	z
B	1011	VT	ESC	＋	;	K	[	k	{
C	1100	FF	FS	,	＜	L	\	l	|
D	1101	CR	GS	−	＝	M	]	m	}
E	1110	SO	RS	•	＞	N	↑	n	～
F	1111	SI	HS	/	?	O	←	o	DEL

3．原码、反码和补码

前面介绍的数制没有考虑符号问题，是一种无符号数。通常意义数的正负号分别用“＋”和“−”来表示。在计算机中由于采用二进制数，只有“0”和“1”两个数字。因此，对于带符号的数，约定数的最高位为数的符号位。一般情况下，用0表示正数，用1表示负数。

在机器内部，数字和符号都用二进制代码表示，两者合在一起构成数的机内表示形式称为机器数；而把这个数本身，即用“＋”、“−”号表示的数值称为真值。

通常机器数有3种表示方法，即原码、反码和补码，下面分别加以介绍。

1）*原码*

在符号位中用0表示正，用1表示负的二进制数，称为原码。

2）*反码*

正数的反码等于原码；负数的反码等于原码的符号位不变而数值按位取反。所谓按位取反，即将各位的1变成0，0变成1。

3）*补码*

正数的补码等于原码；负数的补码等于反码加1。

1.3.2　进位计数制

按进位原则进行计数的方法，称为进位计数制。

1．十进制数

十进制数有两个主要特点：

（1）有 10 个不同的数字符号：0，1，2，…，9；

（2）低位向高位进位的规律是"逢十进一"。

因此，同一个数字符号在不同的数位所代表的数值是不同的。如 555.5 中 4 个 5 分别代表 500、50、5 和 0.5，这个数可以写成

$$555.5=5\times10^2+5\times10^1+5\times10^0+5\times10^{-1} \quad (1\text{-}1)$$

式中，10 称为十进制数的基数，10^2、10^1、10^0、10^{-1} 称为各数位的权。

任意一个十进制数 N 都可以表示成按权展开的多项式：

$$N=d_{n-1}\times10^{n-1}+d_{n-2}\times10^{n-2}+\cdots+d_0\times10^0+d_{-1}\times10^{-1}+\cdots+d_{-m}\times10^{-m}=\sum_{i=-m}^{n-1}d_i\times10^i \quad (1\text{-}2)$$

式中，d_i 是 0～9 共 10 个数字中的任意一个，m 是小数点右边的位数，n 是小数点左边的位数，i 是数位的序数。例如，543.21 可表示为

$$543.21=5\times10^2+4\times10^1+3\times10^0+2\times10^{-1}+1\times10^{-2}$$

一般而言，对于用 R 进制表示的数 N，可以按权展开为

$$N=a_{n-1}\times R^{n-1}+a_{n-2}\times R^{n-2}+\cdots+a_0\times R^0+a_{-1}\times R^{-1}+\cdots+a_{-m}\times R^{-m}=\sum_{i=-m}^{n-1}a_i\times R^i \quad (1\text{-}3)$$

式中，a_i 是 0，1，…，（R−1）中的任一个，m、n 是正整数，R 是基数。在 R 进制中，每个数字所表示的值是该数字与它相对应的权 R^i 的乘积，计数原则是"逢 R 进一"。

2．二进制数

当 R=2 时，称为二进位计数制，简称二进制。在二进制数中，只有两个数码：0 和 1，进位规律为"逢二进一"。任何一个数 N，可用二进制表示为

$$N=a_{n-1}\times2^{n-1}+a_{n-2}\times2^{n-2}+\cdots+a_0\times2^0+a_{-1}\times2^{-1}+\cdots+a_{-m}\times2=\sum_{i=-m}^{n-1}a_i\times2^i$$

例如，二进制数 1011.01 可表示为

$$(1011.01)_2=1\times2^3+0\times2^2+1\times2^1+1\times2^0+0\times2^{-1}+1\times2^{-2}$$

表 1-4 列出了二、八、十、十六进制数之间的对应关系。

表 1-4　各种进位制数之间的关系

十进制数	二进制数	八进制数	十六进制数	十进制数	二进制数	八进制数	十六进制数
0	0	0	0	9	1001	11	9
1	1	1	1	10	1010	12	A
2	10	2	2	11	1011	13	B
3	11	3	3	12	1100	14	C
4	100	4	4	13	1101	15	D
5	101	5	5	14	1110	16	E
6	110	6	6	15	1111	17	F
7	111	7	7	16	10000	20	10
8	1000	10	8				

3．八进制数

当$R=8$时，称为八进制数。有0，1，2，…，7共8个不同的数码，采用“逢八进一”的原则进行计数。例如，$(503)_8$可表示为

$$(503)_8=5\times8^2+0\times8^1+3\times8^0$$

4．十六进制数

当$R=16$时，称为十六进制数。有0，1，2，…，9，A，B，C，D，E，F共16个不同的数码，进位方法是“逢十六进一”。例如，$(3A8.0D)_{16}$可表示为

$$(3A8.0D)_{16}=3\times16^2+10\times16^1+8\times16^0+0\times16^{-1}+13\times16^{-2}$$

1.3.3 进位计数制之间的转换

1．二、八、十六进制数转化成十进制数

根据各进制的定义表示方式，按权展开相加，即可将二进制数、八进制数、十六进制数转化成十进制数。

【例1-1】 将数$(10.101)_2$，$(46.12)_8$，$(2D.A4)_{16}$转换为十进制数。

$(10.101)_2=1\times2^1+0\times2^0+1\times2^{-1}+0\times2^{-2}+1\times2^{-3}=2.625$

$(46.12)_8=4\times8^1+6\times8^0+1\times8^{-1}+2\times8^{-2}=38.156\ 25$

$(2D.A4)_{16}=2\times16^1+13\times16^0+10\times16^{-1}+4\times16^{-2}=45.640\ 62$

2．十进制数转化成二、八、十六进制数

任意十进制数N转化成R进制数，需将整数部分和小数部分分开，以采用不同的方法分别进行转换，然后用小数点将两个部分连接起来。

（1）整数部分：除基取余法。

分别用N连续除以基数R，直到商为零，每次所得的余数依次排列即为相应进制的数码。最初得到的为最低位有效数字，最后得到的为最高位有效数字。

【例1-2】 将$(168)_{10}$转换成二、八、十六进制数。

```
2|168       余数
  2|84   …0  ↑最低位
  2|42   …0
  2|21   …0
  2|10   …1
   2|5   …0
   2|2   …1
   2|1   …0
     0   …1  最高位
```

```
8|168   余数
 8|21  …0
  8|2  …5
    0  …2
```

```
16|168   余数
 16|10 …8
     0 …A
```

$(168)_{10}=(10101000)_2$　　$(168)_{10}=(250)_8$　　$(168)_{10}=(A8)_{16}$

（2）小数部分：乘基取整法。

分别用基数R（$R=2$、8或16）不断地去乘N的小数，直到积的小数部分为零（或直到所要求的位数）为止，每次乘得的整数依次排列即为相应进制的数码。最初得到的为最高位有效数字，最后得到的为最低位有效数字。

【例 1-3】 将（0.645）$_{10}$转换成二、八、十六进制数（用小数点后 5 位表示）。

整数	0.645	整数	0.645	整数	0.645
	× 2		× 8		× 16
1···	1.290	5···	5.160	A···	10.320
	0.29		0.16		0.32
	× 2		× 8		× 16
0···	0.58	1···	1.28	5···	5.12
	0.58		0.28		0.12
	× 2		× 8		× 16
1···	1.16	2···	2.24	1···	1.92
	0.16		0.24		0.92
	× 2		× 8		× 16
0···	0.32	1···	1.92	E···	14.72
	× 2		0.92		0.72
0···	0.64		× 8		× 16
		7···	7.36	B···	11.52

因此，得到

（0.645）$_{10}$=（0.10100）$_{2}$=（0.51217）$_{8}$=（0.A51EB）$_{16}$

【例 1-4】 将（168.645）$_{10}$转换成二、八、十六进制数。

根据例 1-2、例 1-3 可得

（168.645）$_{10}$=（10101000.10100）$_{2}$=（250.51217）$_{8}$=（A8.A51EB）$_{16}$

3．二进制数与八进制数之间的相互转换

由于 $2^3=8$，故可采用“合三为一”的原则，即从小数点开始分别向左、右两边各以 3 位为一组进行二–八换算。若不足 3 位的以 0 补足，便可将二进制数转换为八进制数。反之，采用“一分为三”的原则，每位八进制数用 3 位二进制数表示，就可将八进制数转换为二进制数。

【例 1-5】 将（101011.01101）$_{2}$转换为八进制数。

```
101   011   •   011   010
 ↓     ↓    ↓    ↓     ↓
 5     3    •    3     2
```

即

（101011.01101）$_{2}$=（53.32）$_{8}$

【例 1-6】 将（123.45）$_{8}$转换成二进制数。

```
 1   2   3   •   4   5
 ↓   ↓   ↓   ↓   ↓   ↓
001 010 011  •  100 101
```

即

（123.45）$_{8}$=（1010011.100101）$_{2}$

4．二进制数与十六进制数之间的转换

由于 $2^4=16$，故可采用“合四为一”的原则，每位十六进制数分别向左、右两边各以4位为一组进行二–十六换算。若不足4位以2补足，即可将二进制数转换为十六进制数。反之，采用“一分为四”的原则，将每位十六进制数用四位二进制数表示，便可将十六进制数转化为二进制数。

【例1-7】 将 $(110101.011)_2$ 转换为十六进制数。

```
0011    0101    ·  0110
 ↓       ↓      ↓   ↓
 3       5      ·   6
```

即

$(110101.011)_2=(35.6)_{16}$

【例1-8】 将 $(4A5B.6C)_{16}$ 转换为二进制数。

```
  4     A     5     B      ·     6     C
  ↓     ↓     ↓     ↓      ↓     ↓     ↓
0100  1010  0101  1011     ·   0110  1100
```

即

$(4A5B.6C)_{16}=(100101001011011.011011)_2$

在程序设计中，为了区分不同进制的数，通常在数的后面加字母作为标注。其中，用字母B（Binary）表示二进制数；用字母Q（Octal，用字母Q而不用O主要是区别于数字0）表示八进制数；用字母D（Decimal）或不加字母表示十进制数；用字母H（Hexadecimal）表示十六进制数，如1101B、57Q、512D、3AH等。

1.4 二进制数的运算

二进制数只有0和1两个数字，其算术运算较为简单，加、减法遵循“逢二进一”、“借一当二”的原则。

1.4.1 二进制数的加法

规则：0+0=0；0+1=1；1+0=1；1+1=10（有进位）。

【例1-9】 求1001B+1011B。

```
被加数      1001
  加数  +   1011
─────────────────
  进位     10010
    和     10100
```

即 1001B+1011B=10100B。

1.4.2　二进制数的减法

规则：0−0＝0；1−1＝0；1−0＝1；0−1＝1（有借位）。

【例 1-10】 求 1100B−111B。

```
被减数    1100
  减数 -   111
----------------
    差    0101
```

即　1100B−111B＝101B。

1.4.3　二进制数的乘法

规则：0×0＝0；0×1＝1×0＝0；1×1＝1。

【例 1-11】 求 1011B×1101B。

```
被乘数    1011
  乘数  ×1101
----------------
          1011
         0000
        1011
     + 1011
----------------
    积 10001111
```

即　1011B×1101B＝10001111B。

1.4.4　二进制数的除法

规则：0/1＝0；1/1＝1。

【例 1-12】 求 10100101B/1111B。

```
          1011
1111 ) 10100101
        1111
     -----------
         1011
         0000
     -----------
         10110
          1111
     -----------
           1111
           1111
     -----------
              0
```

即　10100101B/1111B＝1011B。

1.5 单片机的组成及工作过程

1.5.1 单片机的组成

MCS-51 单片机在一块芯片中集成了 CPU、RAM、ROM、定时器/计数器和多功能 I/O 接口等计算机所需要的基本功能部件。其基本组成如图 1-1 所示。

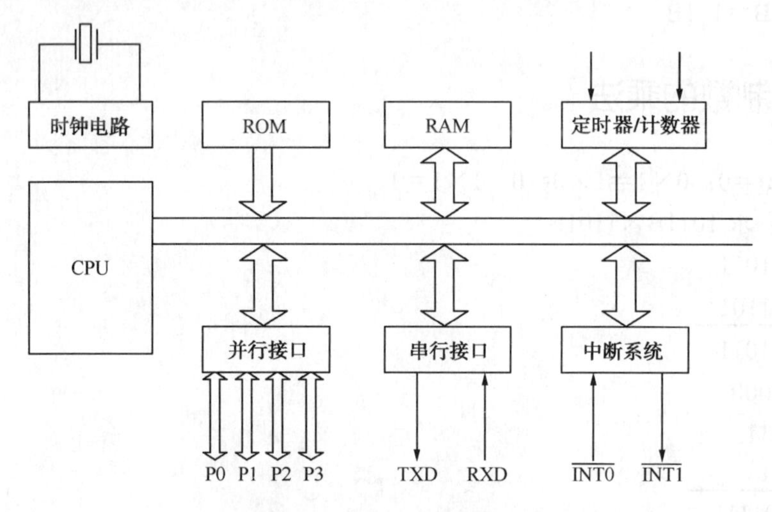

图 1-1 单片机的基本组成

具体包括：

一个 8 位 CPU；

4KB ROM 或 EPROM（8031 无 ROM）；

128 字节 RAM 数据存储器；

21 个特殊功能寄存器 SFR；

4 个 8 位并行 I/O 接口，其中 P0、P2 为地址/数据线，可寻址 64KB 的 RAM 和 64KB 的 ROM；

一个可编程全双工串行口；

具有 5 个中断源，两个优先级，嵌套中断结构；

两个 16 位定时器/计数器；

一个片内振荡器和时钟电路。

1.5.2 单片机的工作过程

单片机的工作过程实质上是执行用户编制程序的过程。一般程序的机器码都已固化到存储器中，开机复位后，便可以执行指令。取指令和执行指令是一个周而复始的过程。

假设机器码 74H、E0H 都已存在于 0000H 开始的单元中，则表示把 E0H 这个值送入 A 累加器中。下面说明单片机的工作过程。

1．取指令过程

接通电源开机后，PC＝0000H；

PC 中的 0000H 传送到片内的地址寄存器；

PC 的内容自动加 1 变为 0001H，指向下一个指令字；

地址寄存器中的内容 0000H 通过地址总线传送至存储器，经存储器中的地址译码选中 0000H 单元；

CPU 通过控制总线发出读命令；

被选中单元的内容 74H 传送至内部数据总线上，该内容通过内部数据总线传送至单片机内部的指令寄存器。

至此，取指令过程结束，进入执行指令过程。

2．执行指令过程

指令寄存器中的内容经指令译码器译码后，说明这条指令是取数命令，即把一个立即数传送至 A 中；

PC 的内容为 0001H，传送至地址寄存器，译码后选中 0001H 单元，同时 PC 的内容自动加 1 变为 0002H；

CPU 同样通过控制总线发出读命令；

0001H 单元的内容 E0H 读出经内部数据总线传送至 A。

至此，本指令执行结束。PC＝0002H，机器又进入下一条指令的取指令过程。机器一直重复上述过程直到程序中的所有指令执行完毕，这就是单片机的基本工作过程。

习题一

1．什么是单片机？单片机与一般微型计算机相比，具有哪些特点？

2．单片微型机主要由______、______、______、______和______5 部分组成。

3．单片机主要应用在哪些领域？

4．单片机经历了哪几个发展阶段？

5．目前常用的单片机有哪些型号？

6．MCS-8051 内部有______ROM，有______RAM。

7．MCS-8051 与 MCS-8031 的主要区别是什么？

8．什么是 BCD 码和 ASCII 码？

9．4 和 9 的 BCD 码分别是多少？

10．A 和 a 的 ACSII 码分别是多少？

11．常用的进位计数制有哪些？

12．什么是二进制？为什么在数字系统、计算机系统中采用二进制？

13．把下列十进制数转化为二进制数、十六进制数：

（1）135　　　　（2）548.75　　　　（3）254.25

14．十进制数 4095 的二进制数表示为______。

15．十进制数 4095 的十六进制数表示为______。

16．十进制数 29 的二进制数表示为______。

17．二进制数 11011.0011 转化为十进制数是______。

18．简述单片机的主要组成部分。

19．简述单片机的工作过程。

20．单片机中的 PC 指什么？

第 2 章　MCS-51 单片机硬件结构

学习要点： 本章主要讲述单片机的硬件结构。通过学习本章内容要求掌握 MCS-51 单片机内部硬件的组成，引脚的定义、功能、作用，熟练掌握单片机各种存储器物理空间配置及内部特殊功能寄存器的定义、作用，掌握单片机的最小系统组成部分。

重点与难点： MCS-51 单片机内部结构、存储空间、I/O 接口、时钟电路、复位电路。

2.1　概述

单片微型计算机（Single Chip Microcomputer）简称单片机，是指在一块芯片上集成了中央处理器 CPU、随机存储器 RAM、程序存储器 ROM 或 EPROM、定时器/计数器、中断控制器及串行和并行 I/O 接口等部件。目前，新型单片机内还有 A/D 及 D/A 转换器、高速输入/输出部件、DMA 通道、浮点运算等特殊功能部件。由于它的结构和指令功能都是按工业控制要求设计的，特别适用于工业控制及其数据处理场合。因此，其确切的称谓是微控制器（Microcontroller），单片机只是其习惯称谓。由于目前 MCS-51 单片机在实际应用中最为广泛，故本书以 MCS-51 单片机为主进行介绍。

2.2　MCS-51 单片机内部硬件组成

2.2.1　总体结构

MCS-51 系列单片机的内部结构框图如图 2-1 所示。

从图 2-1 中可以看出，MCS-51 系列单片机组成结构中包含运算器、控制器、片内存储器、4 个 I/O 接口、串行口、定时器/计数器、中断系统、振荡器等功能部件。图中 SP 是堆栈指针寄存器，PC 是程序计数器，PSW 是程序状态字寄存器，DPTR 是数据指针寄存器。

2.2.2　中央处理器 CPU

中央处理器又称 CPU，是单片机的核心部件，它决定了单片机的主要功能特性。它由运算部件和控制部件两大部分组成。

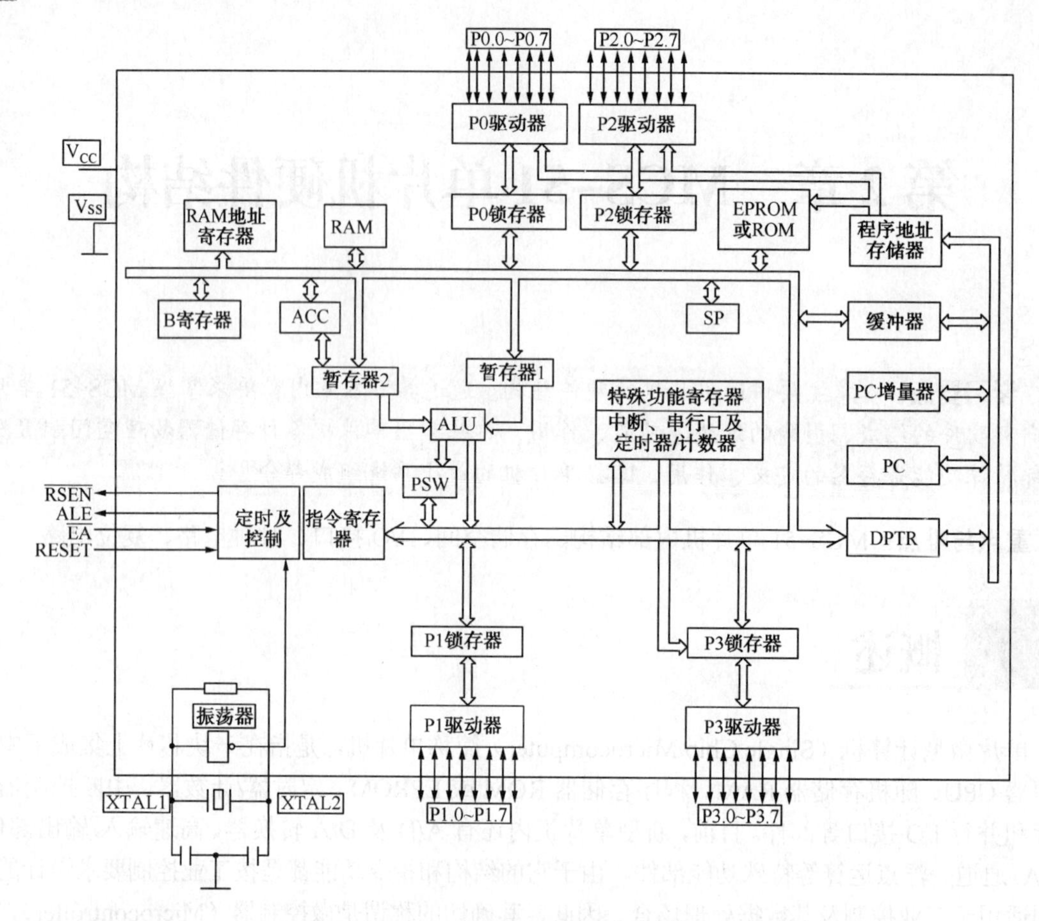

图 2-1 单片机的内部结构框图

1．运算部件

运算部件以算术逻辑单元 ALU 为核心，包括累加器 ACC、寄存器 B、暂存器、程序状态字 PSW 等许多部件。它能实现数据的算术逻辑运算、位变量处理和数据传输操作。

2．控制部件

控制部件是单片机的神经中枢，它包括定时和控制电路、指令寄存器、译码器及信息传送控制等部件。它先以主振频率为基准发出 CPU 的时序，对指令进行译码，然后发出各种控制信号，完成一系列定时控制的微操作，用来协调单片机内部各功能部件之间的数据传送、数据运算等操作。

2.2.3 单片机的引脚及其功能

MCS-51 系列单片机芯片均为 40 条引脚，HMOS 工艺制造的芯片用双列直插（DIP）方式封装，其引脚示意及功能分类如图 2-2 所示。

各引脚功能说明如下：

1．主电源引脚

V_{CC}（40 脚）：接＋5V 电源正端。

Vss（20 脚）：接＋5V 电源地端。

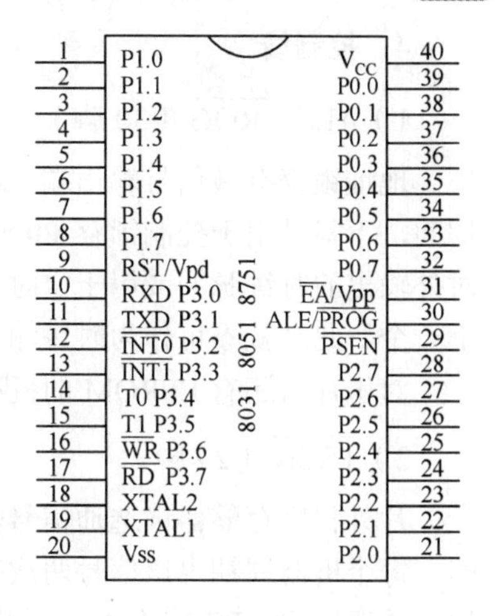

图 2-2　51 单片机的引脚

2．外接晶体引脚

1）XTAL1（19 脚）

接外部石英晶体的一端。在单片机内部，它是一个反相放大器的输入端，这个放大器构成了片内振荡器。当采用外部时钟时，对于 HMOS 单片机，该引脚接地；对于 CHMOS 单片机，该引脚作为外部振荡信号的输入端。

2）XTAL2（18 脚）

接外部石英晶体的另一端。在单片机内部，它是片内振荡器的反相放大器的输出端。当采用外部时钟时，对于 HMOS 单片机，该引脚作为外部振荡信号的输入端；对于 CHMOS 单片机，该引脚悬空不接。

3．输入/输出引脚

1）P0 口（39～32 脚）

P0.0～P0.7 统称为 P0 口。在不接片外存储器或扩展 I/O 接口时，可作为准双向输入/输出口。在接有片外存储器或扩展 I/O 接口时，P0 口分时复用为低 8 位地址总线和双向数据总线。

2）P1 口（1～8 脚）

P1.0～P1.7 统称为 P1 口，可作为准双向 I/O 接口使用。对于 52 子系列，P1.0 与 P1.1 还有第二功能，P1.0 可用做定时器/计数器 2 的计数脉冲输入端 T2，P1.1 可用做定时器/计数器 2 的外部控制端 T2EX。

3）P2 口（21～28 脚）

P2.0～P2.7 统称为 P2 口，一般可作为准双向 I/O 接口使用。在接有外存储器或扩展 I/O 接口且寻址范围超过 256KB 时，P2 口用做高 8 位地址总线。

4）P3 口（10～17 脚）

P3.0～P3.7 统称为 P3 口。除作为准双向 I/O 接口使用外，P3 口还可以将每一位用于第二功能，且 P3 口的每一条引脚均可独立定义为第一功能的输入/输出或第二功能的输入/输出。P3 口的第二功能见表 2-1。

表 2-1　P3 口的第二功能

引　脚	第 二 功 能
P3.0	RXD，串行口输入端
P3.1	TXD，串行口输出端
P3.2	$\overline{INT0}$，外部中断 0 请求输入端，低电平有效
P3.3	$\overline{INT1}$，外部中断 1 请求输入端，低电平有效
P3.4	T0，定时器/计数器 0 计数脉冲输入端
P3.5	T1，定时器/计数器 1 计数脉冲输入端
P3.6	$\overline{WR}$，外部数据存储器写选通信号输出端，低电平有效
P3.7	$\overline{RD}$，外部数据存储器读选通信号输出端，低电平有效

4．控制线

1）ALE/$\overline{PROG}$（30脚）

地址锁存有效信号输出端。ALE在每个机器周期内输出两个脉冲。在访问片外程序存储器期间，下降沿用于控制锁存P0输出端的低8位地址；在不访问片外程序存储器期间，可作为对外输出的时钟脉冲或用于定时目的。但要注意，在访问片外程序存储器期间，ALE脉冲会跳空一个，此时就不可作为时钟输出。

对于片内还有EPROM的机型，在编程期间，该引脚用做编程脉冲$\overline{PROG}$的输入端。

2）$\overline{PSEN}$（29脚）

片外程序存储器读选通信号输出端，低电平有效。在从外部程序存储器读取指令或常数期间，每个机器周期内该信号两次有效，并通过数据总线P0口读回指令或常数。在访问片外数据存储器期间，PSEN信号将不出现。

3）RST/Vpd（9脚）

RST即为RESET，Vpd为备用电源。该引脚为单片机的上电复位或掉电保护端。当单片机振荡器工作时，该引脚上将出现持续两个机器周期的高电平，这时可实现复位操作，使单片机回复到初始状态。上电时，考虑到振荡器有一定的起振时间，该引脚上高电平必须持续10ms以上才能保证有效复位。

当V_{CC}发生故障，降低到低电平规定值或掉电时，该引脚上可接备用电源Vpd（+5V）为内部RAM供电，以保证RAM中的数据不丢失。

4）$\overline{EA}$/Vpp（31脚）

$\overline{EA}$为片外程序存储器选通端。该引脚有效（低电平）时，选用片外程序存储器，否则单片机上电或复位后选用片内程序存储器。

对于片内还有EPROM的机型，在编程期间，此引脚用做12V编程电源Vpp的输入端。

2.2.4 存储器的结构

MCS-51单片机的芯片内部有RAM和ROM两类存储器，其基本结构如图2-3所示。

1．MCS-51内部程序存储器

MCS-51的程序存储器用于存放编好的程序和表格常数。8051片内有4KB的ROM，8751片内有4KB的EPROM，8031片内无程序存储器。MCS-51的片外最多能扩展64KB程序存储器，片内外的ROM都是统一编址的。例如，$\overline{EA}$端保持高电平，8051的程序计数器PC在0000H～0FFFH地址范围内（前4KB地址）是执行片内ROM中的程序，当PC在1000H～FFFFH地址范围时，自动执行片外程序存储器中的程序。当保持低电平时，只能寻址外部程序存储器，片外存储器可以从0000H开始编址。

MCS-51的程序存储器中有些单元具有特殊功能，使用时应注意。

其中，一组特殊单元是0000H～0002H。系统复位后，PC＝0000H，单片机从0000H单元开始取指令执行程序。如果程序不从0000H单元开始，应在这3个单元中存放一条无条件转移指令，以便直接转去执行指定的程序。

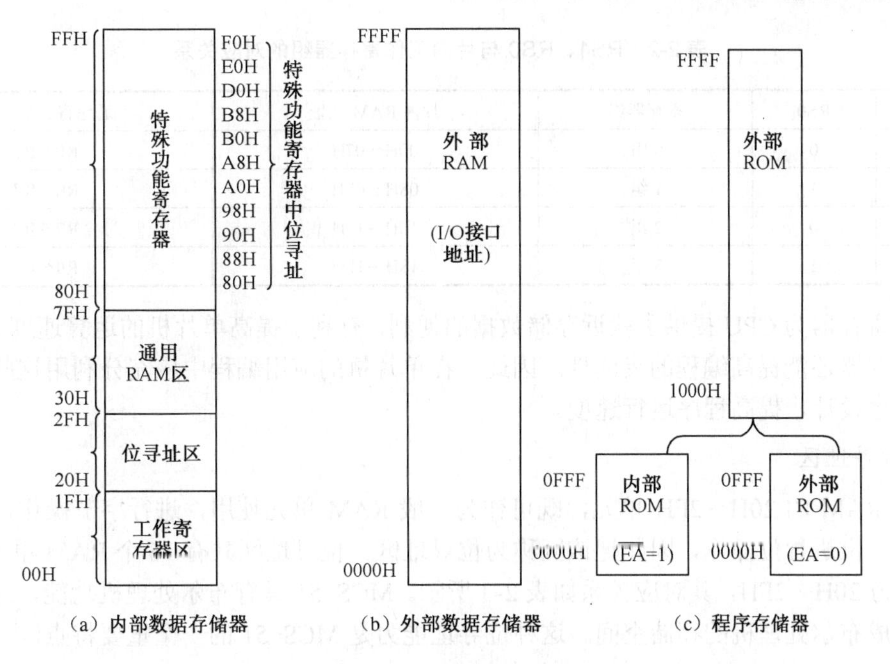

图 2-3　MCS-51 单片机存储器结构

还有一组特殊单元是 0003H～002AH，共 40 个单元。这 40 个单元被均匀地分为 5 段，作为 5 个中断源的中断地址区。其中：

0003H～000AH——外部中断 0 中断地址区；

000BH～0012H——定时器/计数器 0 中断地址区；

0013H～001AH——外部中断 1 中断地址区；

001BH～0022H——定时器/计数器 1 中断地址区；

0023H～002AH——串行中断地址区。

中断响应后，按中断种类，自动转到各中断区的首地址去执行程序，因此在中断地址区中应存放中断服务程序。但通常情况下，8 个单元难以存下一个完整的中断服务程序，一般是从中断地址区首地址开始存放一条无条件转移指令，以便中断响应后，通过中断地址区，再转到中断服务程序的实际入口地址。

2．MCS-51 内部数据存储器

1）内部数据存储器

8051 的内部 RAM 共有 256 个单元，通常把这 256 个单元按其功能划分为两部分：低 128 单元（单元地址 00H～7FH）和高 128 单元（单元地址 80H～FFH）。

2）寄存器区

8051 共有 4 组通用寄存器，每组 8 个寄存单元，各组都以 R0～R7 作为寄存单元编号。寄存器常用于存放操作数中间结果等。由于它们的功能及使用不预先规定，因此称为通用寄存器，也称为工作寄存器。4 组通用寄存器占据内部 RAM 的 00H～1FH 单元地址。

在任一时刻，CPU 只能使用其中的一组寄存器，并且把正在使用的那组寄存器称为当前寄存器组。到底使用哪一组，由程序状态字寄存器 PSW 中 RS1、RS0 位的状态组合来决定，其对应关系如表 2-2 所示。

表 2-2 RS1、RS0 与片内工作寄存器组的对应关系

RS1	RS0	寄存器组	片内 RAM 地址	通用寄存器名称
0	0	0 组	00H～07H	R0～R7
0	1	1 组	08H～0FH	R0～R7
1	0	2 组	10H～17H	R0～R7
1	1	3 组	18H～1FH	R0～R7

通用寄存器为 CPU 提供了就近存储数据的便利，有利于提高单片机的运算速度。此外，使用通用寄存器还能提高编程的灵活性。因此，在单片机的应用编程中应充分利用这些寄存器，以简化程序设计，提高程序运行速度。

3）位寻址区

内部 RAM 的 20H～2FH 单元，既可作为一般 RAM 单元使用，进行字节操作，也可以对单元中每一位进行位操作，因此把该区称为位寻址区。位寻址区共有 16 个 RAM 单元，共 128 位，地址为 20H～2FH，其对应关系如表 2-3 所示。MCS-51 具有布尔处理机功能，这个位寻址区可以构成布尔处理机的存储空间。这种位寻址能力是 MCS-51 的一个重要特点。

表 2-3 字节地址与位地址之间的对应关系

字 节 地 址	位 地 址							
20H	07	06	05	04	03	02	01	00
21H	0F	0E	0D	0C	0B	0A	09	08
22H	17	16	15	14	13	12	11	10
23H	1F	1E	1D	1C	1B	1A	19	18
24H	27	26	25	24	23	22	21	20
25H	2F	2E	2D	2C	2B	2A	29	28
26H	37	36	35	34	33	32	31	30
27H	3F	3E	3D	3C	3B	3A	39	38
28H	47	46	45	44	43	42	41	40
29H	4F	4E	4D	4C	4B	4A	49	48
2AH	57	56	55	54	53	52	51	50
2BH	5F	5E	5D	5C	5B	5A	59	58
2CH	67	66	65	64	63	62	61	60
2DH	6F	6E	6D	6C	6B	6A	69	68
2EH	77	76	75	74	73	72	71	70
2FH	7F	7E	7D	7C	7B	7A	79	78

4）用户 RAM 区

在内部 RAM 低 128 单元中，通用寄存器占用 32 个单元，位寻址区占用 16 个单元，剩下 80 个单元，作为供用户使用的一般 RAM 区，其单元地址为 30H～7FH。对用户 RAM 区的使用没有任何规定或限制，但在一般应用中常把堆栈设在此区中。

5）内部数据存储器高 128 单元

内部 RAM 的高 128 单元是供给专用寄存器使用的，其单元地址为 80H～FFH。由于这些

寄存器的功能已做专门规定，故称为专用寄存器（Special Function Register，SFR），也称为特殊功能寄存器。

3．特殊功能寄存器 SFR

特殊功能寄存器用于控制、管理片内算术逻辑部件、串行 I/O 接口、并行 I/O 接口、定时器/计数器、中断系统等功能模块的工作。在 MCS-51 子系列单片机中，各种专用寄存器（PC 除外）与片内 RAM 统一编址，且作为直接寻址字节，可直接寻址。

除 PC 外，MCS-51 子系列有 18 个专用寄存器，其中 3 个为双字节寄存器，共占用 21 个字节；MCS-52 子系列有 21 个专用寄存器，其中 5 个为双字节寄存器，共占用 26 个字节。按地址排列的各种特殊功能寄存器名称、表示符、地址等如表 2-4 所示。51 系列有 11 个专用寄存器可以进行位寻址，字节地址的低半字节都为 0H 或 8H（可位寻址的特殊功能寄存器的字节地址具有能被 8 整除的特征），共有可寻址位 11×8−5（未定义）＝83 位。在表 2-4 中也显示了这些位的地址与位名称。现将其中部分寄存器简单介绍如下：

表 2-4　特殊功能寄存器名称、表示符、地址一览表

专用寄存器名称	序　号	地址	位地址与位名称							
			D7	D6	D5	D4	D3	D2	D1	D0
P0 口	P0	80H	87	86	85	84	83	82	81	80
堆栈指针	SP	81H								
数据指针低字节	DPL	82H								
数据指针高字节	DPH	83H								
定时器/计数器控制	TCON	88H	TF1 8F	TR1 8E	TF0 8D	TR0 8C	IE1 8B	IT1 8A	IE0 89	IT0 88
定时器/计数器方式控制	TMOD	89H	GATE	$C/\overline{T}$	M1	M0	GATE	$C/\overline{T}$	M1	M0
定时器/计数器 0 低字节	TL0	8AH								
定时器/计数器 1 低字节	TL1	8BH								
定时器/计数器 0 高字节	TH0	8CH								
定时器/计数器 1 高字节	TH1	8DH								
P1 口	P1	90H	97	96	95	94	93	92	91	90
电源控制	PCON	97H	SMOD	—	—	—	GF1	GF0	PD	IDL
串行控制	SCON	98H	SM0 9F	SM1 9E	SM2 9D	REN 9C	TB8 9B	RB8 9A	TI 99	RI 98
串行数据缓冲器	SBUF	99H								
P2 口	P2	A0H	A7	A6	A5	A4	A3	A2	A1	A0
中断允许控制	IE	A8H	EA AF	—	ET2 AD	ES AC	ET1 AB	EX1 AA	ET0 A9	EX0 A8
P3 口	P3	B0H	B7	B6	B5	B4	B3	B2	B1	B0
中断优先级控制	IP	B8H	—	—	PT2 BD	PS BC	PT1 BB	PX1 BA	PT0 B9	PX0 B8
定时器/计数器 2 控制	T2CON*	C0H	TF2 CF	EXF2 CE	RCLK CD	TCLK CC	EXEN CB	TR2 CA	$C/\overline{T}2$ C9	CP/RL2 C8
定时器/计数器 2 自动重装低字节	RLDL*	CAH								

续表

专用寄存器名称	序　　号	地址	位地址与位名称							
			D7	D6	D5	D4	D3	D2	D1	D0
定时器/计数器2自动重装高字节	RLDH*	CBH								
定时器/计数器2低字节	TL2*	CCH								
定时器/计数器2高字节	TH2*	CDH								
程序状态字	PSW	D0H	CY D7	AC D6	F0 D5	RS1 D4	RS0 D3	OV D2	— D1	P D0
累加器	A	E0H	E7	E6	E5	E4	E3	E2	E1	E0
B寄存器	B	F0H	F7	F6	F5	F4	F3	F2	F1	F0

注：*为MCS-52系列所有。

1）程序计数器（Program Counter，PC）

PC是一个16位的计数器，它的作用是控制程序的执行顺序。PC有自动加1功能，从而实现程序的顺序执行。PC没有地址，是不可寻址的，因此用户无法对它进行读/写，但可以通过转移、调用、返回等指令改变其内容，以实现程序的转移。其地址不在SFR（专用寄存器）之内，一般不计做专用寄存器。

2）累加器（Accumulator，ACC）

累加器为8位寄存器，是最常用的专用寄存器，功能较多，地位重要。它既可用于存放操作数，也可用来存放运算的中间结果。MCS-51单片机中大部分单操作数指令的操作数就取自累加器，许多双操作数指令中的一个操作数也取自累加器。

3）B寄存器

B寄存器是一个8位寄存器，主要用于乘/除运算。乘法运算时，B存乘数，乘法操作后，乘积的高8位存于B中；除法运算时，B存除数，除法操作后，余数存于B中。此外，B寄存器也可作为一般数据寄存器使用。

4）程序状态字（Program Status Word，PSW）

程序状态字是一个8位寄存器，用于存放程序运行中的各种状态信息。其中有些位的状态是根据程序执行结果，由硬件自动设置的，而有些位的状态则是用软件方法设定的。PSW的位状态可以用专门指令进行测试，也可以用指令读出。一些条件转移指令将根据PSW有些位的状态，进行程序转移。PSW的各位定义如下。

CY	AC	F0	RS1	RS0	OV	—	P

除PSW.1位保留未用外，其余各位的定义及使用如下：

CY（PSW.7）——进位标志位。CY是PSW中最常用的标志位。其功能有两个：一是存放算术运算的进位标志，在进行加或减运算时，如果操作结果的最高位有进位或借位，则CY由硬件置“1”，否则清“0”；二是在位操作中，做累加位使用。

AC（PSW.6）——辅助进位标志位。进行加/减运算，当低4位向高4位进位或借位时，AC由硬件置“1”，否则AC位被清“0”。在BCD码调整中也要用到AC位状态。

F0（PSW.5）——用户标志位。这是一个供用户定义的标志位，需要利用软件方法置位或复位，用以控制程序的转向。

RS1 和 RS0（PSW.4，PSW.3）——寄存器组选择位。它们被用于选择 CPU 当前使用的通用寄存器组。通用寄存器共有 4 组，其对应关系如下：

00：0 组　01：1 组　10：2 组　11：3 组

这两个选择位的状态是由软件设置的，被选中的寄存器组即为当前通用寄存器组。但当单片机上电或复位后，RS1＝RS0＝00。

OV（PSW.2）——溢出标志位。在带符号数加/减运算中，OV＝1 表示加/减运算超出了累加器 A 所能表示的符号数有效范围（−128～＋127），即产生了溢出，因此运算结果是错误的。OV＝0 表示运算正确，即无溢出产生。

P（PSW.0）——奇偶标志位。表明累加器 A 中内容的奇偶性。如果 A 中有奇数个“1”，则 P 置“1”，否则清“0”。凡是改变累加器 A 中内容的指令均会影响 P 标志位。此标志位对串行通信中的数据传输有重要的意义。在串行通信中常采用奇偶校验的方法来校验数据传输的可靠性。

5）数据指针（DPTR）

数据指针为 16 位寄存器。编程时，DPTR 既可以按 16 位寄存器使用，也可以按两个 8 位寄存器分开使用，即 DPH、DPTR 高位字节，DPL、DPTR 低位字节。DPTR 通常在访问外部数据存储器时作为地址指针使用。由于外部数据存储器的寻址范围为 64KB，故把 DPTR 设计为 16 位。

6）堆栈指针（Stack Pointer，SP）

堆栈是一个特殊的存储区，用来暂时存储数据和地址，它是按“先进后出”的原则存取数据的。堆栈共有两种操作：进栈和出栈。由于 MCS-51 单片机的堆栈设在内部 RAM 中，因此 SP 是一个 8 位寄存器。系统复位后，SP 的内容为 07H，从而复位后的堆栈实际上是从 08H 单元开始的。但 08H～1FH 单元分别属于工作寄存器 1～3 区，若程序要用到这些区，最好把 SP 值改为 1FH 或更大的值。

关于专用寄存器的字节寻址问题的几点说明：

① 21 个可字节寻址的专用寄存器是不连续地分散在内部 RAM 高 128 单元之中的，尽管还余有许多空闲地址，但用户并不能使用。

② 程序计数器 PC 不占据 RAM，它在物理上是独立的，因此是不可寻址的寄存器。

③ 对专用寄存器只能使用直接寻址方式，书写时既可使用寄存器符号，也可使用寄存器地址。

2.3 时钟与复位

时序就是 CPU 总线信号在时间上的顺序关系。CPU 控制实质是一个复杂的同步时序电路，所有工作都是在时钟信号控制下进行的。每执行一条指令，CPU 的控制器都要发出一系列特定的控制信号，这些控制信号在时间上的相互关系就是 CPU 的时序。

CPU 发出的时序控制信号有两大类。一类是用于单片机内部协调控制的，但对用户来说，并不直接接触这些信号，故这里不做详细介绍。另一类时序信号是通过单片机控制总线对片外的各种 I/O 接口、RAM、EPROM 等芯片工作进行协调控制，对于这部分时序信号用户应该关心。

2.3.1 时钟输入

MCS-51 单片机芯片内部设有一个反相放大器所构成的振荡器，XTAL1 和 XTAL2 分别为振荡电路的输入端和输出端，时钟可以由内部或外部产生。内部时钟电路如图 2-4（a）所示。在 XTAL1 和 XTAL2 引脚上外接定时元件，内部振荡电路就产生自激振荡。定时元件通常是用石英晶体和电容组成的并联谐振回路。晶振频率可以在 1.2～12MHz 之间选择，通常选择为 6MHz，C1、C2 电容值取 5～30pF，电容的大小可起频率微调的作用。外部时钟电路如图 2-4（b）所示，XTAL1 接地，XTAL2 接外部振荡器，对外部振荡器信号无特殊要求，只需保证脉冲宽度，一般频率为低于 12MHz 的方波信号。

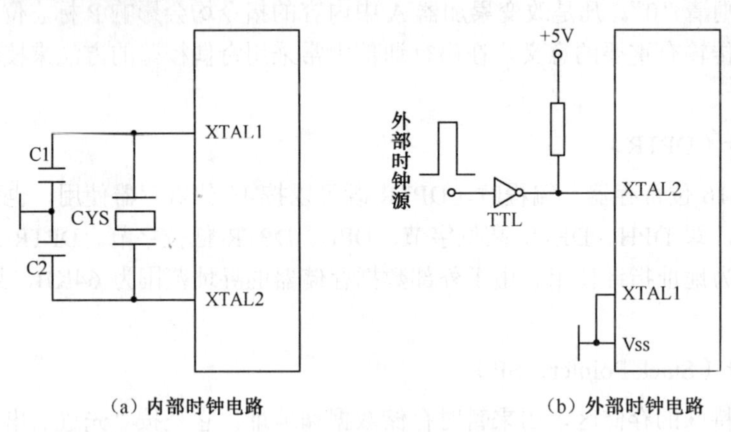

（a）内部时钟电路　　（b）外部时钟电路

图 2-4　时钟电路

2.3.2 单片机工作的基本时序

计算机在执行指令时，是将一条指令分解为若干基本的微操作。这些微操作对应的脉冲信号在时间上的先后次序称为计算机的时序。MCS-51 单片机的时序由下面 4 种周期构成。

振荡周期：振荡脉冲的周期。

状态周期：两个振荡周期为一个状态周期，也称为时钟周期，用 S 表示。两个振荡周期作为两个节拍分别为节拍 P1 和节拍 P2。在状态周期的前半周期 P1 有效时，通常完成算术逻辑操作；在后半周期 P2 有效时，一般进行内部寄存器之间的传输。

机器周期：一个机器周期包含 6 个状态周期，用 S1，S2，…，S6 表示，共 12 个节拍，依次可表示为 S1P1，S1P2，S2P1，S2P2，…，S6P1，S6P2。

指令周期：执行一条指令所占用的全部时间，它以机器周期为单位。MCS-51 系列单片机除乘法、除法指令是 4 周期指令外，其余都是单周期指令和双周期指令。若用 12MHz 晶振，则单周期指令和双周期指令的指令周期时间分别为 1μs 和 2μs，乘法和除法指令为 4μs。

周期指令的 CPU 时序如图 2-5 所示。

指令的运算速度与指令所包含的机器周期有关，机器周期数越少的指令执行速度越快。单片机执行任何一条指令时都可分为取指令阶段和执行指令阶段。MCS-51 的取指令/执行时序如图 2-6 所示。在每个机器周期里，地址锁存允许信号 ALE 两次有效。第一次出现在 S1、P2 和 S2、P1 期间，第二次出现在 S4、P2 和 S5、P1 期间。在操作码被锁存到指令寄存器时，单周期指令从 S1、P2 开始执行，如果是双字节指令，在同一机器周期的 S4 期间读入第二字节；如果是单字节指令，则 S4 仍有该操作，但读入的字节（下一个操作码）是无效的，且程序计数器不加 1。在任何情况下，当 S6、P2 结束时都会完成操作。

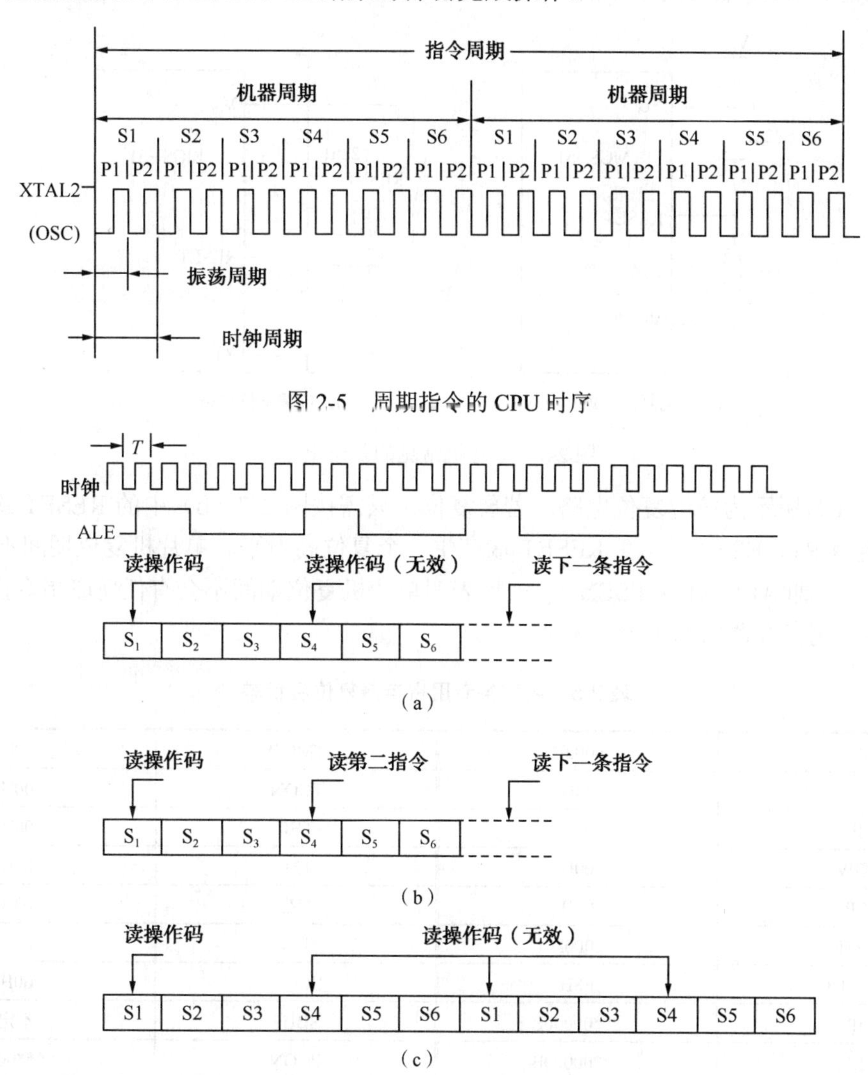

图 2-5　周期指令的 CPU 时序

图 2-6　MCS-51 的取指令/执行时序

2.3.3　单片机的复位

单片机复位是使 CPU 和系统中的其他功能部件都处在一个确定的初始状态，并从这个状态开始工作，如复位后 PC＝0000H，单片机从第一个单元取指令。无论是在单片机刚开始接上电源时，还是在断电后或发生故障后都需要复位，所以必须清楚 MCS-51 型单片机复位的条件、复位电路和复位后的状态。

单片机复位的条件是，必须使 RST/Vpd 或 RST 引脚（9）加上持续两个机器周期（24 个振荡周期）的高电平。例如，若时钟频率为 12MHz，每个机器周期为 1μs，则只需 2μs 以上时间的高电平，在 RST 引脚出现高电平后的第二个机器周期执行复位。单片机常见的复位电路如

图 2-7（a），（b）所示。图 2-7（a）所示为上电复位电路，它是利用电容充电来实现复位的。在接电瞬间，RESET 端的电位与 V_{CC} 端相同，随着充电电流的减小，RESET 端的电位逐渐下降。只要保证 RESET 端为高电平的时间大于两个机器周期，便能正常复位。

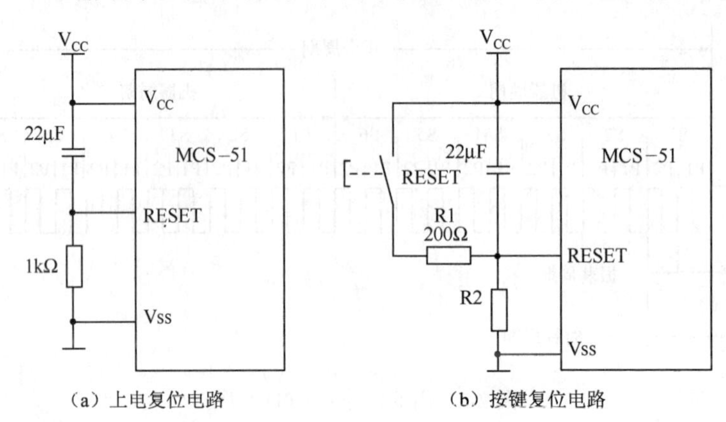

（a）上电复位电路　　（b）按键复位电路

图 2-7　单片机常见的复位电路

图 2-7（b）所示为按键复位电路。若要复位，只需按图 2-7（b）中的 RESET 键，此时电源 Vcc 经电阻 R1、R2 分压，在 RESET 端产生一个复位高电平。单片机复位期间不产生 ALE 和 $\overline{\text{PSEN}}$ 信号，即 ALE＝1 和 $\overline{\text{PSEN}}$ ＝1。这表明单片机复位期间不会有任何取指令操作。复位后，内部各专用寄存器状态见表 2-5。

表 2-5　内部各专用寄存器复位后状态

PC	0000H	TMOD	00H
ACC	00H	TCON	00H
B	00H	TH0	00H
PSW	00H	TL0	00H
SP	07H	TH1	00H
DPTR	0000H	TL1	00H
P0～P3	FFH	SCON	00H
IP	***00000B	SBUF	不定
IE	0**00000B	PCON	0***0000

注：*表示无关位。

复位后 PC 值为 0000H，表明复位后程序从 0000H 开始执行。

SP 值为 07H，表明堆栈底部在 07H。一般需重新设置 SP 值。

P0～P3 口值为 FFH。P0～P3 口用做输入口时，必须先写入“1”。单片机在复位后，已使 P0～P3 口每条端线为“1”，为这些端线用做输入口做好了准备。

2.4 并行输入/输出接口

MCS-51 系列单片机有 4 个 8 位并行输入/输出接口：P0、P1、P2 和 P3 口。这 4 个口既可以并行输入或输出 8 位数据，又可以按位使用，即每一位均能独立用于输入或输出。虽然每个口功能有所不同，但都具有一个锁存器（特殊功能寄存器 P0～P3）、一个输出驱动器和两个（P3 口为 3 个）三态缓冲器。下面分别介绍各口的结构、原理及功能。

2.4.1 P0 口的结构与功能

1. P0 口结构

P0 口是一个三态双向口，可作为地址/数据分时复用口，也可作为通用 I/O 接口。其 1 位的结构原理如图 2-8 所示。P0 口由 8 个这样的电路组成。锁存器起输出锁存作用，8 个锁存器构成了特殊功能寄存器 P0。场效应管（FET）V1、V2 组成输出驱动器，以增大带负载能力。三态门 1 是引脚输入缓冲器，三态门 2 用于读锁存器端口，与门 3、反相器 4 及模拟转换开关构成了输出控制电路。

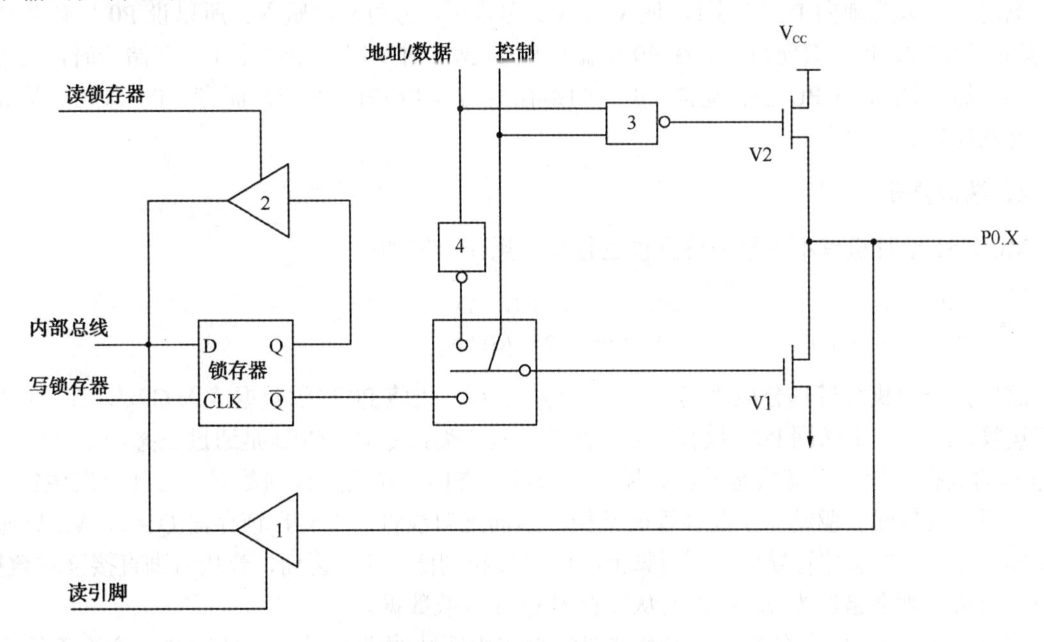

图 2-8 P0 口 1 位结构图

2. 地址/数据分时复用功能

当 P0 口作为地址/数据分时复用总线时，可分为两种情况：一种是从 P0 口输出地址或数据，另一种是从 P0 口输入数据。

在访问片外存储器时，需从 P0 口输出地址或数据信号，这时控制信号应为高电平“1”，转换开关 MUX 把反相器 4 的输出端与 V1 接通，同时把与门 3 打开。当地址或数据为“1”时，经反相器 4 使 V1 截止，而经与门 3 使 V2 导通，P0.X 引脚上出现相应的高电平“1”；当地址或数据为“0”时，经反相器 4 使 V1 导通而 V2 截止，引脚上出现相应的低电平“0”。这样，就将地址/数据的信号输出。

3. 通用 I/O 接口功能

当 P0 口作为 I/O 接口使用，在 CPU 向端口输出数据时，对应的控制信号为 0，转换开关把输出极与锁存器 Q 端接通，同时与门 3 输出为 0，使 V2 截止。此时，输出极是漏极开路电路。当写脉冲加在锁存器时钟端 CLK 上时，与内部总线相连的 D 端数据取反后出现在 Q 端，又经输出 V1 反相，在 P0 引脚上出现的数据正好是内部总线的数据，当要从 P0 口输入数据时，引脚信息仍输入缓冲器内部总线。

当 P0 口作为通用 I/O 接口时，要注意以下两点：

（1）在输出数据时，由于 V2 截止，输出级是漏极开路电路，要使“1”信号正常输出，必须外接上拉电阻。

（2）P0 口作为通用 I/O 接口使用时，是准双向口。其特点是在输入数据时，应先把 P0 口置 1（写 1），此时锁存器的 Q 端为 0，输出级的两个场效应管 V1、V2 均截止，引脚处于悬浮状态，才可以高阻输入。因为从 P0 口引脚输入数据时，V2 一直处于截止状态，引脚的外部信号既加在三态缓冲器 1 的输入端，又加在 V1 的漏极。假定在此之前曾输出过锁存数据 0，则 V1 是导通的，这样引脚上的电位就始终被钳位在低电平，使输入高电平无法读入。因此，在输入数据时，先人为地向 P0 口写 1，使 V1、V2 均截止，方可高阻输入。所以说 P0 口作为通用 I/O 接口使用时，是准双向口。但在 P0 用做地址/数据分时复用功能连接外部存储器时，由于访问外部存储器期间，CPU 会自动向 P0 口的锁存器写入 0FFH，对用户而言，P0 口此时是真正的三态双向口。

4．端口操作

MCS-51 单片机有不少指令可直接进行端口操作，例如：

```
ANL  P0，A          ；(P0) ← (P0) ∧ (A)
ORL  P0，#data      ；(P0) ← (P0) Vdata
```

这些指令的执行过程分成“读—修改—写”3 步，先将 P0 口的数据读入 CPU，在 ALU 中进行运算，运算结果送回 P0。执行“读—修改—写”类指令时，CPU 是通过三态门 2 读回锁存器 Q 端的数据来代表引脚状态的。如果直接通过三态门 1 从引脚读回数据，可能会发生错误。例如，用一根口线去驱动一个晶体管的基极，当向此口线输出 1 时，锁存器 Q=1，V2 导通驱动晶体管导通。当晶体管导通后，引脚上的电平被拉到低电平。因而，若从引脚直接读回数据，原为 1 的状态则会错读为 0，所以要从锁存器 Q 端读取数据。

综上所述，P0 口在有外部扩展存储器时被作为地址/数据总线口，此时是一个真正的双向口；在没有外部扩展存储器时，P0 口也可作为通用的 I/O 接口，但此时只是一个准双向口。另外，P0 口的输出级具有 8 个 LSTTL 负载能力，即输出电流不大于 800μA。

2.4.2 P1 口的结构与功能

P1 口作为准双向口，其 1 位的内部结构如图 2-9 所示。它在结构上与 P0 口的区别在于输出驱动部分。其输出驱动部分由场效应管 V1 与内部上拉电阻组成。当其输出为高电平时，可以提供拉电流负载，不必像 P0 口那样需要外接上拉电阻。

P1 口只有通用 I/O 接口一种功能（MCS-51 子系列），其输入/输出原理特性与 P0 口作为通用 I/O 接口使用时一样，请读者自己分析。P1 口具有驱动 4 个 LSTTL 负载的能力。

另外，对于 52 子系列单片机 P1 口，P1.0 与 P1.1 除作为通用 I/O 接口线外，还具有第二功能，即 P1.0 可作为定时器/计数器 2 的外部计数脉冲输入端 T2，P1.1 可作为定时器/计数器 2 的外部控制输入端 T2EX。

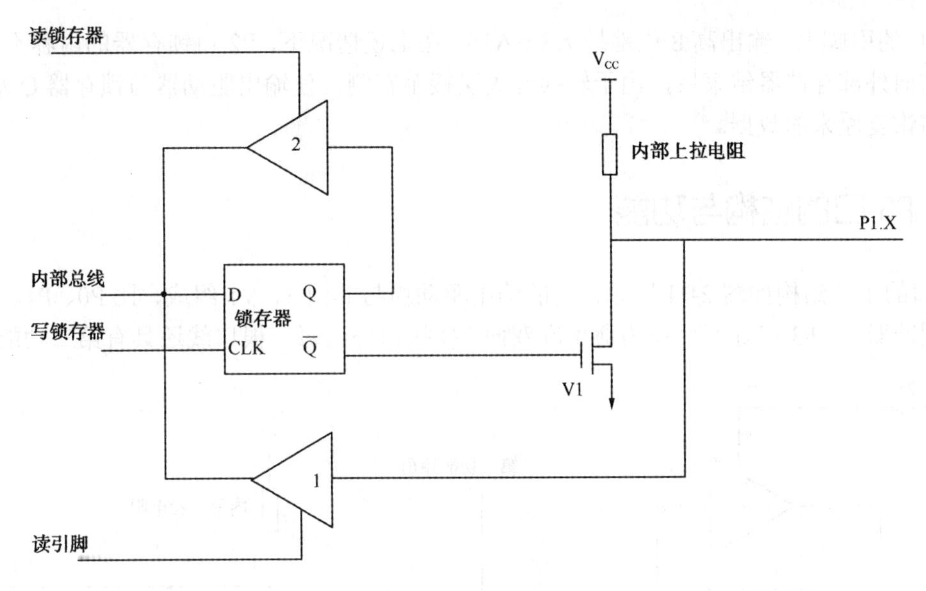

图 2-9　P1 口 1 位结构图

2.4.3　P2 口的结构与功能

P2 口也是准双向口，其 1 位的内部结构如图 2-10 所示。它具有通用 I/O 接口和高 8 位地址总线输出两种功能，所以其输出驱动结构比 P1 口输出驱动结构多了一个模拟转换开关 MUX 和反相器 3。当作为准双向通用 I/O 接口使用时，控制信号使转换开关接向左侧，锁存器 Q 端经反相器 3 接 V1，其工作原理与 P1 口相同，也具有输入、输出、端口操作 3 种工作方式，负载能力也与 P1 口相同。

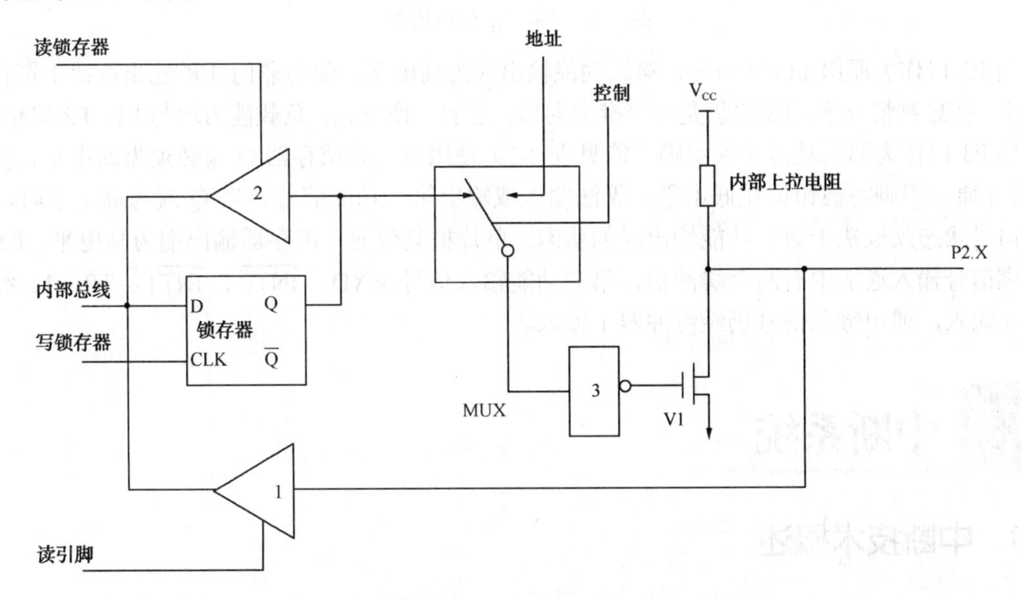

图 2-10　P2 口 1 位结构图

当作为外部扩展存储器的高 8 位地址总线使用时，控制信号使转换开关接向右侧，由程序计数器 PC 的高 8 位地址 PCH，或数据指针 DPTR 的高 8 位地址 DPH 经反相器 3 和 V1 原样呈现在P2口的引脚上，输出高8位地址A8～A15。在上述情况下，P2口锁存器的内容不受影响，所以，访问外部存储器结束后，由于转换开关又接至左侧，使输出驱动器与锁存器Q端相连，引脚上将恢复原来的数据。

2.4.4 P3口的结构与功能

P3口的1位结构如图2-11所示。它的输出驱动由与非门3、V1组成，比P0、P1、P2口多了一个缓冲器4。P3口除了可作为通用准双向I/O接口外，每一根口线还具有第二功能。

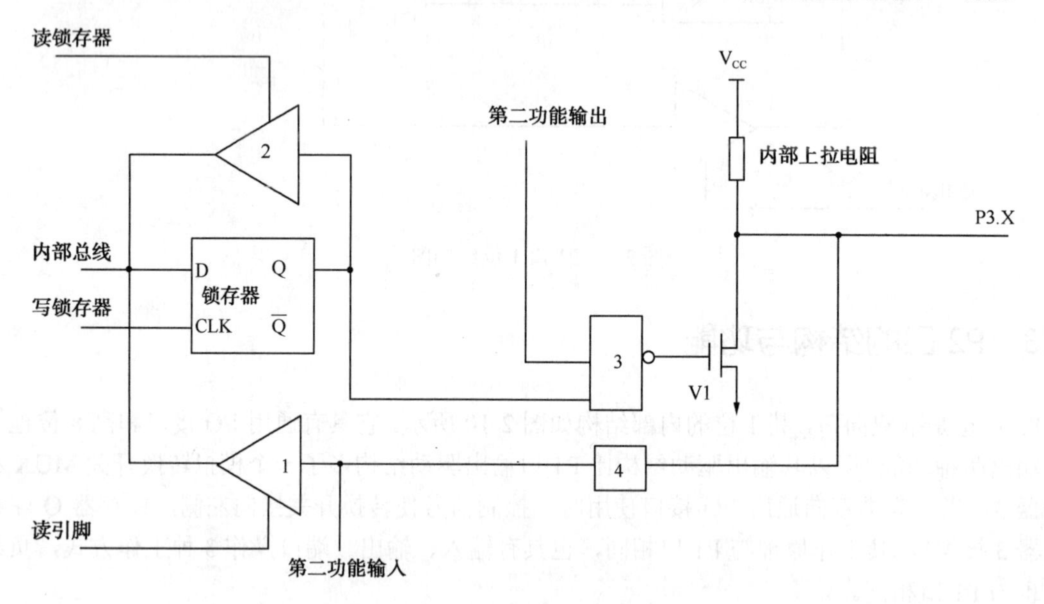

图2-11 P3口1位结构图

当P3口作为通用I/O接口时，第二功能输出线为高电平，使与非门3的输出取决于锁存器的状态。在这种情况下，P3口仍是一个准双向口，它的工作方式、负载能力均与P1、P2口相同。

当P3口作为第二功能（各引脚功能见表2-1）使用时，其锁存器Q端必须为高电平，否则V1管导通，引脚将被钳位在低电平，无法输入或输出第二功能信号。当Q端为高电平时，P3口的口线状态就取决于第二功能输出线的状态。单片机复位时，锁存器输出端为高电平。P3口的引脚信号输入通道中有两个缓冲器，第二功能输入信号RXD、$\overline{INT0}$、$\overline{INT1}$、T0、T1经缓冲器4输入，通用输入信号仍经缓冲器1输入。

2.5 中断系统

2.5.1 中断技术概述

MCS-51单片机片内的中断系统主要用于实时测控，即要求单片机能及时地响应和处理单片机外部或内部事件所提出的中断请求。由于这些中断请求都是随机发出的，如果采用定时查询方式来处理这些中断请求，则单片机的工作效率低，且得不到实时处理。因此，MCS-51单片机要实时处理这些中断请求，就必须采用具有中断处理功能的部件来完成。

1．中断的概念

当 MCS-51 单片机的 CPU 正在处理某件事情（例如，正在执行主程序）时，单片机外部或内部发生的某一事件（如外部设备产生的一个电平的变化，一个脉冲沿的发生或内部计数器的计数溢出等）请求 CPU 迅速去处理，于是，CPU 暂时终止当前的工作，转到中断服务处理程序处理所发生的事件。中断服务处理程序处理完该事件后，再回到原来被终止的地方，继续原来的工作（例如，继续执行被中断的主程序），这称为中断。CPU 处理事件的过程，称为 CPU 的中断响应过程，如图 2-12 所示。对事件的整个处理过程，称为中断处理（或中断服务）。

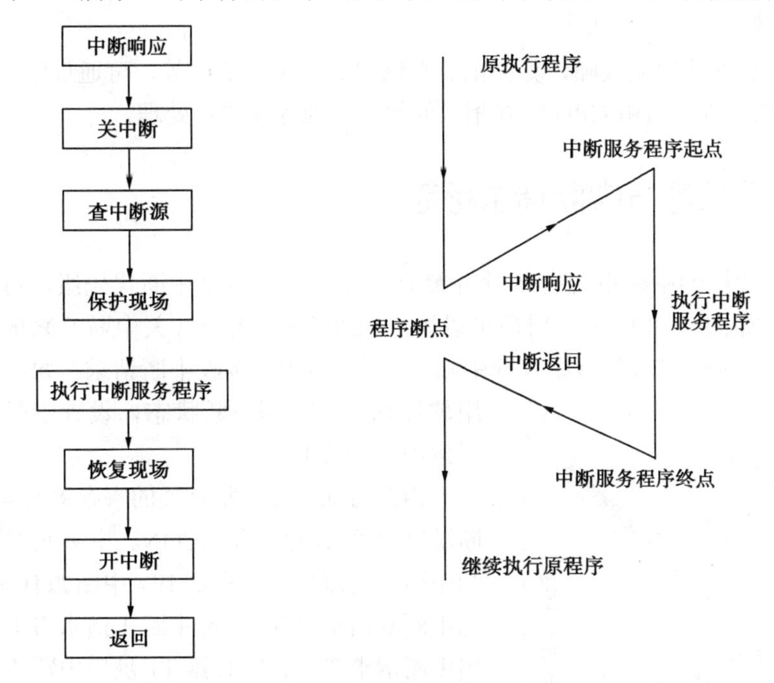

图 2-12　中断响应过程

能够实现中断处理功能的部件，称为中断系统；产生中断的请求源，称为中断请求源（或中断源）；中断源向 CPU 提出的处理请求，称为中断请求（或中断申请）。当 CPU 暂时终止正在执行的程序，转去执行中断服务程序时，除了硬件自动把断点地址（16 位程序计数器 PC 的值）压入堆栈之外，用户应注意保护有关的工作寄存器、累加器、标志位等信息，称为保护现场。在完成中断服务程序后，恢复有关的工作寄存器、累加器、标志位内容，称为恢复现场。最后执行中断返回指令 RETI，从堆栈中自动弹出断点地址到 PC，继续执行被中断的程序，称为中断返回。

如果没有中断技术，CPU 的大量时间可能会浪费在原地踏步的查询操作上，或者采用定时查询，即不论有无中断请求，都要定时去查询。采用中断技术完全消除了 CPU 在查询方式中的等待现象，大大提高了 CPU 的工作效率。

2．中断的作用

1）分时操作

中断可以解决快速 CPU 与慢速外设之间的矛盾，使 CPU 与外设同时工作。CPU 在启动外设工作后继续执行主程序，同时外设也在工作。每当外设做完一件事就发出中断申请，请求CPU中断它正在执行的程序，转去执行中断服务程序（一般情况是处理输入/输出数据），中断处理完成之后，CPU恢复执行主程序，外设也继续工作。这样，CPU可启动多个外设同时工作，大大提高了CPU的效率。

2）实时处理

在实时控制中，现场的各种参数、信息均随时间和现场的变化而变化。这些外界变量可根据要求随时向CPU发出中断申请，请求CPU及时处理。如中断条件满足，CPU会马上响应，进行相应的处理，从而实现实时处理。

3）故障处理

针对难以预料的情况或故障，如掉电、存储出错、运算溢出等，可通过中断系统由故障源向CPU发出中断请求，再由CPU转到相应的故障处理程序进行处理。

2.5.2 中断请求源与中断请求标志

MCS-51单片机的中断系统有5个中断请求源，具有两个中断优先级，可实现两级中断服务程序嵌套，如图2-13所示。用户可以用“CLR EA”指令（关中断）来屏蔽所有的中断请求，也可以用“SET EA”指令（开中断）来允许CPU接收中断请求。每一个中断源可以用软件独立地控制中断状态，设置中断级别，其结构示意图如图2-14所示。

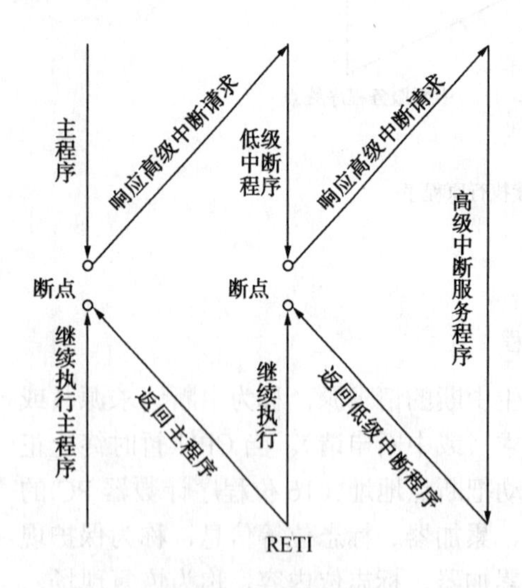

图2-13　中断嵌套

由图可知，与中断有关的寄存器有4个，分别为中断源寄存器TCON和SCON、中断允许控制寄存器IE和中断优先级控制寄存器IP。中断源有5个，分别为外部中断0请求IE0、外部中断1请求IE1、定时器T0溢出中断请求TF0、定时器T1溢出中断请求TF1和串行中断请求RI或TI。5个中断源的排列顺序由中断优先级控制寄存器IP和顺序查询逻辑电路共同决定，5个中断源分别对应5个固定的中断入口地址。

1. 中断请求源

MCS-51中断系统共有5个中断请求源，分别介绍如下：

（1）$\overline{\text{INT0}}$，外部中断请求0，由P3.2引脚输入，中断请求标志为IE0。

（2）$\overline{\text{INT1}}$，外部中断请求1，由P3.3引脚输入，中断请求标志为IE1。

（3）定时器/计数器T0溢出中断请求，中断请求标志为TF0。

（4）定时器/计数器T1溢出中断请求，中断请求标志为TF1。

（5）串行口中断请求，中断请求标志为TI或RI。

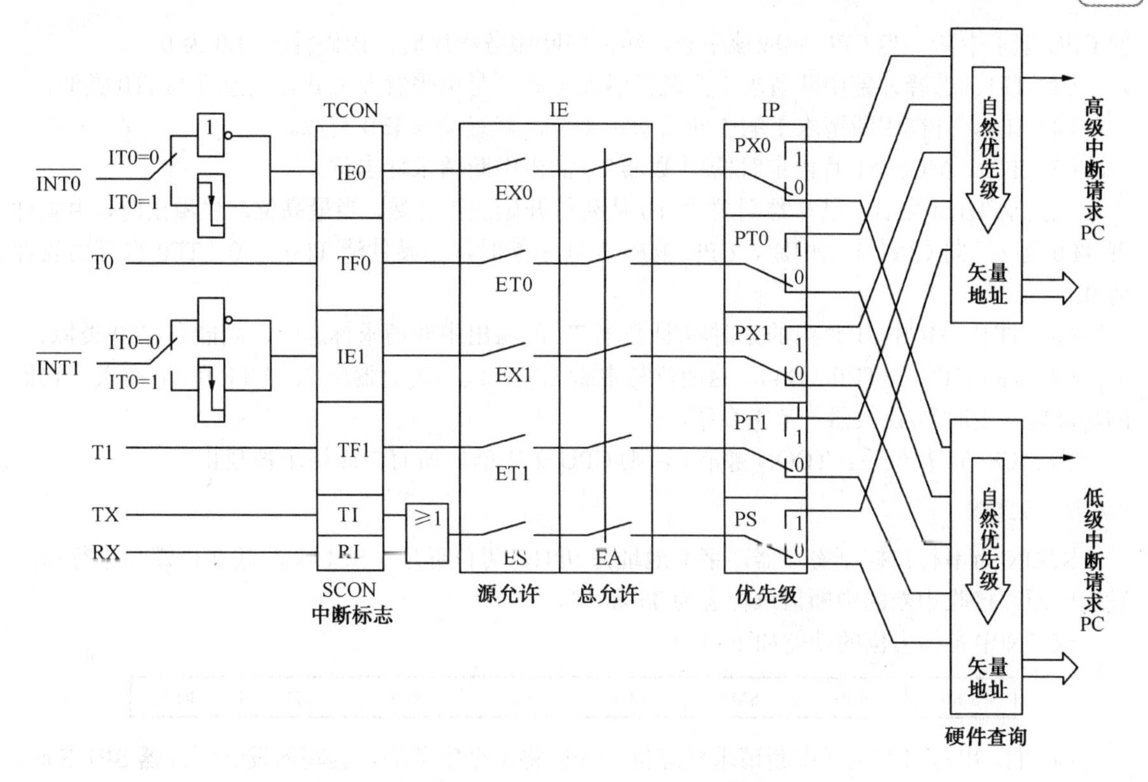

图 2-14　MCS-51 的中断系统结构示意图

2．中断请求标志

这些中断请求源的中断请求标志位分别由特殊功能寄存器 TCON 和 SCON 的相应位锁存。TCON 为定时器/计数器的控制寄存器，字节地址为 88H，可位寻址。该寄存器中既有定时器/计数器 T0 和 T1 的溢出中断请求标志位 TF1 和 TF0，又包括了有关外部中断请求标志位 IE1 与 IE0。

1）TCON

TCON 中各标志位的功能如下：

TF1	TR1	TF0	TR0	IE1	IT1	IE0	IT0

TCON 寄存器中与中断系统有关的各标志位的功能如下：

（1）IT0。选择外部中断请求 0 为跳沿触发方式还是电平触发方式。

IT0＝0，为电平触发方式，加到引脚 P3.2 上的外部中断请求输入信号为低电平有效。

IT0＝1，为跳沿触发方式，加到引脚 P3.2 上的外部中断请求输入信号为从高电平到低电平的负跳变有效。

IT0 位可由软件置 1 或清 0。

（2）IE0。外部中断请求 0 的中断请求标志位。

当 IT0＝0 时，为电平触发方式，CPU 在每个机器周期的 S5、P2 采样 P3.2 引脚。若 P3.2 为低电平，则置 IE0 为 1，说明有中断请求。

当 IT0＝1，即外部中断请求 0 设置为跳沿触发方式时，当第一个机器周期采样到 P3.2 为高电平，第二个机器周期采样到 P3.2 为低电平时，则置 IE0 为 1。IE0＝1，表示外部中断 0 正在向 CPU 请求中断。当 CPU 响应该中断，转向中断服务程序时，由硬件清 IE0 为 0。

（3）IT1。选择外部中断请求 1 为跳沿触发方式还是电平触发方式，其意义与 IT0 类似。

（4）IE1。外部中断请求 1 的中断请求标志位，其意义与 IE0 类似。

（5）TF0。MCS-51 片内定时器/计数器 T0 溢出中断请求标志位。

当启动 T0 计数后，定时器/计数器 T0 从初值开始加 1 计数，当最高位产生溢出时，由硬件置 TF0 为 1，向 CPU 申请中断，CPU 响应 TF0 中断时，由硬件清 TF0 为 0，TF0 也可由软件清 0。

（6）TF1。MCS-51 片内的定时器/计数器 T1 的溢出中断请求标志位，功能和 TF0 类似。

（7）TR1（D6）、TR0（D4）。这两位与中断无关，仅与定时器/计数器 T1 和 T0 有关，它们的功能将在定时器/计数器一节中介绍。

当 MCS-51 复位后，TCON 被清 0，则 CPU 关中断，所有中断请求被禁止。

2）SCON

SCON 为串行口控制寄存器，字节地址为 98H，可位寻址。SCON 的低 2 位锁存串行口的发送中断和接收中断的中断请求标志为 TI 和 RI。

SCON 中各标志位的功能如下：

SM0	SM1	SM2	RET	TB8	RB8	TI	RI

（1）TI。串行口的发送中断请求标志位。CPU 将 1 个字节的数据写入发送缓冲器 SBUF 时，就启动 1 帧串行数据的发送，每发送完 1 帧串行数据后，硬件自动置 TI 为 1。CPU 响应串行口发送中断时，CPU 并不清除 TI 中断请求标志，必须在中断服务程序中用软件对 TI 标志清 0。

（2）RI。串行口接收中断请求标志位。在串行口接收完 1 个串行数据帧后，硬件自动置 RI 为 1。CPU 在响应串行口接收中断时，并不清 RI 标志为 0，必须在中断服务程序中用软件将 RI 清 0。

2.5.3 中断控制与中断响应

1. 中断控制

计算机中断系统有两种不同类型的中断：一类称为非屏蔽中断，另一类称为可屏蔽中断。对非屏蔽中断，用户不能用软件的方法加以禁止，一旦有中断申请，CPU 必须予以响应。对可屏蔽中断，用户可以通过软件方法来控制是否允许某中断源的中断，允许中断称为中断开放，不允许中断称为中断屏蔽。MCS-51 系列单片机的 5 个中断源都是可屏蔽中断，其中断系统内部设有一个专用寄存器 IE，用于控制 CPU 对各中断源的开放或屏蔽。IE 寄存器各位定义如下：

EA	—	—	ES	ET1	EX1	ET0	EX0

IE 中各位的功能如下：

（1）EA。中断允许总控制位。

EA＝0，CPU 屏蔽所有的中断请求（CPU 关中断）；

EA＝1，CPU 开放所有中断（CPU 开中断）。

（2）ES。串行口中断允许位。

ES＝0，禁止串行口中断；

ES＝1，允许串行口中断。

（3）ET1。定时器/计数器 T1 的溢出中断允许位。

ET1＝0，禁止 T1 溢出中断；

ET1＝1，允许 T1 溢出中断。

（4）EX1。外部中断 1 中断允许位。

EX1＝0，禁止外部中断 1 中断；

EX1＝1，允许外部中断 1 中断。

（5）ET0。定时器/计数器 T0 的溢出中断允许位。

ET0＝0，禁止 T0 溢出中断；

ET1＝1，允许 T0 溢出中断。

（6）EX0。外部中断 0 中断允许位。

EX0＝0，禁止外部中断 0 中断；

EX0＝1，允许外部中断 0 中断。

MCS-51 复位以后，IE 被清 0，所有的中断请求被禁止。由用户程序置 1 或清 IE 相应的位为 0，即允许或禁止各中断源的中断申请。若使某一个中断源被允许中断，除了 IE 相应的位被置 1 外，还必须使 EA＝1，即 CPU 开放中断。改变 IE 的内容，可由位操作指令来实现（SETB bit；CLR bit），也可用字节操作指令实现（MOV IE，#data；ANL IE，#data；ORL IE，#data；MOV IE，A）。

2．中断响应优先级

MCS-51 单片机的中断源有两个用户可控的中断优先级，从而实现二级中断嵌套。中断系统遵循以下 3 条规则：

（1）正在进行的中断过程不能被新的同级或低优先级的中断请求所中断，一直到该中断服务程序结束，返回主程序且执行了主程序中的一条指令后，CPU 才响应新的中断请求。

（2）正在进行的低优先级的中断服务程序能被高优先级中断请求所中断，实现两级中断嵌套。

（3）CPU 同时接收到几个中断请求时，首先响应优先级最高的中断请求。

每个中断源的优先级可通过中断优先级寄存器 IP 进行设置并管理。IP 字节地址 B8H，各位定义格式如下：

—	—	—	PS	PT1	PX1	PT0	PX0

中断优先级寄存器 IP 各个位的含义如下：

（1）PS。串行口中断优先级控制位。

PS＝1，串行口中断定义为高优先级中断；

PS＝0，串行口中断定义为低优先级中断。

（2）PT1。定时器 T1 中断优先级控制位。

PT1＝1，定时器 T1 定义为高优先级中断；

PT1＝0，定时器 T1 定义为低优先级中断。

（3）PX1。外部中断1中断优先级控制位。

PX1=1，外部中断1定义为高优先级中断；

PX1=0，外部中断1定义为低优先级中断。

（4）PT0。定时器T0中断优先级控制位。

PT0=1，定时器T0定义为高优先级中断；

PT0=0，定时器T0定义为低优先级中断。

（5）PX0。外部中断0中断优先级控制位。

PX0=1，外部中断0定义为高优先级中断；

PX0=0，外部中断0定义为低优先级中断。

中断优先级控制寄存器IP的各位都由用户程序置1和清0，可用位操作指令或字节操作指令更新IP的内容，以改变各中断源的中断优先级。

MCS-51复位以后，IP的内容为0，各个中断源均为低优先级中断。

为进一步了解MCS-51中断系统的优先级，简单介绍一下MCS-51的中断优先级结构。MCS-51的中断系统有两个不可寻址的优先级激活触发器。其中，一个指示某高优先级的中断正在执行，所有后来的中断均被阻止；另一个触发器指示某低优先级的中断正在执行，所有同级的中断都被阻止，但不阻止高优先级的中断请求。

若同时执行几个同一优先级的中断请求，则哪一个中断请求能优先得到响应，取决于内部的查询顺序。这相当于在同一个优先级内，还同时存在另一个辅助优先级结构，其查询顺序见表2-6。

表2-6 中断优先级

中 断 源	同级的中断优先级
外部中断0	最高
定时器/计数器0	↓
外部中断1	↓
定时器/计数器1	↓
串行口中断	最低

由上可见，各中断源在同一优先级的条件下，外部中断0的中断优先级最高，串行口中断的优先级最低。

2.5.4 中断处理过程

中断处理过程可分为中断响应、中断处理和中断返回3个阶段。不同的计算机因其中断系统的硬件结构不同，中断响应的方式也有所不同。这里，仅以8051单片机为例进行叙述。

1. 中断响应

中断响应是CPU对中断源中断请求的响应，包括保护断点和将程序转向中断服务程序的入口地址（通常称为矢量地址）。CPU并非任何时刻都响应中断请求，而是在中断响应条件满足之后才会响应。

CPU 响应中断的条件有：

（1）有中断源发出中断请求；

（2）中断总允许位 EA＝1；

（3）申请中断的中断源允许。

满足以上基本条件，CPU 一般会响应中断，但若有下列任何一种情况存在，则中断响应会受到阻断。

（1）CPU 正在响应同级或高优先级的中断；

（2）当前指令未执行完；

（3）正在执行 RETI 中断返回指令或访问专用寄存器 IE 和 IP 的指令。

若存在上述任何一种情况，中断查询结果即被取消，CPU 不响应中断请求，而在下一机器周期继续查询。否则，CPU 在下一机器周期响应中断。CPU 在每个机器周期的 S5、P2 期间查询每个中断源，并设置相应的标志位，在下一机器周期 S6 期间按优先级顺序查询每个中断标志，如查询到某个中断标志为 1，将在下一个机器周期 S1 期间按优先级进行中断处理。

中断响应过程包括保护断点和将程序转向中断服务程序的入口地址。首先，中断系统通过硬件自动生成长调用指令（LACLL），该指令自动把断点地址压入堆栈保护（不保护累加器 A、状态寄存器 PSW 和其他寄存器的内容）；然后，将对应的中断入口地址装入程序计数器 PC（由硬件自动执行），使程序转向该中断入口地址，执行中断服务程序。MCS-51 系列单片机各中断源的入口地址由硬件事先设定，分配如下：

中断源	入口地址
外部中断 0	0003H
定时器 T0 中断	000BH
外部中断 1	0013H
定时器 T1 中断	001BH
串行口中断	0023H

两个中断入口间只相隔 8 个字节，一般情况下难以安排下一个完整的中断服务程序。因此，通常总是在中断入口地址处放置一条无条件转移指令，使程序执行转向其他地址存放的中断服务程序。

2．中断处理

中断处理就是执行中断服务程序。中断服务程序从中断入口地址开始执行，到返回指令 RETI 为止。一般包括两部分内容：一是保护现场，二是完成中断源请求的服务。

通常，主程序和中断服务程序都会用到累加器 A、状态寄存器 PSW 及其他一些寄存器，当 CPU 进入中断服务程序用到上述寄存器时，会破坏原来存储在寄存器中的内容，一旦中断返回，将会导致主程序的混乱。因此，在进入中断服务程序后，一般要先保护现场，然后执行中断处理程序，在中断返回之前再恢复现场。

编写中断服务程序时还需注意以下几点：

（1）各中断源的中断入口地址之间只相隔 8 个字节，容纳不下普通的中断服务程序。因此，在中断入口地址单元通常存放一条无条件转移指令，可将中断服务程序转至存储器的其他任何空间。

（2）若要在执行当前中断程序时禁止其他更高优先级中断，需先用软件关闭CPU中断，或用软件禁止响应高优先级的中断，在中断返回前再开放中断。

（3）在保护和恢复现场时，为了不使现场数据遭到破坏或造成混乱，一般规定此时CPU不再响应新的中断请求。因此，在编写中断服务程序时，要注意在保护现场前关闭中断，在保护现场后若允许高优先级中断，则应打开中断。同样，在恢复现场前也应先关闭中断，恢复之后再打开中断。

3．中断返回

中断返回是指中断服务完成后，计算机返回原来断开的位置（断点），继续执行原来的程序。中断返回由中断返回指令 RETI 来实现。该指令的功能是把断点地址从堆栈中弹出，送回到程序计数器PC。此外，还通知中断系统已完成中断处理，并同时清除优先级状态触发器。特别要注意不能用RET指令代替RETI指令。

4．中断请求的撤除

CPU响应中断请求后即进入中断服务程序，在中断返回前，应撤除该中断请求，否则，会重复引起中断而导致错误。MCS-51各中断源中断请求撤销的方法各不相同，分别为：

（1）定时器中断请求的撤除，对于定时器0或1溢出中断，CPU在响应中断后即由硬件自动清除其中断标志位TF0或TF1，无须采取其他措施。

（2）串行口中断请求的撤除，对于串行口中断，CPU在响应中断后，硬件不能自动清除中断请求标志位TI、RI，必须在中断服务程序中用软件将其清除。

（3）外部中断请求的撤除，外部中断可分为边沿触发型和电平触发型，对于边沿触发的外部中断0或1，CPU在响应中断后由硬件自动清除其中断标志位IE0或IE1，无须采取其他措施。

2.6 定时器/计数器

在工业检测、控制中，许多场合都要用到计数或定时功能。例如，对外部脉冲进行计数，产生精确的定时时间等。MCS-51单片机内有两个可编程的定时器/计数器T1、T0以满足这方面的需要，两个定时器/计数器都具有定时和计数两种工作模式。

1）计数器工作模式

计数功能是对外来脉冲进行计数。MCS-51芯片有T0（P3.4）和T1（P3.5）两个输入引脚，分别是这两个计数器的计数输入端。每当计数器的计数输入引脚的脉冲发生负跳变时，计数器加1。

2）定时器工作模式

定时器功能也是通过计数器的计数来实现的，不过此时的计数脉冲来自单片机的内部，即每个机器周期产生一个计数脉冲，也就是每经过一个机器周期的时间，计数器加 1。这样可以根据计数值计算出定时时间，也可根据定时时间的要求计算出计数器的初值。

MCS-51单片机的定时器/计数器具有4种工作方式（方式0、方式1、方式2和方式3），其控制字均在相应的特殊功能寄存器中，通过对它的特殊功能寄存器的编程，用户可方便地选择定时器/计数器两种工作模式和 4 种工作方式。

在了解了 MCS-51 片内的定时器/计数器的上述基本功能后，下面介绍 MCS-51 单片机片内定时器/计数器的结构、功能，有关的特殊功能寄存器，状态字、控制字的含义，工作模式和工作方式的选择。

2.6.1　定时器/计数器 T0 和 T1 的结构

1．组成结构

8051 单片机内部有两个 16 位的可编程定时器/计数器，称为定时器 0（T0）和定时器 1（T1），可编程选择就是将其作为定时器用还是作为计数器用。此外，工作方式、定时时间、计数值、启动、中断请求等都可以由程序设定，其逻辑结构如图 2-15 所示。

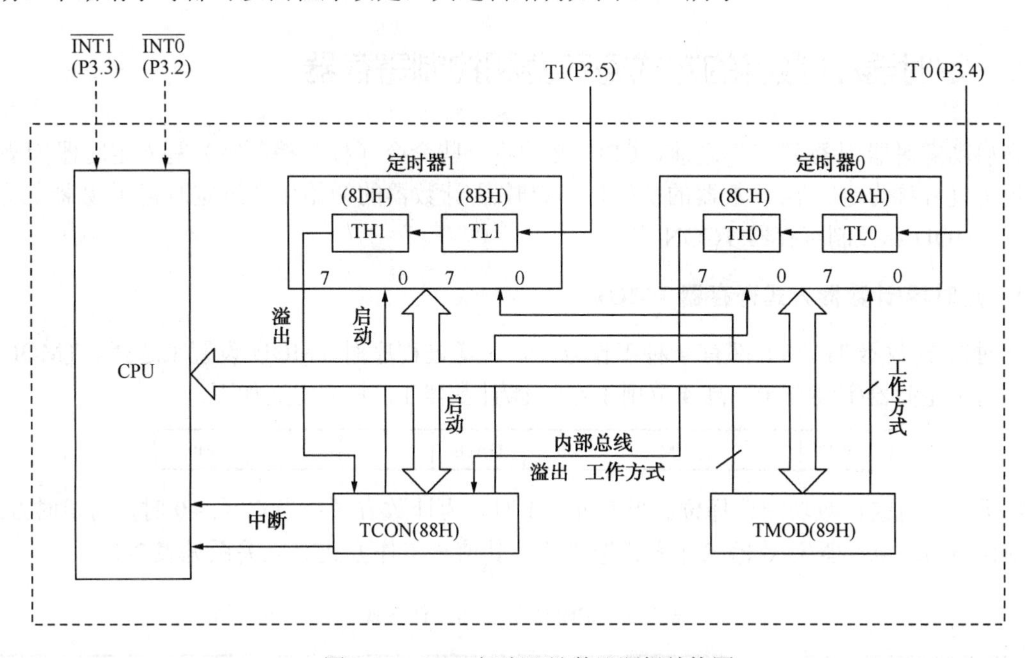

图 2-15　8051 定时器/计数器逻辑结构图

由图可知，8051 定时器/计数器由定时器 0、定时器 1、定时器方式寄存器 TMOD 和定时器控制寄存器 TCON 组成。

定时器 0、定时器 1 是 16 位加法计数器，分别由两个 8 位专用寄存器组成，定时器 0 由 TH0 和 TL0 组成，定时器 1 由 TH1 和 TL1 组成。TL0、TL1、TH0、TH1 的访问地址依次为 8AH、8BH、8CH、8DH，每个寄存器均可单独访问。定时器 0 或定时器 1 用做计数器时，对芯片引脚 T0（P3.4）或 T1（P3.5）上输入的脉冲计数，每输入一个脉冲，加法计数器加 1；用做定时器时，对内部机器周期脉冲计数，由于机器周期是定值，故计数值确定时，时间也随之确定。

TMOD、TCON 与定时器 0、定时器 1 通过内部总线及逻辑电路连接，TMOD 用于设置定时器的工作方式，TCON 用于控制定时器的启动与停止。

2．工作原理

当定时器/计数器设置为定时工作方式时，计数器对内部机器周期计数，每过一个机器周期，计数器增1，直至计满溢出。定时器的定时时间与系统的振荡频率紧密相关。

当定时器/计数器设置为计数工作方式时，计数器对来自输入引脚T0（P3.4）和T1（P3.5）的外部信号计数，外部脉冲的下降沿将触发计数。在每个机器周期的S5、P2期间采样引脚输入电平，若前一个机器周期采样值为1，后一个机器周期采样值为0，则计数器加1。新的计数值是在检测到输入引脚电平发生1到0的负跳变后，于下一个机器周期的S3、P1期间载入计数器中的。由此可见，检测一个由1到0的负跳变需要两个机器周期。所以，最高检测频率为振荡频率的1/24。计数器对外部输入信号的占空比没有特别的限制，但必须保证输入信号的高电平与低电平的持续时间在一个机器周期以上。

当设置了定时器的工作方式并启动定时器工作后，定时器将按照被设定的工作方式独立工作，不再占用CPU的操作时间，只有在计数器计满溢出时才可能中断CPU当前的操作。

2.6.2 定时器/计数器的方式寄存器和控制寄存器

在启动定时器/计数器工作之前，CPU必须将一些命令（称为控制字）写入定时器/计数器中，这个过程称为定时器/计数器的初始化。定时器/计数器的初始化通过定时器/计数器的方式寄存器TMOD和控制寄存器TCON完成。

1．定时器/计数器方式寄存器TMOD

定时器/计数器T0、T1都有4种工作方式，可通过程序对TMOD设置来选择。TMOD的低4位用于定时器/计数器0，高4位用于定时器/计数器1。其位定义如下：

GATE	$C/\overline{T}$	M1	M0	GATE	$C/\overline{T}$	M1	M0

$C/\overline{T}$：定时或计数功能选择位。当$C/\overline{T}=1$时，为计数方式；当$C/\overline{T}=0$时，为定时方式。

M1、M0：定时器/计数器工作方式选择位，其值与工作方式对应关系见表2-7。

表2-7 定时器/计数器工作方式

M1	M0	工作方式	方式说明
0	0	0	13位定时器/计数器
0	1	1	16位定时器/计数器
1	0	2	具有自动重装初值的8位定时器/计数器
1	1	3	定时器/计数器0分成两个8位定时器/计数器

GATE：门控位，用于控制定时器/计数器的启动是否受外部中断请求信号的影响。如果GATE＝1，定时器/计数器0的启动受芯片引脚$\overline{INT0}$（P3.2）控制，定时器/计数器1的启动受芯片引脚$\overline{INT1}$（P3.3）控制；如果GATE＝0，定时器/计数器的启动与引脚$\overline{INT0}$、$\overline{INT1}$无关。一般情况下GATE＝0。

2．定时器/计数器控制寄存器TCON

TCON控制寄存器字节地址为88H，各位定义如下：

TF1	TR1	TF0	TR0	IE1	IT1	IE0	IT0

TF0（TF1）：T0（T1）定时器/计数器溢出中断标志位。当 T0（T1）计数溢出时，在允许中断的情况下，由硬件置位并向 CPU 发出中断请求信号，CPU 响应中断转向中断服务程序时，由硬件自动将该位清 0。

TR0（TR1）：T0（T1）运行控制位。当 TR0（TR1）=1 时，启动 T0（T1）；当 TR0（TR1）=0 时，关闭 T0（T1）。该位由软件进行置位。

IE1：外部中断 1（$\overline{\text{INT1}}$）请求标志位。

IT1：外部中断 1 触发方式选择位。

IE0：外部中断 0（$\overline{\text{INT0}}$）请求标志位。

IT0：外部中断 0 触发方式选择位。

TCON 的低 4 位与外部中断有关，可参考 2.5.3 节的有关内容。

2.6.3　4 种工作方式

1．工作方式 0

当 M1M0=00 时，定时器/计数器设定为工作方式 0，构成 13 位定时器/计数器。其逻辑结构如图 2-16 所示（图中 *x* 为 0 或 1，分别代表 T0 或 T1 的有关信号）。TH*x* 是高 8 位加法计数器，TL*x* 是低 5 位加法计数器，TL*x* 的高 3 位未用。TH*x* 加法计数器溢出时向 TH*x* 进位，TH*x* 加法计数器溢出时置 TF*x*=1，最大计数值为 2^{13}。

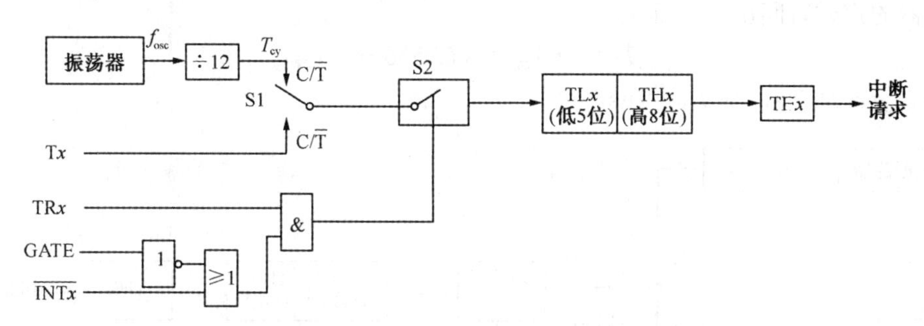

图 2-16　定时器/计数器工作方式 0 逻辑结构

可用程序将 0～8 191（$2^{13}-1$）的某一数送入 TH*x*、TL*x* 作为初值。TH*x*、TL*x* 从初值开始加法计数，直至溢出。初值不同，所以定时时间或计数值不同。必须注意的是，加法计数器 TH*x* 溢出后，必须用程序重新对 TH*x*、TL*x* 设置初值。否则，下一次 TH*x*、TL*x* 将从 0 开始计数。

如果 C/$\overline{T}$=1，图 2-16 中开关 S1 自动地接在下面，定时器/计数器工作在计数状态，加法计数器对 T*x* 引脚上的外部脉冲计数。计数值由下式确定：

$$N=2^{13}-x=8\,192-x$$

式中，*N* 为计数值，*x* 是 TH*x*、TL*x* 的初值。*x*=8 192 时为最小计数值 1，*x*=0 时为最大计数值 8 192，即计数范围为 1～8 192。

定时器/计数器在每个机器周期的 S_5、P_2 期间采样 T*x* 脚输入信号，若一个机器周期的采样值为 1，下一个机器周期的采样值为 0，则计数器加 1。由于识别一个高电平到低电平的跳变需两个机器周期，所以对外部计数脉冲的频率应小于 $f_{osc}/24$，且高电平与低电平的延续时间均不得小于一个机器周期。

$C/\overline{T}=0$ 时为定时器方式，开关 S1 自动地接在上面，加法器对机器周期脉冲 T_{cy} 计数，每个机器周期 THx 加 1。定时时间由下式确定：

$$T=N\cdot T_{cy}=(8\,192-x)\,T_{cy}$$

式中，T_{cy} 为单片机的机器周期。如果振荡频率 $f_{osc}=12$MHz，则 $T_{cy}=1\mu s$，定时范围为 1～8 192μs。

定时器/计数器的启动或停止由 TR*x* 控制。当 GATE＝0 时，只需用软件置 TR*x*＝1，开关 S2 闭合，定时器/计数器就开始工作；置 TR*x*＝0，S2 打开，定时器/计数器停止工作。

GATE＝1 为门控方式。此时，仅当 TR*x*＝1 且 $\overline{INTx}$ 引脚上出现高电平（无外部中断请求信号）时，S2 才闭合，定时器/计数器开始工作。如果 $\overline{INTx}$ 引脚上出现低电平（有外部中断请求信号），则停止工作。所以，在门控方式下，定时器/计数器的启动受到外部中断请求的影响，可用来测量 $\overline{INTx}$ 引脚上出现的正脉冲宽度。

2．工作方式 1

当 M1M0＝01 时，定时器/计数器设定工作方式 1，构成了 16 位定时器/计数器。其逻辑结构如图 2-17 所示。此时 TH*x*、TL*x* 都是 8 位加法计数器。其他与工作方式 0 相同。

在方式 1 时，计数器的计数值由下式确定：

$$N=2^{16}-x=65\,536-x$$

计数范围为 1～65 536。

定时器的定时时间由下式确定：

$$T=N\cdot T_{cy}=(65\,536-x)\,T_{cy}$$

如果 $f_{osc}=12$MHz，则 $T_{cy}=1\mu s$。

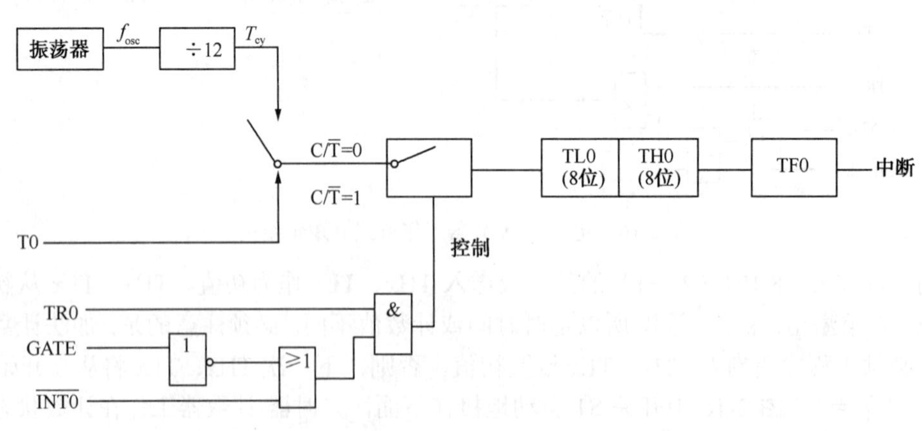

图 2-17 定时器/计数器工作方式 1 逻辑结构

3．工作方式 2

当 M1M0＝10 时，定时器/计数器设定为工作方式 2。方式 2 是自动重装初值的 8 位定时器/计数器。其逻辑结构如图 2-18 所示。TL*x* 作为 8 位加法计数器使用，TH*x* 作为初值寄存器用。TH*x*、TL*x* 的初值都由软件设置。TH*x* 计数溢出时，不仅置位 TF*x*，而且发出重装载信号，使三态门打开，将 TH*x* 中的初值自动送入 TL*x*，并从初值开始重新计数。重装初值后，TH*x* 的内容保持不变。

在工作方式 2 时，计数器的计数值由下式确定：

$$N=2^8-x=256-x$$

计数范围为 1～256。

定时器的定时值由下式确定：

$$T=N \cdot T_{cy}=(256-x)T_{cy}$$

如果 f_{osc}＝12MHz，则 T_{cy}＝1μs，定时范围为 1～256μs。

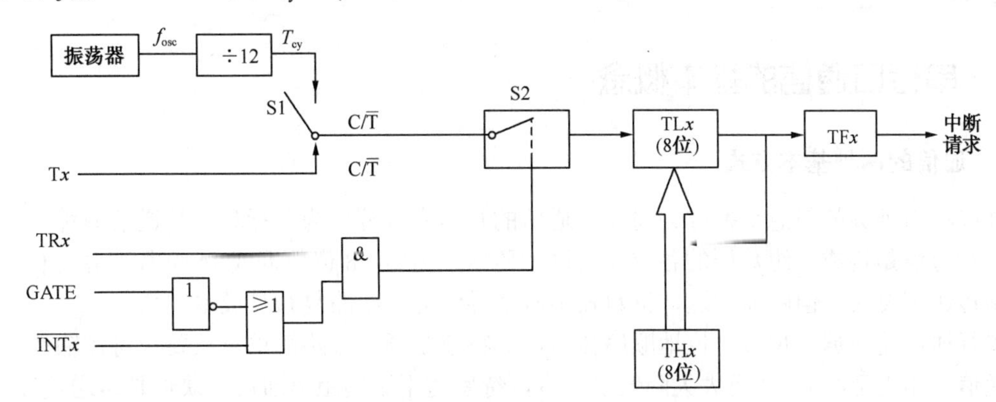

图 2-18　定时器/计数器工作方式 2 逻辑结构

4．工作方式 3

当 M1M0＝11 时，定时器/计数器设定为工作方式 3。其逻辑结构如图 2-19 所示。

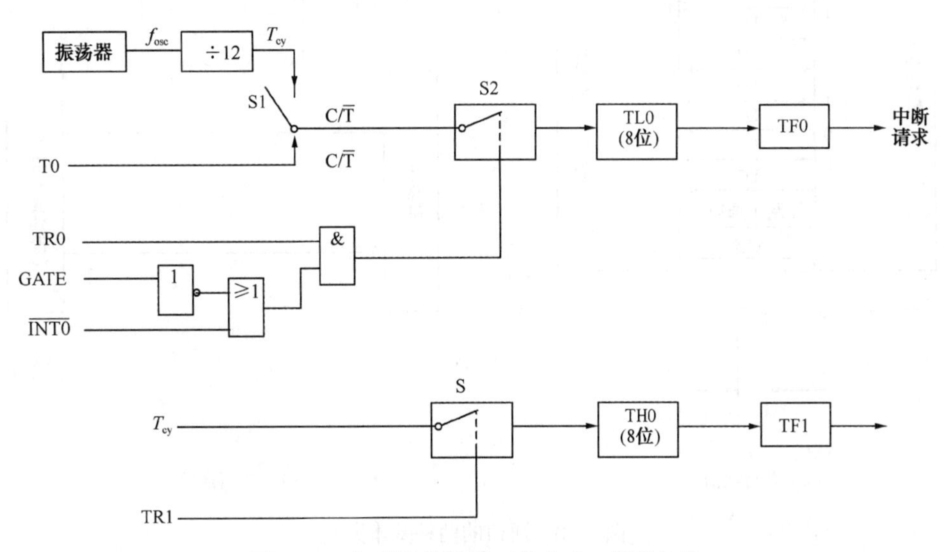

图 2-19　定时器/计数器工作方式 3 逻辑结构

方式 3 只适用于定时器/计数器 T0。当 T0 工作在方式 3 时，TH0 和 TL0 被分成两个独立的 8 位计数器。这时，TL0 既可作为定时器用，也可作为计数器使用，而 TH0 只能作为定时器用，并且占用了定时器/计数器 T1 的两个控制信号 TR1 和 TF1。在这种情况下，定时器/计数器 T1 虽仍可用于方式 0、1、2，但不能使用中断方式。通常是将定时器/计数器 T1 用做串行口的波特率发生器，由于已没有计数溢出标志位 TF1 可供使用，因此只能把计数溢出直接送给串行口。当作为波特率发生器使用时，只需设置好工作方式，便可自行运行。如需停止工作，只要送入把它设置为方式3的控制字就可以了。由于定时器/计数器T1不能在方式3下使用，如果强行把它设置为方式3，就相当于停止工作。

方式3下定时器/计数器的定时、计数的范围和定时/计数值的确定同方式2。

2.7 串行口

2.7.1 串行口通信的基本概念

1．通信的两种基本方式

计算机与外界的信息交换称为通信。通信的基本方式分别为并行和串行通信两种。

并行通信是构成一组数据的各位同时进行传送。例如，8位数据或16位数据并行传送。其特点是传送速度快，但距离较远、位数较多时会导致通信线路复杂且成本过高。

串行通信是数据一位接一位地顺序传送，其特点是通信线路简单，只要一对传输线就可以实现通信（如电话线），从而大大降低了成本，特别适用于远距离通信。缺点是传送速度慢。

以上两种通信方式的示意图如图2-20所示。由图可知，假设并行传送N位数据所需时间为T，那么串行传送的时间至少为$N \cdot T$，但实际上总是大于$N \cdot T$的。

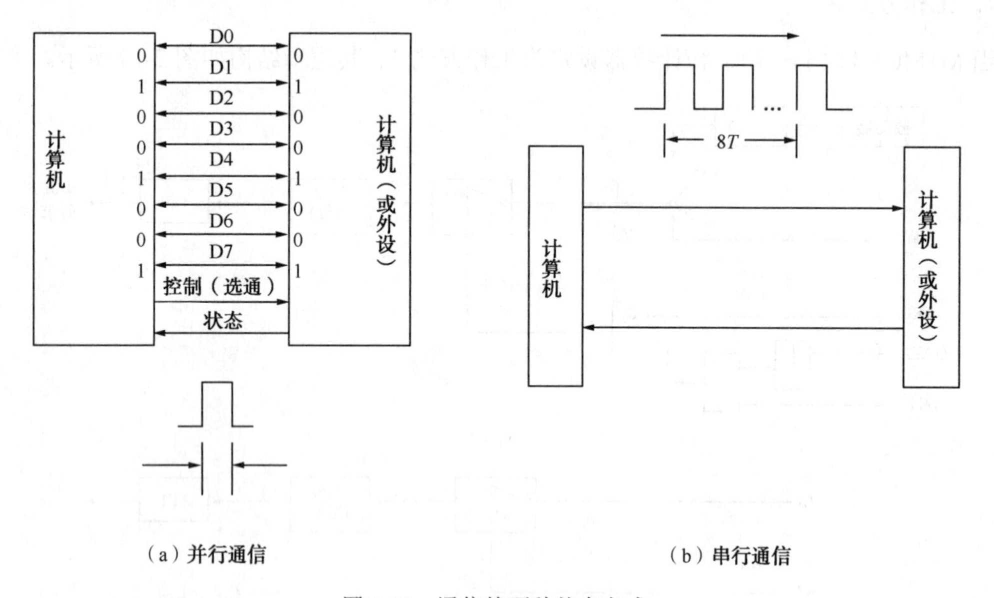

（a）并行通信　　（b）串行通信

图2-20　通信的两种基本方式

2．串行通信的分类

按照串行数据的时钟控制方式，串行通信可分为同步通信和异步通信两类。

1）异步通信

异步传送方式的特点是数据在线路上的传送不连续。传送时，数据是以字符为单位进行传送的。它用一个起始位表示字符的开始，用停止位表示字符的结果。异步传送的字符格式如

图 2-21 所示。一个字符又称为一帧，一帧信息由起始位、数据位、奇偶校验位和停止位 4 部分组成。起始位为 0 信号，占 1 位；其后就是数据位，它可以是 5 位、6 位、7 位或 8 位，传送时低位在先，高位在后；再后面的是 1 位奇偶校验位（可要可不要）；最后是停止位，它用信号 1 来表示一帧信息的结束，可以是 1 位、1 位半或 2 位。异步传送中，字符间隔不固定。在停止位后可以加空闲位，空闲位用高电平表示，用于等待传送。这样接收和发送可以随时或间断进行，而不受时间的限制。图 2-21（b）所示为有空闲位的情况。

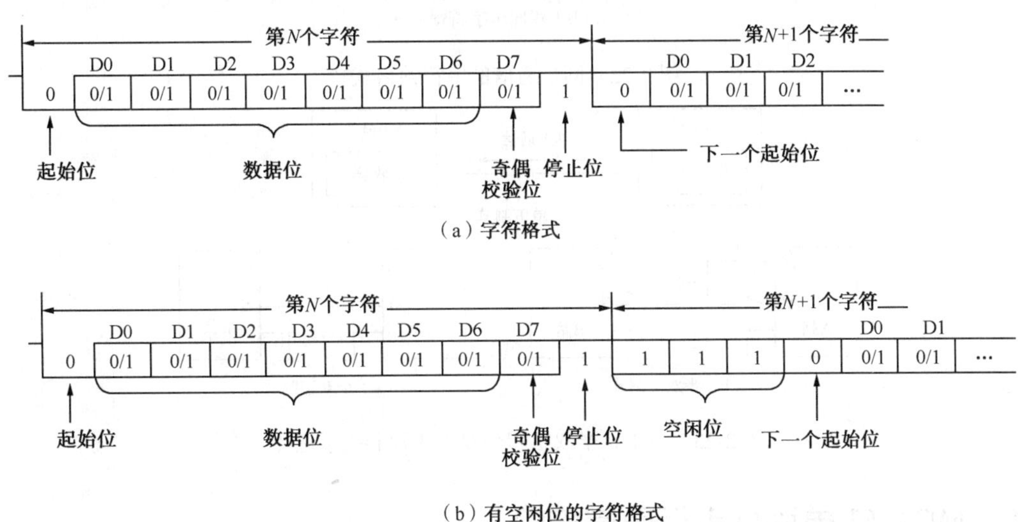

图 2-21　异步传送的字符格式

在串行异步传送中，通信双方必须事先约定：

字符格式，双方要事先约定字符的编码形式、奇偶校验形式及起始位和停止位的规定。例如，用 ASCII 码通信，有效数据为 7 位，加一个奇偶校验位、一个起始位和一个停止位共 10 位。其中，停止位也可以大于 1 位。

波特率（Baud rate），波特率就是数据的传送速率，即每秒传送的二进制位数，单位为位/秒。它与字符的传送速率（字符/秒）之间有以下关系：

波特率＝一个字符的二进制编码位数×字符/秒

要求发送端与接收端的波特率必须一致。

2）同步通信

同步通信是一种连续串行传送数据的通信方式，一次通信只传输一帧信息。这里的信息帧和异步通信的字符帧不同，通常有若干个数据字符，如图 2-22 所示。图 2-22（a）所示为单同步字符帧格式，图 2-22（b）所示为双同步字符帧格式，但它们均由同步字符、数据字符和校验字符 CRC 3 部分组成。在同步通信中，同步字符可以采用统一的标准格式，也可以由用户约定。

3．串行通信的制式

在串行通信中数据是在两个站之间进行传送的，按照数据传送方向，串行通信可分为单工（simplex）、半双工（half duplex）和全双工（full duplex）3 种制式。图 2-23 所示为 3 种制式的示意图。

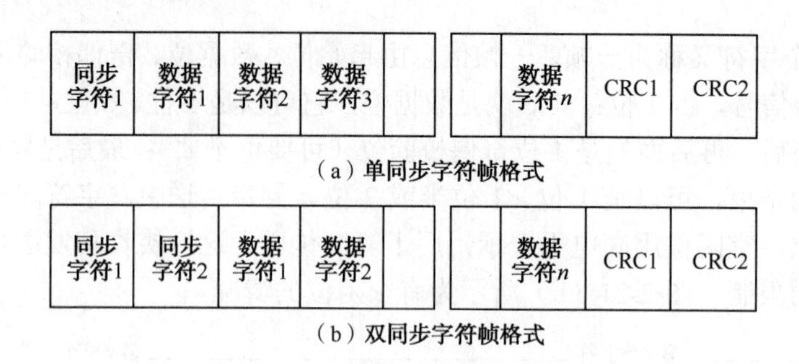

图2-22　同步通信的字符帧格式

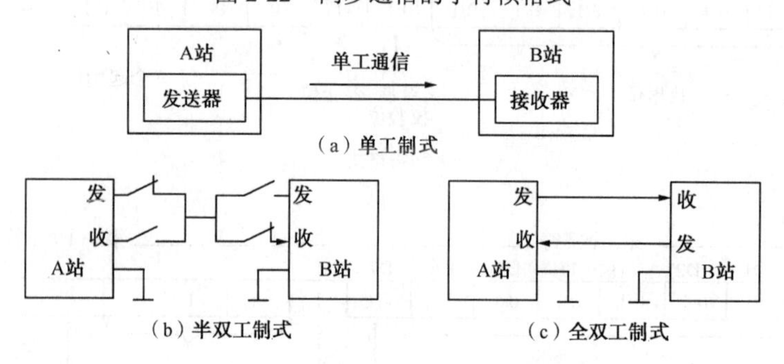

图2-23　单工、半双工和全双工3种制式示意图

2.7.2　MCS-51单片机串行通信接口

MCS-51单片机内部有一个功能很强的全双工串行口，可同时接收和发送数据。接收、发送数据均可工作在查询方式或中断方式，使用十分灵活，能方便地与其他计算机或串行传送信息的外部设备（如打印机、CRT终端等）实现双机、多机通信。

1．MCS-51串行口结构

MCS-51内部有两个独立的接收、发送缓冲器SBUF。SBUF属于特殊功能寄存器。发送缓冲器只能写入不能读出，接收缓冲器只能读出不能写入，两者公用一个字节地址（99H）。串行口的结构如图2-24所示。

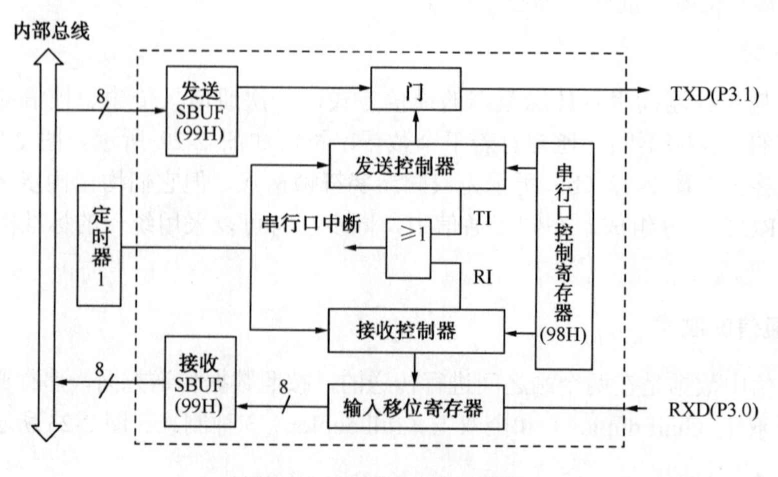

图2-24　串行口结构示意图

2．串行口数据缓冲器 SBUF

SBUF 是两个在物理上独立的接收、发送寄存器，一个用于存放接收到的数据，另一个用于存放欲发送的数据，可同时发送和接收数据。两个缓冲器公用一个地址 99H，通过对 SBUF 的读/写指令来区别是对接收缓冲器还是发送缓冲器进行操作。CPU 在写 SBUF 时，就是修改发送缓冲器的内容；读 SBUF 时，就是读取接收缓冲器的内容。接收或发送数据，是通过串行口对外的两条独立收发信号线 RXD（P3.0）、TXD（P3.1）来实现的。因此，可以同时发送、接收数据，其工作方式为全双工制式。

3．串行口控制寄存器 SCON

串行口控制寄存器 SCON 字节地址为 98H，各位格式如下：

SM0	SM1	SM2	REN	TB8	RB8	TI	RI

SM0、SM1：由软件置位或清 0，用于选择串行口 4 种工作方式，见表 2-8。

表 2-8　串行口的工作方式

SM0	SM1	工 作 方 式	功　能	波 特 率
0	0	方式 0	移位寄存器方式，用于并行 I/O 扩展	$f_{osc}/12$
0	1	方式 1	8 位通用异步接收器/发送器	可变
1	0	方式 2	9 位通用异步接收器/发送器	$f_{osc}/32$ 或 $f_{osc}/64$
1	1	方式 3	9 位通用异步接收器/发送器	可变

SM2：多机通信控制位。在方式 2 和方式 3 中，如 SM2＝1，则接收到的第 9 位数据（RB8）为 0 时，不启动接收中断标志 RI（RI＝0），并且将接收到的前 8 位数据丢弃；RB8 为 1 时，才将收到的前 8 位数据送入 SBUF，并置位 RI，产生中断请求。当 SM2＝0 时，则不论第 9 位数据为 0 或 1，都将前 8 位数据装入 SBUF 中，并产生中断请求。在方式为 0 时，SM2 必须为 0。

REN：允许串行接收控制位。若 REN＝0，则禁止接收；REN＝1，则允许接收，该位由软件置位或复位。

TB8：发送数据 D8 位。在方式 2 和方式 3 时，TB8 为所要发送的第 9 位数据。在多机通信中，以 TB8 位的状态表示主机发送的是地址还是数据，TB8＝0 为数据，TB8＝1 为地址，也可用做数据的奇偶校验位，该位由软件置位或复位。

RB8：接收数据 D8 位。在方式 2 和方式 3 时，接收到的第 9 位数据，可作为奇偶校验位或地址帧、数据帧的标志。方式为 1 时，若 SM2＝0，则 RB8 是接收到的停止位。在方式为 0 时，不使用 RB8 位。

TI：发送中断标志位。在方式为 0 时，当发送数据第 8 位结束后，或在其他方式发送停止位后，由内部硬件使 TI 置位，向 CPU 请求中断。CPU 在响应中断后，必须用软件清 0。此外，TI 也可供查询使用。

RI：接收中断标志位。在方式为 0 时，当接收数据的第 8 位结束后，或在其他方式接收到停止位的中间，由内部硬件使 RI 置位，向 CPU 请求中断。同样，在 CPU 响应中断后，也必须用软件清 0。RI 也可供查询使用。

4．电源控制寄存器 PCON

电源控制寄存器 PCON 字节地址为 87H，各位格式如下：

SMOD	—	—	—	GF1	GF0	PD	1DL

PCON 的最高位 SMOD 是串行口波特率系数控制位。SMOD＝1 时，波特率增大一倍。其余各位与串行口无关。

2.7.3 串行通信接口工作方式及多机通信

1．方式 0

串行口的工作方式 0 为移位寄存器方式。数据从 RXD 引脚上接收或发送。一帧信息由 8 位数据组成，低位在前。波特率固定为 $f_{osc}/12$。同步脉冲从 TXD 引脚上输出。

1）发送

CPU 执行一条写 SBUF 的指令，如 MOV SBUF，A，就启动了发送过程。指令执行期间送来的写信号打开三态门 1，将经内部总线送来的 8 位并行数据写入发送数据缓冲器 SBUF，写信号的同时启动发送控制器。此后，CPU 与串行口并行工作。经过一个机器周期，发送控制端 SEND 有效（高电平），打开门 5 和门 6，允许 RXD 引脚发送数据，TXD 引脚输出同步移位脉冲。在时钟信号 S6 触发产生的内部移位脉冲作用下，发送数据缓冲器中的数据逐位串行输出。每一个机器周期从 RXD 上发送一位数据，故波特率为 $f_{osc}/12$。S6 同时形成同步移位脉冲，一个机器周期从 TXD 上输出。8 位数据（一帧）发送完毕后，向 CPU 申请中断。如果再次发送数据，必须用软件将 T1 清 0，并再次执行写 SBUF 指令。

2）接收

在 RI＝0 的条件下，将 REN（SCON.4）置 1 就启动一次接收过程。此时，RXD 为串行数据接收端，TXD 依然输出同步移位脉冲。

REN 置 1 启动了接收控制器。经过一个机器周期，接收控制端 RECV 有效（高电平），打开门 6，允许 TXD 输出同步移位脉冲。该脉冲控制外接芯片逐位输入数据，波特率为 $f_{osc}/12$。在内部移位脉冲作用下，RXD 上的串行数据逐位移入移位寄存器。当 8 位数据（一帧）全部移入移位寄存器后，接收控制器使 RECV 失效，停止输出移位脉冲，还发出“装载 SBUF”信号，打开三态门 2，将 8 位数据并行送入接收数据缓冲器 SBUF 中保存。与此同时，接收控制器硬件置接收中断标志 RI＝1，向 CPU 申请中断。CPU 响应中断后，用软件将 RI 置 0，使移位寄存器开始接收下一帧信息，然后通过读接收缓冲器的指令，如 MOV A，SBUF，读取 SBUF 中的数据。在执行这条指令时，CPU 发出“读 SBUF”信号，打开三态门 3，数据经内部总线进入 CPU。

2．方式 1

方式 1 为 8 位异步通信接口方式，RXD 为接收端，TXD 为发送端。一帧信息由 10 位组成。方式 1 的波特率可变，由定时器/计数器 T1 的溢出率及 SMOD（PCON.7）决定，且发送波特率与接收波特率可以不同。

1）发送

CPU 执行一条写 SBUF 指令并启动了串行口发送，数据从 TXD 输出。在指令执行期间，CPU 送来“写 SBUF”信号，将并行数据送入 SBUF，并启动发送控制器。经一个机器周期，发送控制端的 $\overline{SEND}$、DATA 相继有效，通过输出控制门从 TXD 上逐位输出一帧信息。一帧信息发送完毕之后，$\overline{SEND}$、DATA 失效，发送控制硬件置发送中断标志 TI=1，向 CPU 申请中断。

2）接收

允许接收控制位 REN 被置 1，接收器开始工作，跳变检测器以所选波特率的 16 倍速率采样 RXD 引脚上的电平。当采样从 1 到 0 的负跳变时，启动接收控制器接收数据，由于发送、接收双方各自使用自己的时钟，两者的频率总有少许差异。为了避免这种差异的影响，控制器将位的传送时间分成 16 等份，位检测器在 7、8、9 三个状态，也就是在信号中央采样 RXD 3 次。而且，3 次采样中至少两次相同的值被确认为数据，这是为了减小干扰的影响。如果接收到的起始位的值不是 0，则起始位无效，复位接收电路。如果起始位为 0，则开始接收本帧其他各位数据。控制器发出内部移位脉冲将 RXD 上的数据逐位移入移位寄存器，当 8 位数据及停止位全部移入后，根据以下状态，进行相应操作，如图 2-25 所示。

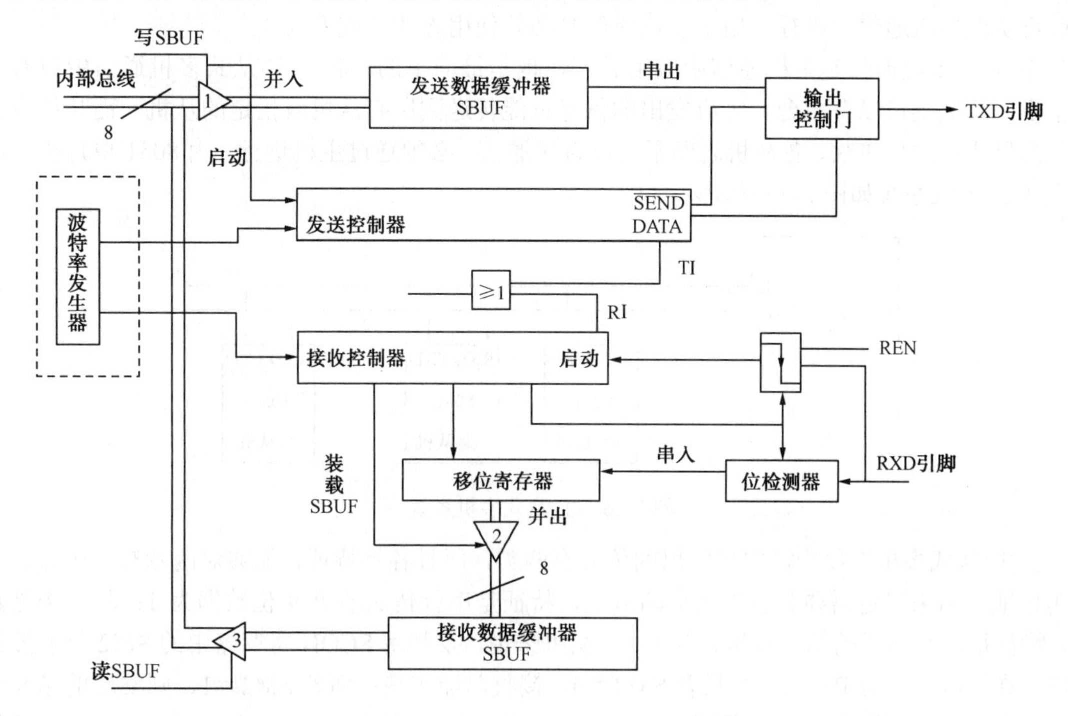

图 2-25　串行口工作方式结构示意图

① 如果 RI=0，SM2=0，接收控制器发出“装载 SBUF”信号，将 8 位数据装入接收数据缓冲器 SBUF，停止位装入 RB8，并置 RI=1，向 CPU 申请中断。

② 如果 RI=0，SM2=1，只有停止位为 1 时，才发生上述操作。

③ RI=0，SM2=1 且停止位为 0，所接收的数据不装入 SBUF，数据将会丢失。

④ 如果 RI=1，则所接收的数据在任何情况下都不装入 SBUF，即数据丢失。

无论出现哪一种情况，跳变检测器将继续采样 RXD 引脚的负跳变，以便接收下一帧信息。

移位器采用移位寄存器和 SBUF 双缓冲结构，以避免在接收后一帧数据之前，CPU 尚未及时响应中断将前一帧数据取走，造成两帧数据重叠。采用双缓冲结构后，前、后两帧数据进入 SBUF 的时间间隔至少有 10 个机器周期。在后一帧数据送入 SBUF 之前，CPU 有足够的时间将前一帧数据取走。

3．方式 2 与方式 3

方式 2、方式 3 都是 9 位异步通信接口。发送或接收的一帧信息由 11 位组成。其中，1 位起始位、9 位数据位和 1 位停止位。方式 2 与方式 3 仅波特率不同，方式 2 的波特率为 $f_{osc}/32$（SMOD＝1 时）或 $f_{osc}/64$（SMOD＝0 时），而方式 3 的波特率仅由定时器/计数器 T1 及 SMOD 决定。

方式 2、方式 3 在发送、接收数据的过程中，与方式 1 基本相同，所不同的仅是在于对第 9 位数据的处理上。发送时，第 9 位数据由 SCON 中的 TB8 位提供。接收数据时，当第 9 位数据移入移位寄存器后，将 8 位数据装入 SBUF，第 9 位数据装入 SCON 中的 RB8。

4．多机通信

在实际应用中，经常需要多个单片机之间协调工作，即多机通信。利用 MCS-51 单片机串行口可实现多机通信。串行口用于多机通信时必须使用方式 2 或方式 3。

主/从式多机通信是多机通信中应用最广，也是最简单的一种。主/从式多机通信中只有一台主机，从机则可以有多台。主机发出的信息只能传送到所有从机或指定的从机，而从机发出的信息只能被主机接收，各从机之间不可以直接通信，必须通过主机进行。由 8051 单片机构成的主/从式多机系统如图 2-26 所示。

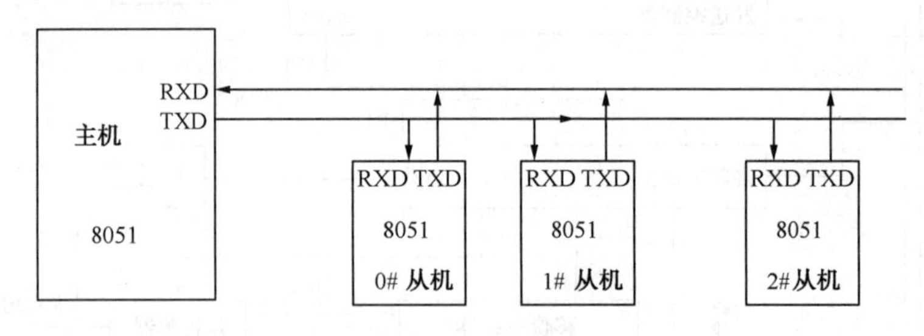

图 2-26　主/从式多机系统

在主/从式多机系统中，主机发出的信号有两类，而且各具特征，能够对两者有所区分。一类为地址，用来确定需要和主机通信的从机，特征是串行传送的第 9 位数据为 1；另一类是数据，特征是串行传送的第 9 位数据为 0。对从机来说，要利用 SCON 寄存器中的 SM2 位的控制功能。在接收时，若 RI＝0，则只要 SM2＝0，接收总能实现；而若 SM2＝1，则发送的第 9 位 TB8 必须为 1 接收才能进行。因此，对于从机来说，在接收地址时，应使 SM2＝1，以便接收到主机发来的地址，从而确定主机是否打算和自己进行通信，一经确认后，从机应使 SM2＝0，以便接收 TB8＝0 的数据。

主/从式多机通信的过程如下：

（1）使所有从机的 SM2 位置 1，以便接收主机发来的地址。

（2）主机发出一帧地址信息，其中包括 8 位需要与之通信的从机地址，第 9 位为 1。

（3）所有从机接收到地址帧后，各自将所接收到的地址与本机地址相比较，对于地址相同的主机，使 SM2 位清 0 以接收主机随后发来的所有信息；对于地址不符合的从机，仍保持 SM2＝1 的状态，对主机随后发来的数据不予理睬，直至发送新的数据帧。

（4）主机给已被寻址的从机发送控制指令和数据（数据帧的第 9 位为 0）。

2.7.4 波特率设置

在串行通信中，收发双方对传送的数据速率，即波特率要有一定的约定。通过上节的论述可知，MCS-51 单片机的串行口通过编程可以有 4 种工作方式。其中，方式 0 和方式 2 的波特率是固定的，方式 1 和方式 3 的波特率可变，由定时器 1 的溢出率决定，下面将对其进行分析。

1．方式 0 和方式 2

在方式 0 中，波特率为时钟频率的 1/12，即 $f_{osc}/12$，固定不变。

在方式 2 中，波特率取决于 PCON 中的 SMOD 值，当 SMOD＝0 时，波特率为 $f_{osc}/64$；当 SMOD＝1 时，波特率为 $f_{osc}/32$，即

$$波特率 = \frac{2^{SMOD}}{64} f_{osc}$$

2．方式 1 和方式 3

在方式 1 和方式 3 下，波特率由定时器 1 的溢出率和 SMOD 共同决定，即方式 1 和方式 3 的波特率与定时器 1 的溢出率相关。

其中，定时器 1 的溢出率取决于单片机定时器 1 的计数速率和定时器的预置值。计数速率与 TMOD 寄存器中的 $C/\overline{T}$ 位有关。当 $C/\overline{T}=0$ 时，计数速率为 $f_{osc}/12$；当 $C/\overline{T}=1$ 时，计数速率为外部输入时钟频率。

实际上，当定时器 1 做波特率发生器使用时，通常是工作在模式 2，即自动重装载的 8 位定时器，此时 TL1 作计数用，自动重装载的值在 TH1 内。设计数的预置值（初始值）为 X，那么每过 256−X 个机器周期，定时器溢出一次。为了避免因溢出而产生不必要的中断，此时应禁止 T1 中断。溢出周期为

$$\frac{12}{f_{osc}}(256-X)$$

溢出率为溢出周期的倒数，所以波特率为

$$\frac{2^{SMOD}}{32} \cdot \frac{f_{osc}}{12(256-X)}$$

表 2-9 列出了各种常用的波特率及获得办法。

表 2-9 定时器 1 产生的常用波特率

波特率（bps）	f_{osc}（MHz）	SMOD	定时器 1		
			$C/\overline{T}$	模式	初始值
方式 0：1	12	×	×	×	×
方式 2：375K	12	1	×	×	×
方式 1、3：62.5K	12	1	0	2	FFH
19.2K	11.059	1	0	2	FDH

续表

波特率（bps）	f_{osc}（MHz）	SMOD	定时器1		
			C/$\overline{T}$	模式	初始值
9.6K	11.059	0	0	2	FDH
4.8K	11.059	0	0	2	FAH
2.4K	11.059	0	0	2	F4H
1.2K	11.059	0	0	2	E8H
137.5K	11.986	0	0	2	1DH
110	6	0	0	2	72H
110	12	0	0	1	FEEBH

习题二

1．画出 MCS-51 单片机的引脚图。

2．微处理器由_________、_________两部分组成。

3．MSC-51 单片机程序存储器和数据存储器各有什么功用？其内部 RAM 区功能结构如何分配？

4．在内部 RAM 中，4 组工作寄存器使用时如何选用？用户 RAM 区的字节地址范围是多少？

5．MCS-51 片内_________范围内的数据存储器，既可以字节寻址又可以位寻址。

6．程序状态字 PSW 的作用是什么？常用标志有哪些位？作用是什么？

7．PSW＝18H 时，则当前工作寄存器是_________。

8．PC 是什么寄存器？是否属于特殊功能寄存器？它有什么作用？

9．DPTR 是什么寄存器？它由哪些特殊功能寄存器组成？它的主要作用是什么？

10．一个机器周期等于_________时钟周期，振荡脉冲二分频后产生的时钟信号的周期定义为时钟周期。

11．一个指令周期等于几个机器周期？

12．单片机为什么要设计复位键，MCS-51 单片机的复位引脚是哪一个？什么样的电平信号可以让单片机复位？

13．MCS-51 单片机复位后哪些寄存器的初值不是零？

14．什么是中断？其主要功能是什么？

15．5 个中断源的入口地址和标志位分别是多少？

16．什么是中断优先级？中断优先处理的原则是什么？

17．MCS-51 的中断允许触发器内容为 83H，CPU 将响应的中断请求是哪些？

18．试编写一段对中断系统初始化的程序，使其允许 $\overline{\text{INT0}}$、$\overline{\text{INT1}}$，T0，串行口中断，并使 T0 中断为高优先级中断。

19．定时器/计数器具有_________和_________两种工作模式。

20．TMOD 是什么寄存器？它的各个位有什么作用？

21．TCON 是什么寄存器？它的各个位有什么作用？

22．设单片机晶振频率 f_{osc}＝6MHz，使用定时器 1 以方式 0 产生 250μs 的定时，请计算其初值。

23．设单片机晶振频率 f_{osc}＝6MHz，使用定时器 1 以方式 1 产生 250μs 的定时，请计算其初值。

24．通信有____________、____________两种方式。

25．串行通信有____________、____________两类。

26．串行口控制寄存器是____________。

27．串行通信有几种工作方式？各自功能是什么？

28．SMOD 在哪个寄存器中？它的作用是什么？

29．什么是波特率？

30．请描述实现串行通信中 9 600bps 的各参数值。

第3章　MCS-51单片机指令系统

学习要点：指令是控制计算机进行各种运算和操作的命令。一台计算机所能执行的全部指令的集合称为指令系统。一般来说，一台计算机的指令越丰富，寻址方式越多，指令的执行速度越快，则它的总体功能也就越强。不同种类的单片机指令系统一般是不同的。本章将以80C51为例，详细介绍MCS-51单片机指令系统的寻址方式、指令的格式及功能。

3.1 汇编指令与格式

根据指令形式的不同，指令又分机器指令和助记符指令。机器指令为二进制代码0和1表示，能够被计算机直接识别和执行的指令，又称机器码。这种指令对计算机用户来说，很不直观，难写难记，容易出现错误且难于发现。采用十六进制代替二进制代码后，虽然书写方便了，但是其他问题还是存在。为此，使用一些容易记忆的符号来表示指令，一般用指令功能的英文缩写作为助记符，以便于记忆。这样的指令称为助记符指令，指令中使用的符号称为助记符。根据助记符，可以判断指令的操作内容。用助记符书写的指令系统称为汇编语言，每一条指令就是汇编语言的一条语句，用汇编语言编写的程序称为源程序。源程序必须翻译成机器指令后，计算机才能执行。每一条指令通常由操作码和操作数两部分组成，操作码表示计算机执行该指令将进行何种操作，操作数表示参加操作的数本身或操作数的地址。

3.1.1 汇编指令格式和常用符号

1．指令格式

1）汇编语言指令格式

[标号]：操作码 [第一操作数]，[第二操作数]，[第三操作数]，[注释]

其中，方括号[ ]括起来的部分为可选项。

例如：AM1：MOV　A，#78H；向A传输立即数78H。

（1）标号。标号是指令的符号地址。程序汇编时，汇编程序将指令首地址（指令第一个字节所存单元的地址）赋值给标号，有了标号，程序中的其他语句操作就能寻找到该语句。

标号由1～6个英文字母或数字组成，且第一个必须为英文字母；本汇编语言中已经有确切定义的符号不能作为标号，如指令助记符、伪指令、寄存器名、条件标志等，同一标号在一个程序中只能定义一次，标号后面必须跟分界符“：”。

（2）操作码。用来规定指令进行何种操作，是指令中不能空缺的部分。一般采用具有相关含义的英语单词或缩写表示。

（3）操作数。表示参与指令操作的数或数所在的地址。在一条指令中操作数的个数可以是 1 个、2 个或 3 个，也可以没有操作数。操作码与操作数之间以空格分隔，操作数与操作数之间用逗号“,”分隔。

指令中有两个操作数时，一般将前面的操作数称为目的操作数，后面的操作数称为源操作数，格式为

操作码　目的操作数，源操作数

（4）注释。注释是为了便于阅读程序，对语句所做的解释说明，不产生目标代码。注释必须用“;”开头。当注释内容一行写不完时，可以换行继续写，但是新的一行必须同样以“;”开头。

2）机器码指令格式

机器码指令也包括操作码和操作数两个基本部分。

在 MCS-51 单片机指令系统中，指令根据其机器码的长度分为单字节、双字节和 3 字节 3 种指令。

（1）单字节指令。单字节指令只有一个字节的操作码，无操作数，在程序存储器中占一个存储单元。

例如，指令：RET

其二进制的机器码为：00100010 B；十六进制代码为：22H。

指令代码中，B 为二进制代码的后缀，H 为十六进制代码的后缀。

上面指令的汇编语言和机器码两种格式中都只有操作码，这是一种特殊的无操作数的指令。

例如，指令：MOV A，R0

其二进制的机器码为：11101000 B；十六进制代码为：E8H。

在汇编语言指令中，操作数有两个（A 和 R0），但机器码中却只有操作码。这里，操作数的信息被隐含在了机器码中，指令的一般格式为 MOV A，Rn，其机器码为 E8～EF。一般来讲，以下几种操作数的信息会被隐含在操作码中，即累加器 A、工作寄存器 R0～R7、寄存器 DPTR。

（2）双字节指令。双字节指令含有两个字节，第一个字节为操作码，第二个字节为操作数，在程序存储器中要占两个存储单元。

例如，指令：MOV A，＃55H

其二进制的机器码为：01110100　01010101B；十六进制代码为：7455H。其中，74H 为操作码，55H 为操作数，累加器 A 的信息隐含在了操作码中。

（3）3 字节指令。这类指令中，第一个字节为操作码，第二和第三个字节均为操作数。在程序存储器中要占 3 个存储单元。

例如，指令：MOV　20H，#79H

其二进制的机器码为：01110101 00100000 01111001B；十六进制代码为：752079H。其中 75H 为操作码，20H 为操作数 1，79H 为操作数 2。

2．指令系统中有关符号的说明

在 MCS-51 指令系统中，描述指令格式时要用到一些符号，这些符号的约定含义是：

R*n*——当前工作寄存器区中的工作寄存器 R0～R7（*n*＝0、1、2、…、7）。

R*i*——当前工作寄存器区中的工作寄存器 R0 和 R1（*i*＝0 或 1）。

Direct——8位直接字节地址。既可以是内部RAM的低128个单元的地址，也可以是特殊功能寄存器的单元地址（或寄存器符号）。

#data——8位常数，也称立即数。#为立即数前缀符号。

#data16——16位立即数。

addr16——16位目的地址，用于LCALL和LJMP指令中。

Addr11——11位目的地址，用于ACALL和AJMP指令中。

rel——相对偏移量，用8位带符号数的补码表示，在相对转移指令中作为地址偏移量，其对应的十进制值范围为-128～＋127。

Bit——位地址。

/——位操作指令中操作数的前缀，表示将该操作数的内容取反。

（X）——某寄存器或某单元的内容。

((X)) ——表示以X中的内容为地址的单元中的内容。

←——数据传送的方向。

$——当前指令的起始存放地址。

@——间接寻址方式中间址寄存器的前缀标志。

3.1.2 伪指令

伪指令由程序设计人员在源程序中写出，是对汇编程序进行汇编时下达的指示。例如，指定程序存放的地址，定义符号，指定暂存数据的存储区等。伪指令并不生成目标代码，仅仅在汇编过程中起作用，故又称它为汇编命令或汇编程序控制命令。

不同的单片机开发系统，其汇编程序的伪指令并不完全相同，下面介绍一些常用的伪指令。

1. ORG（指定程序或数据起点）

指令格式：

```
ORG  nn
```

其中，nn是16位二进制数或十进制数表示的地址值。

指令功能：指明随后语句从nn单元开始存放。汇编时，第一条指令或数据首字节存入nn单元。以后程序顺序往下存放。此语句总是出现在每段源程序的前面。当程序中有多条ORG指令时，要求各条ORG指令的操作数（16位地址）由小到大顺序排列，空间不允许重叠。

例如：

```
        ORG  0000H
        LJMP  MAIN           ; 上电转向主程序
        ORG  0023H           ; 串行口中断入口地址
        LJMP  SERVE1         ; 转中断服务程序
        ORG  2000H           ; 主程序
MAIN:   MOV  TMOD, #20H      ; 设T1工作方式2
        MOV  TH1, #0F3H      ; 赋计数初值
        MOV  TL1, #0F3H
        SETB  TR1            ; 启动T1
```

第一条 ORG 伪指令告知第一条转移指令的指令代码的第一个字节 02H 存放在 ROM 的 0000H 单元；第二条 ORG 伪指令告知第二条转移指令的指令代码的第一个字节 02H 存放在 0023H 单元；第三条 ORG 伪指令使 MAIN＝2000H，即从该地址开始存放主程序段的目标程序。源程序中各条 ORG 伪指令的操作数依次增大。

2．END（汇编结束）

指令格式：

```
END 或 END 标号
```

指令功能：源程序的结束标志，表明程序结束。汇编程序对该指令后面的内容将不再处理。如果源程序是一段子程序，END 后不写标号；如果是主程序，则必须写标号，所写标号是该主程序第一条指令的符号地址。一个程序中要有而且只能有一条 END 指令。

3．EQU（赋值）

指令格式：

```
字符名称 EQU 赋值项
```

指令功能：用于给字符名称赋予一个特定值。赋值以后，其值在整个程序中有效，同一字符名称只能赋值一次。其中，赋值项可以是常数、地址或标号，其值可为 8 位或 16 位二进制数，赋值以后的字符名称既可以作为地址使用也可以作为立即数使用。

例如：

```
AA  EQU  R1
A10  EQU  10H
ORG  0500H
MOV  R0，A10 ；R0←（10H）
MOV  A，AA  ；A←（R1）
……
```

这里 AA 赋值后当做寄存器 R1 来使用，A10 被赋值为 10H 作为 8 位直接地址。EQU 伪指令中的字符必须先赋值后使用，故该语句通常放在源程序的开头。还须注意的是，使用 EQU 定义数据常数时，不要出现二义性，如 FIVE EQU 4 这样的情形。

4．DB（定义字节）

指令格式：

```
标号：DB 项或项表
```

指令功能：用于定义字节的内容。项或项表指所定义的一个字节或用逗号分开的字节串，汇编程序将把 DB 指令中项或项表所指字节的内容（数据或 ASCII 码）依次存入从标号开始的存储器单元。

例如：

```
        ORG  1000H
FIRST：DB 73，01，01，90，38，00，01，00
```

```
SECOND: DB 02, 34, 00, 89, 67, 45, 15, 26
        ......
```

其中，伪指令ORG 1000H指明了标号FIRST的地址为1000H，伪指令DB定义了1000H～1007H单元的内容应依次为73、01、01、90、38、00、01、00。因标号SECOND与前面8个字节紧密相连，所以它的地址顺次应为1008H，而第二条DB指令则定义了1008H～100FH单元的内容依次为02、34、00、89、67、45、15、26。

又如：

```
        ORG    0600H
START: MOV  A, #0B4H
        ......
TAB:    DB  45H, 73, 01011010B, '5', 'A', -4H
```

上述程序中，通过DB伪指令实现将项表中的5个字节数依次存放在以TAB标号为起始地址的各存储单元中，即TAB单元存入45H，TAB+1单元存入49H（73的十六进制数），TAB+2单元存入5AH（01011010B），TAB+3单元存入35H（5的ASCII码），TAB+4单元存入41H（A的ASCII码），TAB+5单元存入FCH（-4H的补码）。

5．DW指令（定义字）

指令格式：

标号：DW 项或项表

指令功能：用于定义字的内容。项或项表指所定义的一个字（两个字节）或用逗号分开的字节串。采用小端地址格式，即每个字低8位先放置，高8位后放置，低字节放置在低地址，高字节放置在高地址。

6．DS（定义数据单元）

指令格式：

标号：DS 数字

指令功能：用于保留待存放的一定数量的存储单元，定义应保留的存储器单元数。说明自标号所在的地址起，共有指令中数字指明的存储单元数保留可供存入数据。

例如：

```
ORG 1800H
DATE: DS 05H
```

上面DS指令表示，从1800H地址开始，保留5个连续的地址单元作为备用。

注意：对MCS-51单片机来说，DB、DW、DS伪指令只能对程序存储器使用，不能对数据存储器使用。

7．BIT（定义位）

指令格式：

标号 BIT 项

指令功能：用于定义某特定位的标号。项指的是所定义的位。经定义后，便可用指令中左面的标号来代替 BIT 项所指出的位。

例如：

```
FLG  BIT F0
```

经 BIT 伪指令定义后，可以在指令中用 FLG 来代替位地址 F0。这就是直接寻址位的第 4 种表示方式。

3.2 寻址方式

计算机绝大多数指令执行时都需要使用操作数，因此，指令中就需要给出这些操作数或给出寻找操作数的地址。

指令中给出操作数的地址的方式，叫做寻址方式。

根据指令操作的需要，计算机总是提供多种寻址方式。寻址方式越多，计算机的寻址能力就越强，单片机的功能也就越强。

MCS-51 单片机共有 7 种寻址方式，下面分别进行介绍。

3.2.1 立即寻址

指令中直接给出参与操作的常数（称为立即数），这种寻址方式称为立即寻址。立即数有 8 位和 16 位两种，分别使用“#data”和“#data16”表示，#是立即数的前缀符。

【例 3-1】 MOV A，＃60H；将立即数#60H（源操作数）送入累加器 A（目的操作数）中。

这是一条双字节指令，机器码为“74H 60H”，源操作数的寻址方式为立即寻址。该指令的执行过程如图 3-1（a）所示。

【例 3-2】 MOV DPTR，＃1808H；将 16 位立即数 #1808H 送入数据指针 DPTR 中。

这是一条 3 字节指令，机器码是“90H 18H 08H”。源操作数的寻址方式也使用立即寻址，指令的执行过程如图 3-1（b）所示。

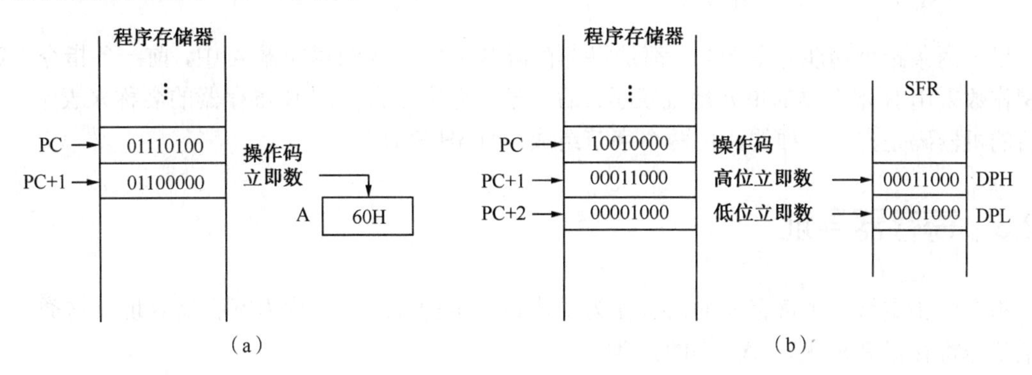

图 3-1　立即寻址方式示意图

3.2.2 直接寻址

指令中直接给出操作数所在存储单元的地址，这种寻址方式称为直接寻址。可用符号“direct”表示指令中的直接地址。

直接寻址方式中直接地址所在的地址空间有以下两种：

1．内部数据存储区（00H～7FH）

【例 3-3】 MOV A，40H；将片内 RAM 40H 单元中的内容送入累加器 A。

源操作数为直接寻址，40H 为直接地址。这是一条双字节指令，机器码是“E5H 40H”，指令的执行过程如图 3-2 所示。

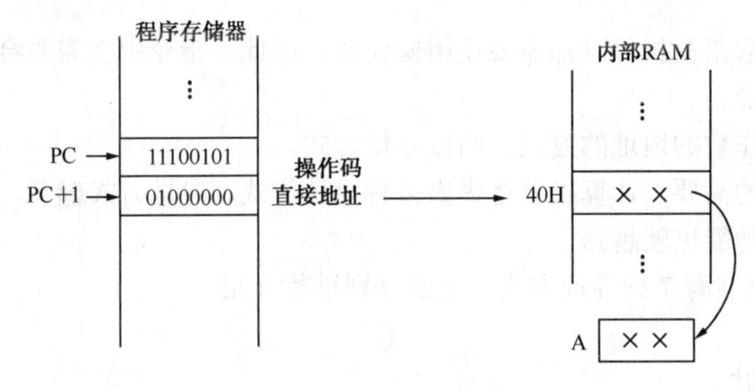

图 3-2 直接寻址方式示意图

2．特殊功能寄存器区（80H～FFH）

特殊功能寄存器 SFR 只能用直接寻址方式访问。当直接寻址某个 SFR 时，直接地址可以使用它的单元地址，也可以使用它的寄存器符号。以上两种表示方式，对应的机器码是唯一的。使用后者可以增强程序的可读性。

【例 3-4】

```
MOV  A, 0F0H
MOV  A, B
```

以上两条指令功能完全相同，都是将寄存器 B 的内容送到累加器 A 中，前一条指令中第二个操作数采用 B 寄存器的单元地址表示；后一条指令中是直接用 B 寄存器的名称来表示。但汇编后的机器码是完全一样的，由两个字节组成：“E5H F0H”。

3.2.3 寄存器寻址

指令中指定将某个寄存器的内容作为操作数，这种寻址方式称为寄存器寻址。这类寄存器包括工作寄存器 R0～R7、A、DPTR 等。

【例 3-5】 INC R2；将当前工作寄存器 R2 的内容加 1。

这是一条单字节指令，机器码是“0AH”，指令中的操作数使用寄存器寻址方式。指令的执行过程如图 3-3 所示，图中指令的机器码表示为 00001rrr，其中的 rrr 与工作寄存器的编号有关，如本例中用到了 R2，则 rrr＝010。指令执行时，会根据当前 PSW 寄存器中 RS_1、RS_0 的状态确定当前工作寄存器区，同时再根据机器码中 rrr 的值，确定所要访问的是哪一个工作寄存器，最后找到这个工作寄存器所在的单元，将其中的内容加 1。

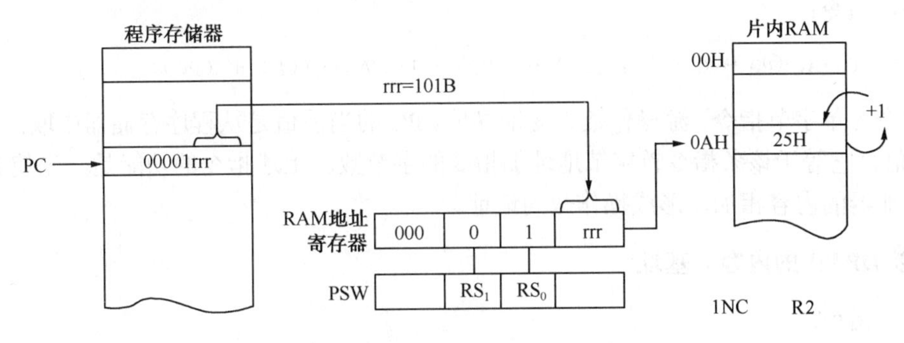

图 3-3　寄存器寻址方式示意图

3.2.4　寄存器间接寻址

指令中指定将某一寄存器的内容作为操作数的地址，这种寻址方式称为寄存器间接寻址。特别要注意的是，存放在寄存器中的内容不是操作数，而是操作数所在的存储单元的地址。

利用寄存器间接寻址可访问片内 RAM 和片外 RAM 单元中的内容。访问片内 RAM 中的数据时，只能使用寄存器 R0、R1 间接寻址；而访问片外 RAM 中的数据时，可使用 R0、R1 或 DPTR 间接寻址。此时，这些寄存器被用做地址指针，需要加前缀符“@”。规定用 MOV 指令访问片内 RAM，用 MOVX 指令访问片外 RAM 单元。

【例 3-6】 MOV　A，@R0　；　A←（(R0)）。

该指令为单字节指令，机器码为“E6H”，指令中源操作数为间接寻址。假设 R0 中的内容是 3AH，而 3AH 单元的内容为 37H，则指令的功能是，以 R0 寄存器的内容 3AH 为单元地址，把该单元中的内容 37H 送累加器 A，执行过程如图 3-4 所示。

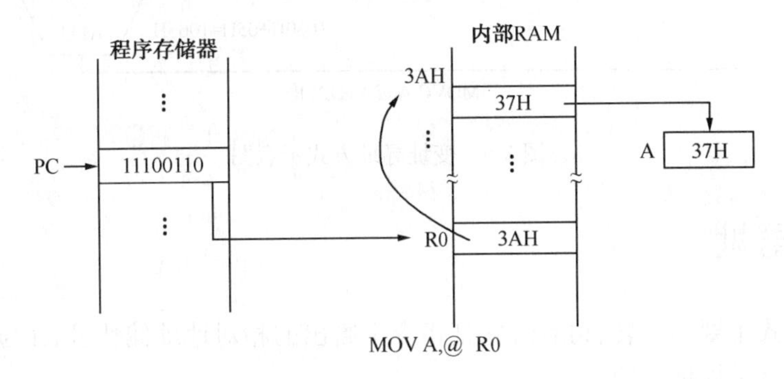

图 3-4　寄存器间接寻址方式示意图

3.2.5　变址寻址

以 16 位寄存器（PC 或 DPTR）的内容作为基址，以累加器 A 的内容作为偏移量，将两者进行相加得到的和作为操作数地址，这种寻址方式称为变址寻址。

变址寻址只能对程序存储器进行寻址，它可以分为两类：

1．以PC的当前值为基址

例如，指令：

```
MOVC  A，@A+PC      ；(PC) ← (PC) +1， A ← ((A) + (PC))
```

该指令为单字节指令，源操作数为变址寻址。PC的当前值是从程序存储器中取出该条指令后的PC值，它等于该条指令首字节地址加指令的字节数。上述指令的功能是，先使PC加1，然后与累加器的内容相加，形成操作数的地址。

2．以DPTR的内容为基址

例如，指令：

```
MOVC  A，@A+DPTR   ；A ← ((A) + (DPTR))
```

下面这段程序是将程序存储器ROM中1065H单元的内容读入累加器A中：

```
MOV  DPTR，#1060H    ；DPTR ← #1060H
MOV  A，    #05H     ；A ← #05H
MOVC A，    @A+DPTR  ；A ← (1065H)
```

指令的执行过程如图3-5所示。

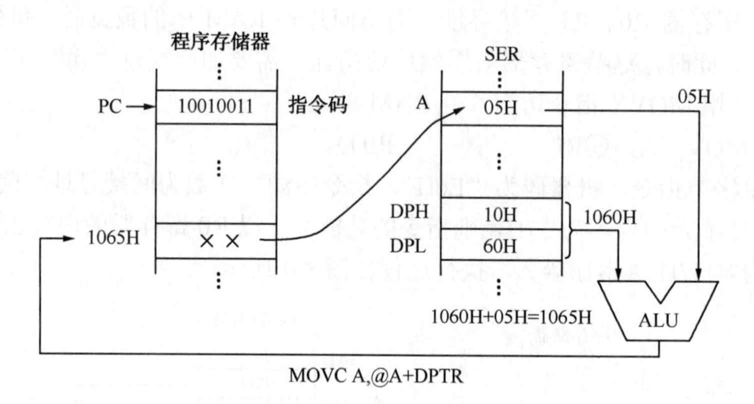

图3-5 变址寻址方式示意图

3.2.6 相对寻址

相对寻址方式主要用于转移指令，它把指令中给出的相对地址偏移量rel与PC当前值相加，得到程序转移的目标地址，即

目标地址＝PC当前值＋rel

rel是一个带符号的8位二进制补码，其取值范围为−128～127。指令中含有操作数rel的转移指令均为相对转移指令，采用的都是相对寻址方式。

例如，在地址1068H处有一条相对转移指令：

```
1068H   SJMP  30H  ；PC ← (PC) + 2 + rel
```

该指令为双字节指令，操作码为“80H　30H”。PC 的当前值＝1068H＋2＝106AH，把它与偏移量 30H 相加，就形成了程序转移的目标地址 109AH（向后跳转）。其执行过程如图 3-6 所示。

相对寻址方式只适合对程序存储器的访问。

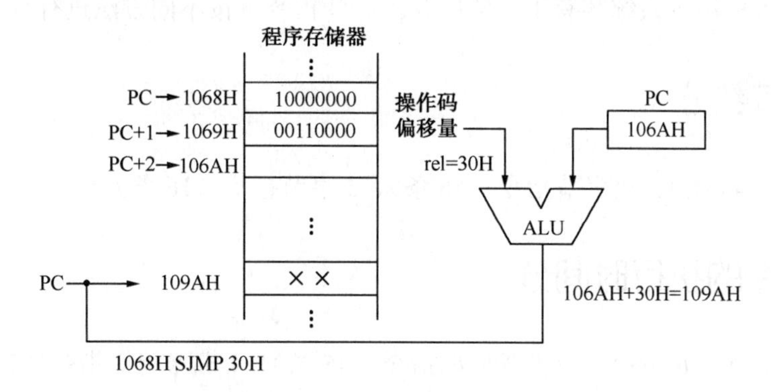

图 3-6　相对寻址方式示意图

3.2.7　位寻址

指令中直接给出位操作数的地址，这种寻址方式称为位寻址。位寻址只能出现在位操作指令中。指令中的位地址可用符号“bit”表示。

例如，指令：

```
MOV  C, 37H; CY ← (37H)
```

源操作数采用位寻址方式，指令的功能是将位地址 37H 的内容送到进位标志 CY 中。指令的执行过程如图 3-7 所示。

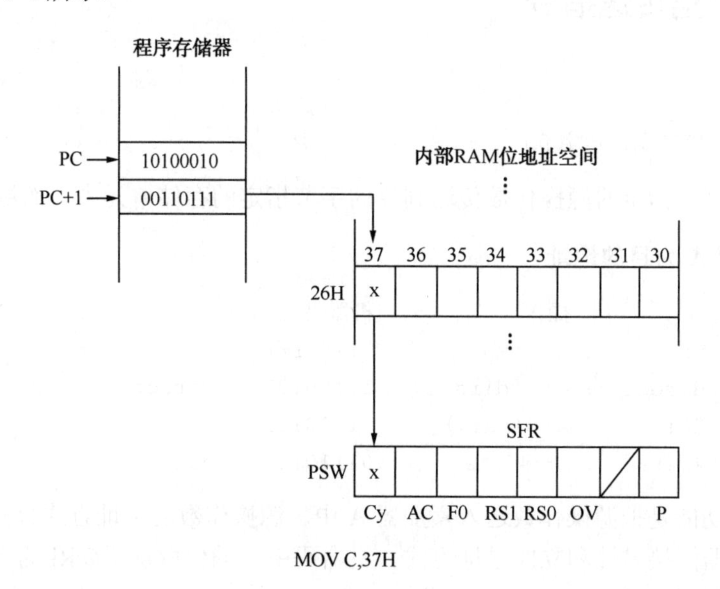

图 3-7　位寻址方式示意图

3.3 指令类型

MCS-51单片机指令系统共有111条指令。这些指令可按不同方法进行分类。

3.3.1 按字节数分

单字节指令（49条）、双字节指令（46条）、3字节指令（16条）。

3.3.2 按指令的执行时间分

单机器周期指令（64条）、双机器周期指令（45条）、4机器周期指令（2条）。

3.3.3 按指令的功能分

数据传送类指令（28条）、算术运算类指令（24条）、逻辑运算类指令（25条）、控制转移类指令（17条）、位操作类指令（17条）。

下面按照指令功能，分别对MCS-51的指令进行介绍。

3.4 数据传送类指令

3.4.1 内部数据传送指令

指令格式：

```
MOV（目的字节），（源字节）
```

说明：将源字节指定的源操作数传送到目的字节指定的存储单元中，而源字节不变。

1．以累加器A为目的地址

```
指令                 操作              机器码
MOV  A，Rn          ; A←（Rn）         11101rrr
MOV  A，direct      ; A←（direct）     11100101    direct
MOV  A，@Ri         ; A←（(Ri)）       1110011i
MOV  A，#data       ; A←#data          01110100    data
```

这组指令的功能是把源操作数送入累加器A中。源操作数的寻址方式分别为寄存器寻址、直接寻址、寄存器间接寻址和立即寻址方式。机器码中i的值取决于@Ri的下标（i=0或1），rrr是n的二进制形式，取值在000～111之间。

2. 以 Rn 为目的地址

```
指令                  操作              机器码
MOV  Rn, A          ; Rn← (A)          11111rrr
MOV  Rn, direct     ; Rn← (direct)     10101rrr    direct
MOV  Rn, #data      ; Rn←# data        01111rrr    data
```

这组指令的功能是把源操作数送入工作寄存器中。源操作数的寻址方式分别为寄存器寻址、直接寻址和立即寻址方式。

【例 3-7】 设（32H）=10H，执行指令：

```
MOV  R0, #32H
MOV  A,  @R0
```

执行结果是：（R0）=32H，（A）=10H，（32H）=10H。

3. 以直接地址为目的地址

```
指令                          操作                   机器码
MOV   direct, A            ; direct ← (A)          11110101    direct
MOV   direct, Rn           ; direct ← (Rn)         10001rrr    direct
MOV   direct, @Ri          ; direct ← ((Ri))       1000011i    direct
MOV   direct1, direct2     ; direct1← (direct2)    10000101    direct2   direct1
MOV   direct, #data        ; direct←#data          01110101    direct    data
```

这组指令的功能是将源操作数送入直接地址所指的存储单元中。源操作数的寻址方式分别为寄存器寻址、寄存器间接寻址、直接寻址和立即寻址方式。

4. 以寄存器间接地址为目的地址

```
指令                       操作                 机器码
MOV   @Ri,   A        ; (Ri) ← (A)            1111011i
MOV   @Ri,   direct   ; (Ri) ← (direct)       1010011i    direct
MOV   @Ri,   #data    ; (Ri) ←data            0111011i    data
```

这组指令的功能是把源操作数送入 R0 或 R1 指针间接寻址的片内 RAM 单元中。源操作数的寻址方式分别为寄存器寻址、直接寻址和立即寻址方式。

该组指令中目的操作数是寄存器间接寻址方式，可在片内 RAM 的 00H～7FH 范围内寻址，对于 8051、8031、8751 等芯片而言，寄存器间接寻址是不能对 SFR 区进行访问的；对于增强型单片机芯片，如 8052、8032 和 8752 等具有与 SFR 区地址重叠的高 128 个单元（80～FFH）的片内 RAM，该高 128 个单元只能采用寄存器间接寻址方式进行读/写操作。

5. 以 DPTR 为目的地址的 16 位指令

```
指令                      操作                  机器码
MOV  DPTR, #data16     ; DPTR←#data16        10010000    (data)高 8 位    (data)低 8 位
```

这条指令的功能是把一个 16 位立即数送入 DPTR 寄存器。立即数的高 8 位送入 DPH，立即数的低 8 位送入 DPL。

【例 3-8】

```
MOV DPTR，#2200H; DPTR← #2200H
```

指令的执行结果是：（DPTR）=2200H，其中，（DPH）=22H，（DPL）=00H。

【例 3-9】 设（30H）=40H，（40H）=10H，（P1）=0CAH，试判断下列程序执行后的结果。

```
MOV    R0，#30H          ； R0←#30H
MOV    A， @R0           ； A←（30H），（A）= 40H
MOV    R1，  A           ； R1←（A），（R1）=40H
MOV    B，   @R1         ； B←（40H），（B）=10H
MOV    @R1， P1          ； （R1） ←（P1），（40H）=0CAH
MOV    P2，  P1          ； P2←（P1），（P2）=0CAH
```

结果是：（A）=40H，（B）=10H，（40H）=0CAH，（P2）=0CAH。

3.4.2 片外数据传送指令

此类指令实际上是片外 RAM 与累加器 A 之间的传送指令。片外 RAM 单元只能采用寄存器间接寻址的方式来访问，R0、R1 或 DPTR 可作为间接寻址的寄存器。

1．用 DPTR 间接寻址的指令

```
指令                    操作                 机器码
MOVX  A ，@DPTR         ；A←（(DPTR)）        11100000
MOVX  @DPTR ， A        ；（DPTR）←（A）      11110000
```

使用以上两条指令时，先将要访问的片外 RAM 单元的地址送入 DPTR，然后再用上述指令来实现数据的传送。

【例 3-10】 将片外 RAM 1000H 单元中的内容送到 2000H 单元。

```
MOV      DPTR ,#1000H     ；DPTR←#1000H
MOVX     A   ,@DPTR       ；A←（(DPTR)）
MOV      DPTR ,#2000H     ；DPTR←# 2000H
MOVX     @DPTR , A        ；（DPTR）←（A）
```

两个片外 RAM 单元之间是不能直接进行数据传送的，必须经过片内的累加器 A 来间接地传送。由于 DPTR 是 16 位的地址指针，因此可寻址 64KB 的外部 RAM。

2．用 R0 和 R1 间接寻址的指令

```
指令                 操作              机器码
MOVX  A， @Ri        ；A←（(Ri)）       1110001i   ;A←（(P2Ri)）
MOVX  @Ri ， A       ；（Ri）←（A）     1111001i   ；（P2Ri）←（A）
```

使用以上指令时，要先将外部 RAM 的单元地址送入 Ri（R0 或 R1）。由于 Ri 只能存入 8 位地址，因此用它对外部 RAM 间接寻址只能限于 256 个单元。由 P2 口输出外部 RAM 的高 8 位地址（也称页地址），而由 Ri 提供低 8 位地址（进行页内寻址，每 256 个单元为 1 页），则可共同寻址 64KB 范围。

【例 3-11】 将累加器 A 的内容送外部 RAM 的 2060H 单元中。

```
MOV   P2  ，#20H       ；P2←# 20H，得到页地址
MOV   R0，#60H         ；R0←#60H，得到页内地址
MOVX  @R0， A          ；2060H←（A）
```

3.4.3　访问程序存储器的传送指令

此类指令只有两条，格式如下：

```
指令                   操作                 机器码
MOVC A，@A+PC          ；PC←（PC）+1        10000011
                       ；A←（(A) +（PC)）
MOVC A，@A+DPTR        ；A←（(A) +（DPTR)）10010011
```

其功能是把程序存储器中源操作数的内容送入累加器 A。程序存储器中除了存放程序之外，还会放置一些表格数据，这组指令用于在程序存储器中查寻表格数据，并将它送入累加器 A，也称它为查表指令。

指令的源操作数为变址寻址方式，前一条指令以 PC 作为基址寄存器，A 为变址寄存器，PC 的当前值与 A 中的内容相加得到 16 位地址，将该地址所指的程序存储单元的内容送到累加器 A。后一条指令以 DPTR 作为基址寄存器，A 作为变址寄存器。A 的内容与 DPTR 内容相加得到 16 位地址，将该地址所指程序存储器的单元内容送入累加器 A。

【例 3-12】 用数据传送指令实现下列要求的数据传送。

① 将片内 RAM 60H 单元内容送外部 RAM 1030H 单元；

② 将 ROM 1000H 单元内容送内部 RAM 70H 单元。

```
程序①  MOV    P2，#10H
        MOV    R0，#30H
        MOV    A，60H
        MOVX   @R0，A
程序②  MOV    A，#00H
        MOV    DPTR，#1000H
        MOVC   A，@A+DPTR
        MOV    70H，A
```

3.4.4　数据交换指令

数据交换是在内部 RAM 单元与累加器 A 之间进行的，有字节和半字节交换两种。

1. 字节交换指令

```
指令              操作                  机器码
XCH  A，Rn        ；(A) ←→ (Rn )        11001rrr
```

```
XCH  A, direct    ; (A) ←→ (direct )        11000101  direct
XCH  A, @Ri       ; (A) ←→ ((Ri))           1100011i
```

这组指令的功能是将累加器A的内容与源操作数相互交换。源操作数的寻址方式分别为寄存器寻址、直接寻址和寄存器间接寻址方式。

2．半字节交换指令

```
指令              操作                            机器码
XCHD  A,  @Ri   ; (A)3~0  ←→  ((Ri))3~0        1101011i
```

指令的功能是将累加器A的低4位与Ri间接寻址单元内容的低4位相互交换，各自的高4位维持不变。

3.4.5 堆栈操作指令

在MCS-51单片机的片内RAM中，可设置一个后进先出的堆栈区，主要用于保护和恢复CPU的工作现场，也可实现内部RAM单元之间的数据传送和交换。堆栈操作时，堆栈指针SP始终指向栈顶位置。一般在初始化时应对SP进行设定，通常将堆栈设在内部RAM的30H～7FH范围内。

堆栈操作有进栈和出栈两种。

1．进栈指令

```
    指令             操作                  机器码
PUSH  direct     ; SP← (SP) +1          11000000    direct
                 ; (SP) ← (direct)
```

这是一条双字节指令，操作数只能采用直接寻址的方式访问。指令的功能是先将堆栈指针SP的内容加1（指针上移一个单元），然后将直接寻址的单元内容送到SP指针所指的堆栈单元中（栈顶）。

【例3-13】 设（SP）＝09H，（DPTR）＝0123H，试分析下列指令的执行结果：

```
PUSH    DPL      ; 执行第一条指令：(SP) +1=0AH →SP；(DPL) =23H → (0AH)
PUSH    DPH      ; 执行第二条指令：(SP) +1=0BH →SP；(DPH) =01H → (0BH)
```

执行结果为：（0AH）＝23H，（0BH）＝01H，（SP）＝0BH。

2．出栈指令

```
指令               操作                  机器码
POP  direct      ; direct← ((SP))       11010000    direct
                 ; SP← (SP) -1
```

指令的功能是将堆栈指针SP所指的单元（栈顶）内容弹出，并送入直接寻址的（direct）单元中，然后SP的内容减1（指针下移一个单元）。在设计程序时，进栈指令和出栈指令应成对出现。

【例3-14】 设（SP）＝32H，（31H）＝ 23H，（32H）＝ 01H，试分析下列指令的执行结果。

```
POP    DPH        ; ((SP)) = (32H) = 01H → DPH
                  ; (SP) -1 = 32H - 1 = 31H → SP
POP    DPL        ; ((SP)) = (31H) = 23H → DPL
                  ; (SP) -1 = 31H - 1 = 30H → SP
```

执行结果为：（DPTR）=0123H，（SP）=30H。

要注意的是，栈操作指令中累加器 A 必须写成全名，即 PUSH ACC 和 POP ACC，而不能写成 PUSH A 和 POP A。

数据传送类指令见表 3-1。表中机器码中的 n 表示一个十六进制数，两个 n 构成一个字节。没有下注脚的两个 n 表示 8 位立即数，$nn_{高}$和 $nn_{低}$分别表示 16 位立即数的高字节与低字节，$nn_{地}$表示直接寻址字节的直接地址，$nn_{地源}$和 $nn_{地目的}$分别表示源直接地址与目的直接地址。

表 3-1　数据传送类指令表

助 记 符	操 作 功 能	机 器 码	字 节 数	机器周期数
MOV A，Ri	寄存器内容送累加器	E8～EF	1	1
MOV Ri，A	累加器内容送寄存器	F8～FF	1	1
MOV A，@Rj	片内 RAM 内容送累加器	E6、E7	1	1
MOV @Rj，A	累加器内容送片内 RAM	F6、F7	1	1
MOV A，direct	直接寻址字节内容送累加器	E5 $nn_{地}$	2	1
MOV direct，A	累加器内容送直接寻址字节	F5 $nn_{地}$	2	1
MOV direct，Ri	寄存器内容送直接寻址字节	88～8F $nn_{地}$	2	2
MOV Ri，direct	直接寻址字节内容送寄存器	A8～AF $nn_{地}$	2	2
MOV direct，@Rj	片内 RAM 内容送直接寻址字节	86、87 $nn_{地}$	2	2
MOV @Rj，direct	直接寻址字节内容送片内 RAM	A6、A7 $nn_{地}$	2	2
MOV direct，direct	直接寻址字节内容送另一直接寻址字节	85 $nn_{地源}$ $nn_{地目的}$	3	2
MOV A，#data	立即数送累加器	74 nn	2	1
MOV Ri，#data	立即数送寄存器	78～7F nn	2	1
MOV @Rj，#data	立即数送片内 RAM	76，77 nn	2	1
MOV direct，#data	立即数送直接寻址字节	75 $nn_{地}$ nn	3	2
MOV DPTR，#data	16 位立即数送数据指针寄存器	90 $nn_{高}$ $nn_{低}$	3	2
MOVX A，@Ri	片外 RAM 内容送累加器（8 位地址）	E2、E2	1	2
MOVX @Rj，A	累加器内容送片外 RAM（8 位地址）	F2、F3	1	2
MOVX A，@DPTR	片外 RAM 内容送累加器（16 位地址）	E0	1	2
MOVX @DPTR，A	累加器内容送片外 RAM（16 位地址）	F0	1	2
MOVC A，@A+DPTR	相对数据指针内容送累加器	93	1	2
MOVC A，@A+PC	相对程序计数器内容送累加器	83	1	2
XCH A，Ri	累加器与寄存器交换内容	C8～CF	1	1
XCH A，@Rj	累加器与片内 RAM 交换内容	C6、C7	1	1
XCH A，direct	累加器与直接寻址字节交换内容	C5 $nn_{地}$	2	1
XCHD A；@Rj	累加器与片内 RAM 交换低半字节内容	D6、D7	1	1
SWAP A	累加器交换高半字节与低半字节内容	C4	1	1
PUSH direct	直接寻址字节内容压入堆栈栈顶	C0 $nn_{地}$	2	2
POP direct	堆栈栈顶内容弹出到直接寻址字节	D0 $nn_{地}$	2	2

3.5 算术运算类指令

3.5.1 加法指令

1．不带进位加法指令

```
指令              操作                      机器码
ADD  A， Rn       ；A←（A）+（Rn ）          00101rrr
ADD  A， direct   ；A←（A）+（direct）       00100101  direct
ADD  A， @Ri      ；A←（A）+（（Ri））        0010011i
ADD  A， #data    ；A←（A）+ data            00100100  data
```

这组加法指令的功能是将源操作数和累加器A中的操作数相加，其结果存放到A中。源操作数分别采用寄存器寻址、直接寻址、寄存器间接寻址和立即寻址方式。

在加/减法运算时，用户既可以根据编程需要把参加运算的两个操作数看做无符号数（0～255），也可以把它们看做带符号数（-128～127），此时应为补码形式，但运算结果会对PSW中的标志位产生同样的影响。

把两个加数当做带符号数时，由OV标志来判断，若溢出标志OV=0，表明未溢出，故结果正确，但应注意此时的进位值应丢弃；若溢出标志OV=1，表示溢出，说明运算结果出错（超出了-128～127的范围）。

【例3-15】 设有两个无符号数放在A和R2中，设（A）= 0C6H（198），（R2）= 68H（104），执行指令：ADD A，R2。试分析运算结果及对标志位的影响。

写成竖式：

（A）	11000110	198
（R2）	+ 01101000	+ 104
（A）	100101110	302

结果为：（A）= 2EH，CY=1，AC=0，OV=0。

两个无符号数相加，要根据CY来判断，由CY=1可知本次运算结果发生溢出，其值超出了255，结果应该是包括CY在内的9位二进制数（302）。

2．带进位加法指令

```
指令               操作                            机器码
ADDC  A， Rn       ；A←（A）+（Rn ）+（CY）          00111rrr
ADDC  A， direct   ；A←（A）+（direct）+（CY）       00110101  direct
ADDC  A， @Ri      ；A←（A）+（（Ri））+ （CY）       0011011i
ADDC  A， #data    ；A←（A）+ data+（CY）            00110100  data
```

这组指令的功能是将累加器A的内容、指令中的源操作数和CY的值相加，并把相加结果存放到A中。

ADDC指令对PSW标志位的影响与ADD指令相同。这组指令常用于多字节加法运算中的高字节相加，考虑到了低字节相加时产生向高字节的进位情况。

3．加 1 指令

```
指令              操作                      机器码
INC  A          ; A← (A) +1                00000100
INC  Rn         ; Rn← (Rn) +1              00001rrr
INC  direct     ; direct← (direct) +1      00000101   direct
INC  @Ri        ; (Ri) ← ((Ri)) +1         0000011i
INC DPTR        ; DPTR← (DPTR) +1          10100011
```

这组指令的功能是使源地址所指的 RAM 单元中的内容加 1。操作数可采用寄存器寻址、直接寻址、寄存器间接寻址方式。

除 INC A 指令对奇偶标志位（P）有影响外，其余指令执行时均不会对 PSW 的任何标志位产生影响。例如，ADD A,1 和 INC A 两条指令虽然运算的结果相同，但是对 PSW 的影响却不相同。

【例 3-16】 设有两个 16 位无符号数，被加数存放在内部 RAM 的 30H（低位字节）和 31H（高位字节）中，加数存放在 40H（低位字节）和 41H（高位字节）中。试写出求两数之和，并把结果存放在 30H 和 31H 单元中的程序。

参考程序为：

```
MOV  R0，#30H    ; 地址指针 R0 赋值
MOV  R1，#40H    ; 地址指针 R1 赋值
MOV  A，@R0      ; 被加数的低 8 位送 A
ADD  A，@R1      ; 被加数与加数的低 8 位相加，和送 A，并影响 CY 标志
MOV  @R0， A     ; 和的低 8 位存 30H 单元
INC  R0          ; 修改地址指针 R0
INC  R1          ; 修改地址指针 R1
MOV  A，@R0      ; 被加数的高 8 位送 A
ADDC A，@R1      ; 被加数和加数的高 8 位与 CY 相加，和送 A
MOV  @R0， A     ; 和的高 8 位存 31H 单元
```

3.5.2　减法指令

1．带借位减法指令

```
指令                操作                           机器码
SUBB A， Rn       ; A← (A) - (Rn) - (CY)         10011rrr
SUBB A， direct   ; A← (A) - (direct) - (CY)     10010101   direct
SUBB A，@Ri       ; A← (A) - ((Ri)) - (CY)       1001011i
SUBB A，#data     ; A← (A) -  data - (CY)        10010100   data
```

该组指令的功能是从累加器 A 减去源操作数及标志位 CY，其结果再送累加器 A。即被减数在累加器 A 中，减数分别采用寄存器寻址、直接寻址、寄存器间接寻址和立即寻址方式，还有一个减数为 PSW 中的 CY 位。CY 位在减法运算中作为借位标志。

MCS-51 指令系统没有提供不带借位的减法指令。若要进行不带借位的减法运算，只需先将 CY 位清 0 即可。SUBB 指令对 PSW 的标志位会产生影响。

若 A 中的相减结果中含 1 的个数为奇数，则 P 位置 1，否则 P 位被清 0。

如果是无符号数相减，CY＝0，表示无借位；CY＝1，表示有借位。

如果是带符号数相减，OV＝0，表示无溢出，A 中为正确结果；OV＝1，表示有溢出（超出-128～127 的范围），运算结果错误。同符号数相减，OV＝0；不同符号的数相减，OV 有可能等于 1。

【例 3-17】 设（A）＝98H，（R3）＝6AH，CY＝1，执行指令：SUBB A，R3。分析执行结果及对标志位的影响。

（A）	10011000	98H
（R3）	01101010	6AH
CY	− 1	− 1
（A）	00101101	2DH

结果是：（A）＝2DH，CY＝0，AC＝1，OV＝1。

若看成无符号数相减，因 CY＝0，表示无借位，152-106-1＝45。

若看成带符号数相减，因 OV＝1，表示溢出，结果出错，（-104）-106-1 得到＋45。

2．减 1 指令

```
指令               操作                         机器码
DEC   A          ；A←（A）-1                    00010100
DEC   Rn         ；Rn←（Rn）-1                  00011rrr
DEC   direct     ；direct←（direct）-1          00010101   direct
DEC   @Ri        ；（Ri）←（（Ri））-1           0001011i
```

这组指令的功能是使源地址所指的 RAM 单元中的内容减 1。操作数可采用寄存器寻址、直接寻址和寄存器间接寻址方式。

除 DEC　A 指令影响 P 标志位外，其余减 1 指令均不影响任何标志位。

3.5.3 十进制调整指令

```
指令              机器码
DA    A          11010100
```

指令用于实现 BCD 码的加法运算，其功能是将累加器 A 中按二进制数相加后的结果调整成 BCD 码相加的结果。

BCD 码用 4 位二进制编码代表 1 位十进制数，用 0000B～1001B 表示 0～9，1010B～1111B 不使用，它是遵循逢十进位的原则的，1001B（9）加 1 不等于 1010B（A），而应该等于 0001 0000（10）。而 BCD 加法在计算机中是按二进制数加法完成的，低 4 位的进位遵循逢十六进一的原则，只有当 1111B（F）加 1 才等于 0001 0000（10），这样会造成结果值少了 6，必须对结果进行修正，重新加上 6 之后，结果才正确。因此在进行 BCD 码加法时，必须对二进制数加法的结果进行修正，使其满足逢十进位的原则。

【例 3-18】 设（A）＝（01110101）$_{BCD}$＝75，（R3）＝（01101001）$_{BCD}$＝69，CY＝0，执行：

```
ADD   A，R3
DA    A
```

```
执行过程为： （A）        01110101
            （R3）     ＋ 01101001
            ─────────────────────
            （A）        11011110      ←得到二进制加法的结果
                       ＋      110      ←低 4 位>9，加 6 修正
            ─────────────────────
                         11100100
                       ＋01100000      ←高 4 位>9，加 60H 修正
            ─────────────────────
                       1 01000100      ←得到 BCD 码加法的正确结果
                       ↑
                      进位
```

执行后（A）＝（01000100）$_{BCD}$＝ 44，CY＝1。运算结果为 144。

3.5.4　乘法指令

```
指令          操作                   机器码
MUL  AB      ；BA←（A）×（B）       10100100
```

指令的功能是把累加器 A 和寄存器 B 中两个 8 位无符号整数相乘，并把乘积的高 8 位存于寄存器 B 中，低 8 位存于累加器 A 中。

乘法运算指令执行时会对标志位产生影响：CY 标志总是被清 0，即 CY＝0；OV 标志则反映乘积的位数，若 OV＝1，表示乘积为 16 位数，若 OV＝0，表示乘积为 8 位数。

【例 3-19】 设（A）＝ 64H（100），（B）＝3CH（60），执行指令：MUL　AB。

结果是：（A）×（B）＝1770H（6000），（A）＝70H，（B）＝17H，CY＝0，OV＝1。

3.5.5　除法指令

```
指令          操作                      机器码
DIV   AB     ；  A 商，B 余←（A）÷（B）   10000100
```

指令的功能是把累加器 A 和寄存器 B 中的两个 8 位无符号整数相除，所得商的整数部分存于累加器 A 中，余数存于 B 中。

除法指令执行过程对标志位的影响：CY 位总是被清 0，OV 标志位的状态反映寄存器 B 中的除数情况，若除数为 0，则 OV＝1，表示本次运算无意义，否则，OV＝0。

【例 3-20】 设（A）＝0F0H（240），（B）＝20H（32），执行指令：DIV　AB。

结果是：（A）＝07H（商 7），（B）＝10H（余数 16），CY＝0，OV＝0。

算术操作类指令汇总见表 3-2。

表 3-2　算术操作类指令汇总表

助 记 符	操 作 功 能	机 器 码	字 节 数	机器周期数
ADD A，Ri	寄存器与累加器内容相加	28～2F	1	1
ADD A，@Rj	片内 RAM 与累加器内容相加	26、27	1	1
ADD A，direct	直接寻址字节与累加器内容相加	25 nn地	2	1
ADD A，#data	立即数与累加器内容相加	24 nn	2	1
ADDC A，Ri	寄存器与累加器与进位位内容相加	38～3F	1	1

续表

助 记 符	操 作 功 能	机 器 码	字 节 数	机器周期数
ADDC A，@Rj	片内 RAM 与累加器与进位位内容相加	36、37	1	1
ADDC A，direct	直接寻址字节与累加器与进位位内容相加	35 nn 地	2	1
ADDC A，#data	立即数与累加器与进位位内容相加	34 nn	2	1
SUBB A，Ri	累加器内容减寄存器与进位位内容	98～9F	1	1
SUBB A，@Rj	累加器内容减片内 RAM 与进位位内容	96、97	1	1
SUBB A，direct	累加器内容减直接寻址字节与进位位内容	95 nn 地	2	1
SUBB A，#data	累加器内容减立即数与进位位内容	94 nn	2	1
INC A	累加器内容加 1	04	1	1
INC Ri	寄存器内容加 1	08～0F	1	1
INC @Rj	片内 RAM 内容加 1	06、07	1	1
INC direct	直接寻址字节内容加 1	05 nn 地	2	1
INC DPTR	数据指针寄存器内容加 1	A3	1	2
DEC A	累加器内容减 1	14	1	1
DEC Ri	寄存器内容减 1	18～1F	1	1
DEC @Ri	片内 RAM 内容减 1	16、17	1	1
DEC direct	直接寻址字节内容减 1	15 nn 地	2	1
DA A	累加器内容十进制调整	D4	1	1
MUL AB	累加器内容乘寄存器 B 内容	A4	1	4
DIV AB	累加器内容除寄存器 B 内容	84	1	4

指令对标志位的影响是指令功能的一个重要方面，在程序设计时必须注意。算术操作类指令中的 ADD、ADDC、SUBB、MUL、DIV、DA 指令对标志位有影响，它们的影响见表 3-3。

表 3-3 指令对标志位影响表

指　　令	有影响的标志位		
	C	OV	AC
ADD	×	×	×
ADDC	×	×	×
SUBB	×	×	×
MUL	0	×	
DIV	0	×	
DA	×		

注：0 表示置 0，×表示有影响，是 1 还是 0 取决于指令执行的结果。

3.6 逻辑运算类指令

3.6.1 累加器 A 的逻辑操作指令

1．累加器 A 清 0

```
指令          操作          机器码
CLR  A      ; A←00H        11100100
```

功能是将累加器 A 的内容清 0。

2．累加器 A 取反

```
指令           操作              机器码
CPL  A      ; A←（Ā）           11110100
```

功能是将累加器 A 的内容取反。

3．累加器 A 循环左移

指令　　　操作　　　机器码

RL　A　　　00100011

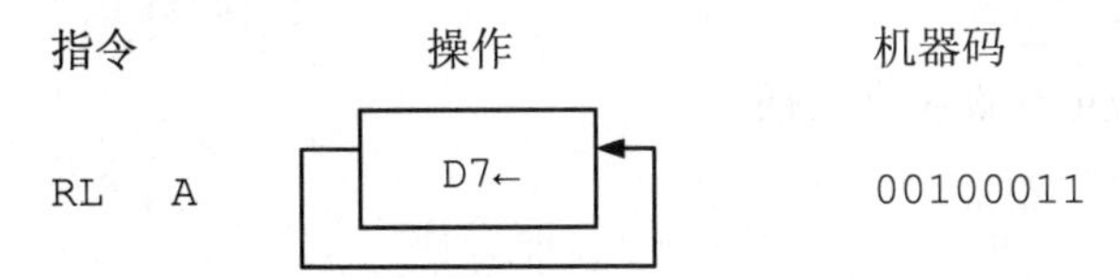

功能是将累加器 A 的内容依次向左循环移动 1 位，即 Dn+1←（Dn），D0←（D7）（n=0～6）。利用左移指令，可实现对 A 中的无符号数乘 2 的目的。

【例 3-21】 执行下列指令，看累加器 A 中的内容如何变化。

```
MOV  A，#11H  ；(A) =11H (17)
RL   A         ；(A) =22H (34)
RL   A         ；(A) =44H (68)
RL   A         ；(A) =88H (136)
RL   A         ；(A) =11H (17)
```

4．累加器 A 带进位循环左移

指令　　　操作　　　机器码

RLC　A　　　00110011

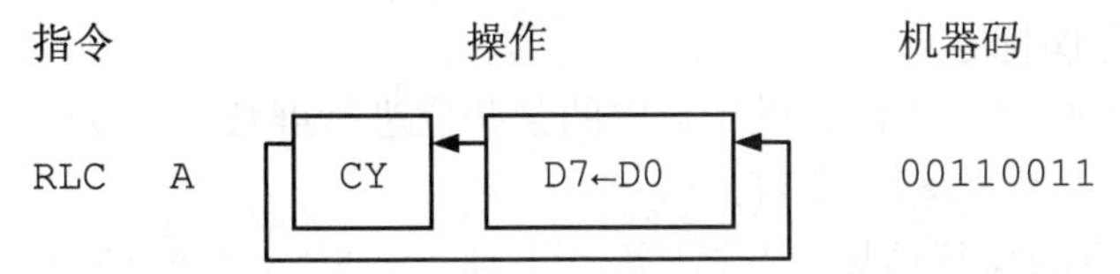

功能是将累加器 A 的内容和进位标志 CY 的内容一起循环左移 1 位，即 Dn+1←（Dn），CY←（D7），D0←（CY）（n=0～6）。指令会影响 CY 位。

5．累加器 A 循环右移

指令　　　操作　　　机器码

RR　A　　　00000011

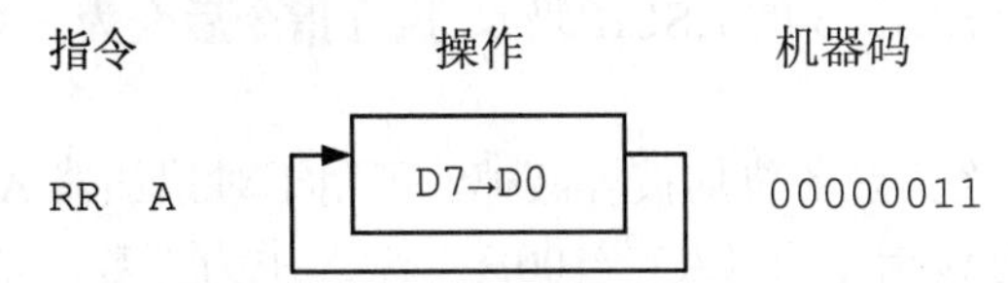

功能是将累加器 A 的内容依次向右循环移动 1 位，即（Dn+1）→Dn，（D0）→D7（n=0～6）。

对累加器 A 进行循环右移，可实现对 A 中无符号数的除 2 运算。

6．累加器 A 带进位循环右移

指令　　　操作　　　机器码

RRC　A　　　00010011

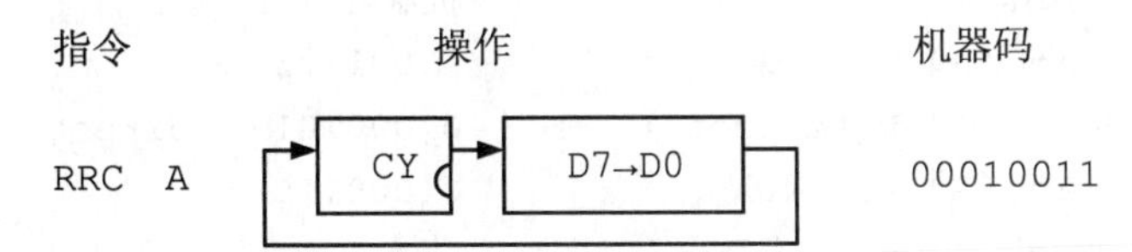

功能是将累加器 A 的内容和进位标志 CY 的内容一起循环右移 1 位，即 D*n*+1→（D*n*），D0→（CY），CY→（D7）（*n*=0～6）。指令会影响 CY 位。

7. 累加器 A 半字节交换

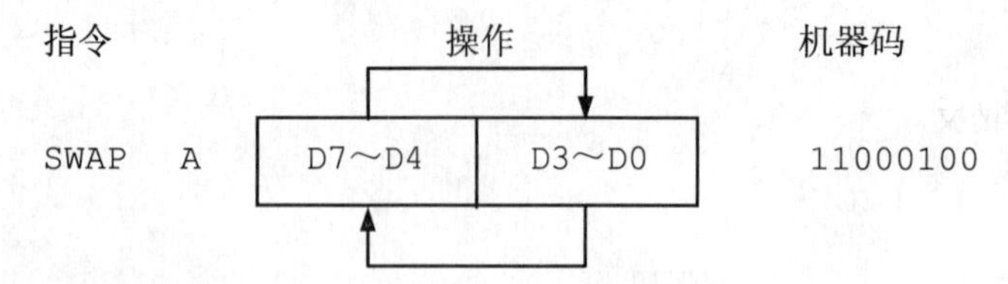

功能是将累加器 A 中内容的高 4 位与低 4 位互换。

3.6.2 逻辑与指令

指令	操作	机器码		
ANL A，Rn	；A←（A）∧（Rn）	01011rrr		
ANL A，direct	；A←（A）∧（direct ）	01010101	direct	
ANL A，@Ri	；A←（A）∧（（Ri））	0101011i		
ANL A，#data	；A←（A）∧ #data	01010100	data	
ANL direct，A	；direct ←（direct ）∧（A）	01010010	direct	
ANL direct，#data	；direct ←（direct ）∧ #data	01010011	direct	data

前 4 条指令均以累加器 A 为目的操作数，其功能是将累加器 A 的内容和源操作数按位进行逻辑与操作，结果送累加器 A。源操作数可采用寄存器寻址、直接寻址、寄存器间接寻址或立即寻址方式。指令执行时将影响奇偶标志位 P。

在程序设计中，逻辑与指令主要用于对目的操作数中的某些位进行屏蔽（清 0）。方法是将需屏蔽的位与“0”相与，其余位与“1”相与即可。

【例 3-22】 分析下列两条指令的执行结果。

（1）ANL 30H，#0FH

（2）ANL A， #80H

第一条指令执行后，将 30H 单元内容的高 4 位屏蔽（清 0），只保留了低 4 位。可用于将 0～9 的 ASCII 码转换为 BCD 码。设（30H）=35H（5 的 ASCII 码），执行指令后变为（30H）=05H（5 的 BCD 码）。

第二条指令执行后，只保留了最高位，而其余各位均被屏蔽掉。可用于对累加器 A 中的带符号数的正负判断。若 A 中为负数，则执行该指令后（A）≠ 00H；若 A 中为正数，则结果为（A）=00H。

3.6.3 逻辑或指令

指令	操作	机器码	
ORL A，Rn	；A←（A）∨（Rn）	01001rrr	
ORL A，direct	；A←（A）∨（direct ）	01000101	direct
ORL A，@Ri	；A←（A）∨（（Ri））	0100011i	

```
ORL   A，#data         ；A←（A）∨ #data             01000100    data
ORL  direct，A         ；direct ←（direct ）∨（A）   01000010    direct
ORL  direct，#data     ；direct ←（direct ）∨ #data  01000011    direct    data
```

这组指令的功能是对两个操作数按位进行逻辑或操作，源操作数及目的操作数的寻址方式和 ANL 指令类似。前 4 条指令将影响 P 标志位。

逻辑或指令可对目的操作数的某些位进行置位。方法是将需置位的位与“1”相或，其余位与“0”相或即可，常用于组合数据。

【例 3-23】 将工作寄存器 R2 中数据的高 4 位和 R3 中的低 4 位拼成一个数，并将该数存入 30H。

```
MOV   R0，#30H   ；R0 作为地址指针
MOV   A，  R2
ANL   A，  #0F0H ；屏蔽低 4 位
MOV   B，  A     ；中间结果存入 B 寄存器
MOV   A，  R3
ANL   A，  #0FH  ；屏蔽高 4 位
ORL   A，  B     ；组合数据
MOV   @R0，  A   ；结果存入 30H 单元
```

3.6.4 逻辑异或指令

```
指令                     操作                           机器码
XRL   A，Rn             ；A←（A）⊕（Rn）                01101rrr
XRL   A，direct         ；A←（A）⊕（direct）            01100101    direct
XRL   A，@Ri            ；A←（A）⊕（(Ri)）              0110011i
XRL    A，#data         ；A←（A）⊕ #data                01100100    data
XRL   direct，A         ；direct ←（direct）⊕（A）      01100010    direct
XRL   direct，#data     ；direct ←（direct）⊕ # data    01100011    direct    data
```

这组指令的功能是将指令中的两个操作数按位进行逻辑异或操作，操作数寻址方式与 ANL、ORL 指令类似。

逻辑异或指令可用于对目的操作数的某些位取反，而其余位不变。方法是将要取反的这些位和“1”异或，其余位和“0”异或即可。

【例 3-24】 分析下列程序的执行结果。

```
MOV   A，  #77H      ；（A）=77H
XRL   A，#0FFH       ；（A）=77H⊕FFH = 88H
ANL   A，  #0FH      ；（A）=88H ∧ 0FH = 08H
MOV   P1，#64H       ；（P1）=64H
ANL   P1，#0F0H      ；（P1）=64H∧F0H = 60H
ORL   A，P1          ；（A）= 08H∨60H=68H
```

逻辑运算类指令汇总见表 3-4。

表3-4 逻辑运算类指令汇总表

助 记 符	操 作 功 能	机 器 码	字 节 数	机器周期数
ANL A，Ri	寄存器内容与累加器内容	58～5F	1	1
ANL A，@Rj	片内RAM内容与累加器内容	56、57	1	1
ANL A，direct	直接寻址字节内容与累加器内容	55 nn 地	2	1
ANL direct，A	累加器内容与直接寻址字节内容	52 nn 地	2	1
ANL A，#data	立即数与累加器内容	54 nn	2	1
ANL direct，#data	立即数与直接寻址字节内容	53 nn 地	3	2
ORL A，Ri	寄存器内容或累加器内容	48～4F	1	1
ORL A，@Rj	片内RAM内容或累加器内容	46、47	1	1
ORL A，direct	直接寻址字节内容或累加器内容	45 nn 地	2	1
ORL direct，A	累加器内容或直接寻址字节内容	42 nn 地	2	1
ORL A，#data	立即数或累加器内容	44 nn	2	1
ORL direct，#data	立即数或直接寻址字节内容	43 nn 地	3	2
CPL A	累加器内容取反	F4	1	1
CLR A	累加器内容清零	E4	1	1
RL A	累加器内容向左环移一位	23	1	1
RR A	累加器内容向右环移一位	03	1	1
RLC A	累加器内容带进位位向左环移一位	33	1	1
RRC A	累加器内容带进位位向右环移一位	13	1	1

3.7 控制转移类指令

3.7.1 无条件转移指令

无条件转移指令是使程序无条件转移到指定的地址去执行的指令。它分为长转移指令、短转移指令、相对转移指令和间接转移指令4条。该类指令不影响标志位。

1. 长转移指令

```
指令              操作              机器码
LJMP  addr16    ；PC←addr16       00000010  a15～a8   a7～a0
```

指令的功能是将指令提供的16位地址（addr16）送入PC，然后程序无条件地转向目标地址（addr16）处执行。

addr16可表示的地址范围是（0000H～FFFFH）。因此，可实现在整个程序存储器的64KB范围内转移。本条指令为3字节指令。

例如：

```
LJMP   1000H  ；（PC）←1000H，程序转向1000H地址处执行
LJMP   ABD    ；（PC）←ABD，程序转向ABD地址处执行
```

在后一条指令中，使用了符号地址ABD，这在程序中较为常见，符号地址是某条指令前的标号。

2．短转移指令

```
指令              操作                    机器码
AJMP  addr11     ；PC←（PC）+2           a10 a9 a8 00001    a7～a0
                 ；PC10～0←addr11
```

指令的功能是先使程序计数器PC值加2（完成取指并指向下一条指令的地址），然后将指令提供的addr11作为转移目的地址的低11位，和PC当前值的高5位形成16位的目标地址，程序随即转移到该地址处执行。这是一条两字节指令。

addr11可表示的地址为00000000000～11111111111，范围为2KB。转移地址的高5位是PC当前值中的内容，也就是说，转移地址的高5位和PC当前值的高5位相同，低11位地址不同，即指令的目标地址和PC当前值位于同一个2KB区域内。不符合这个规定将不能转移，故短转移指令允许在2KB范围内转移。

【例3-25】 判断下面指令能否正确执行。

```
2056H   AJMP   2C70H
```

取指后PC+2=2058H，高5位地址为00100，而转移地址2C70H的高5位是00101，两个地址不处在同一个2KB区，故不能正确转移。

3．相对转移指令

```
指令              操作                    机器码
SJMP   rel       ；PC←（PC）+2 + rel      10000000   rel
```

这是一条相对寻址方式的无条件转移指令，字节数为2。指令的功能是先使程序计数器PC+2（完成取指并指向下一条指令地址），然后把PC当前值与地址偏移量rel相加作为目标转移地址。即

$$目标地址= PC+2+rel =（PC）当前值+rel$$

rel是一个带符号的8位二进制数的补码（数值范围是 −128～+127），所以SJMP指令的转移范围以PC当前值为起点，可向前（“−”号表示）跳128个字节，或向后（“+”号表示）跳127个字节。

【例3-26】 确定以下指令的转移目标地址各为多少。

（1）2300H　SJMP　25H

（2）2300H　SJMP　D7H

（1）25H（00100101）为正数，程序将向后转移，所以

目标地址=PC+2+rel=（PC）当前值+rel=2300H+2+25H=2327H

（2）D7H（11010111）是负数，程序将向前转移，D7H=$(-29H)_{补}$，所以

目标地址=PC+2+rel=2300H+2+（−29H）=22D9H

【例3-27】 分析下面指令的功能：

HERE：SJMP　　0FEH

0FEH为负数（11111110），0FEH=$(-2)_{补}$，所以

目标地址 =（PC+2）+rel=HERE+2+（−2）=HERE

指令的执行结果是转向本条指令自己，程序在原处无限循环，称为动态停机或踏步指令。一般写成：HERE：SJMP　HERE 或 SJMP　$，该指令在等中断的时候常常使用。

4．间接转移指令

指令	操作	机器码
JMP　@A＋DPTR	；PC←（A）＋（DPTR）	01110011

指令的功能是将累加器 A 中 8 位无符号数与 DPTR 的 16 位内容相加，其和作为目标地址送入 PC，实现无条件转移。间接转移指令采用变址寻址方式。DPTR 称为基址寄存器，值通常由用户预先设定，累加器 A 的内容作为偏移量，在程序运行中可以改变。根据 A 值的不同，就可转移到不同的地址，实现多分支转移，又称为散转，在键盘扫描中此种指令经常用到。

3.7.2 条件转移指令

条件转移指令要求对某一特定条件进行判断，当满足给定条件时，程序就转移到目标地址去执行；条件不满足时则顺序执行下一条指令。可用于实现分支结构的程序。

这类指令都采用相对寻址方式，若条件满足，则由 PC 的当前值与相对偏移量 rel 相加构成转移的目标地址，这与无条件转移中的 SJMP 指令相类似。其中，CJNE 指令会影响标志位 CY 的状态。

条件转移指令分为 3 种：累加器 A 的判零转移指令、比较转移指令和循环转移指令。

1．累加器 A 的判零转移指令

判零转移指令有两条，均为两字节指令。该组指令不影响标志位。

指令	操作	机器码
JZ　rel	；若（A）＝0 则 PC←（PC）＋2 ＋ rel 若（A）≠0 则 PC←（PC）＋2	01100000　rel
JNZ　rel	；若（A）≠0 则 PC←（PC）＋2 ＋ rel 若（A）＝ 0 则 PC←（PC）＋2	01110000　rel

第一条指令的功能是，如果累加器 A 的内容为 0，则程序转向指定的目标地址，否则程序顺序执行。

第二条指令的功能是，如果累加器 A 的内容不为 0，则程序转向指定的目标地址，否则程序顺序执行。

【例 3-28】将片内 RAM 的 40H 单元开始的数据块传送到片外 RAM 的 1000H 开始的单元中，当遇到传送的数据为 0 时，则停止传送。

```
START: MOV  R0，#40H           ；片内 RAM 数据块首址
       MOV  DPTR，#1000H       ；片外 RAM 数据块首址
 LOOP: MOV  A，@R0             ；取数
       JZ   ABD                ；等于 0，结束
       MOVX  @DPTR，A          ；不为 0，送数
       INC  R0                 ；地址指针加 1
       INC   DPTR              ；地址指针加 1
```

```
        SJMP  LOOP                ；转 LOOP，继续取数
    ABD: SJMP  ABD                ；踏步
```

2．比较转移指令

比较转移指令共有 4 条，均为 3 字节指令。该组指令会影响 CY 标志。

指令	操作	机器码
CJNE A, #data, rel；	若（A）≠data，则 PC←（PC）＋3＋ rel 若（A）＝data，则 PC←（PC）＋3	10110100 data rel
CJNE A, direct, rel；	若（A）≠（direct），则 PC←（PC）＋3＋rel 若（A）＝（direct），则 PC←（PC）＋3	10110101 direct rel
CJNE Rn, #data, rel；	若（Rn）≠data，则 PC←（PC）＋3＋ rel 若（Rn）＝data，则 PC←（PC）＋3	10111rrr data rel
CJNE @Ri, #data, rel；	若（(Ri)）≠data，则 PC←（PC）＋3＋ rel 若（(Ri)）＝data，则 PC←（PC）＋3	1011011i data rel

该组指令的功能是将前两个操作数进行比较，若不相等则程序转移到指定的目标地址执行，若相等，则顺序执行。

要注意的是，指令执行过程中，对两个操作数进行比较是采用相减运算的方法，操作数并不发生变化，因此，比较结果会影响 CY 标志。如前数小于后数，则 CY＝1（相减时有借位）；否则，CY＝0（无借位）。可以进一步根据对 CY 值的判断确定两个操作数的大小，实现多分支转移功能。

【例 3-29】 某温度控制系统中，温度的测量值 T 存在累加器 A 中，温度的给定值 T_g 存在 60H 单元。要求 $T=T_g$ 时，程序返回（符号地址为 FH）；$T>T_g$ 时，程序转向降温处理程序（符号地址为 JW）；$T<T_g$ 时，程序转向升温处理程序（符号地址为 SW），试编制程序。

相应的程序如下：

```
        MOV   60H,  #Tg
        MOV   A,   # T
        CJNE  A，60H，LOOP      ； T ≠Tg，转向 LOOP
        AJMP  FH                ； T=Tg，转向 FH
  LOOP: JC   SW                 ； T<Tg，转向 SW
        AJMP  JW                ； T>Tg，转向 JW
```

3．循环转移指令

指令	操作	机器码
DJNZ Rn, rel ；	若（Rn）-1≠0，则 PC←（PC）＋2＋ rel 若（Rn）-1＝0，则 PC←（PC）＋2	11011rrr rel
DJNZ direct, rel ；	若（direct）-1≠0，则 PC←（PC）＋3＋ rel 若（direct）-1＝0，则 PC←（PC）＋3	11010101 direct rel

其功能是将 Rn 的内容减 1 后进行判断，若不为 0，则程序转移到目标地址处执行；若为 0，则程序顺序执行。两条指令都不影响标志位。

【例 3-30】 将片内 RAM 的 30H～39H 单元置初值 00H～09H。

```
MOV  R0，# 30H           ；设定地址指针
```

```
MOV  R2，# 0AH                    ；数据区长度设定
MOV  A，#00H                      ；初值装入 A
LOOP：MOV  @R0，A                 ；送数
INC    R0                         ；修改地址指针
INC     A                         ；修改待传送的数据
DJNZ  R2， LOOP                   ；未送完，转 LOOP 地址继续送，否则传送结束
HERE：SJMP   HERE                 ；踏步
```

3.7.3 子程序调用和返回指令

在程序设计过程中，经常会遇到在不同程序或同一程序的不同位置需要进行功能完全相同的操作处理，可以将这种需多次使用的操作程序段设计为子程序而单独编写，供主程序在需要时调用。

主程序在需要时通过调用指令去调用子程序，子程序执行完后再由返回指令返回到主程序。因此，调用指令应放在主程序中，返回指令应放在子程序中（放在最后一条的位置）。

同一个子程序可以被多次调用，由于子程序之间的关系是平行的，所以子程序还可调用别的子程序，称为子程序嵌套。

1．调用指令

（1）长调用指令。

```
指令              操作                                    机器码
LCALL  addr16 ；  PC←（PC）+3                             00010010   addr15～8  addr 7～0
                  SP←（SP）+1，（SP） ←（PC7~0）
                  SP←（SP）+1，（SP） ←（PC15~8）
                  PC←addr16
```

这是一条 3 字节的指令。指令的功能是先将 PC+3（完成取指操作并指向下一条指令的地址），再把该地址（又称断点地址）压入堆栈保护起来，然后把 addr16 送入 PC，并转入该地址执行子程序。

（2）绝对调用指令。

```
指令              操作                                    机器码
ACALL  addr11 ；  PC←（PC）+2                             a10 a9 a8 10001    a7 ～a0
                  SP←（SP）+1，（SP） ←（PC7~0）
                  SP←（SP）+1，（SP） ←（PC15~8）
                  PC10~0←addr11
```

这是一条两字节的指令。指令的功能是先将 PC+2（完成取指操作并指向下一条指令的地址），再将该地址（断点地址）压入堆栈保护起来，然后将指令中的 addr11 送入 PC，和 PC 当前值的高 5 位合并构成 16 位的子程序入口地址，并转入该地址执行子程序。

2．返回指令

（1）子程序返回指令。

```
指令      操作                                   机器码
RET    ;  PC15~8← ((SP)) ,  SP← (SP) -1      00100010
          PC7~0← ((SP))  ,  SP← (SP) -1
```

指令的功能是将保存在堆栈中的断点地址弹出送给 PC，使 CPU 结束子程序返回到断点地址处继续执行主程序。该指令应放在子程序结束处。子程序的调用和返回如图 3-8 所示。

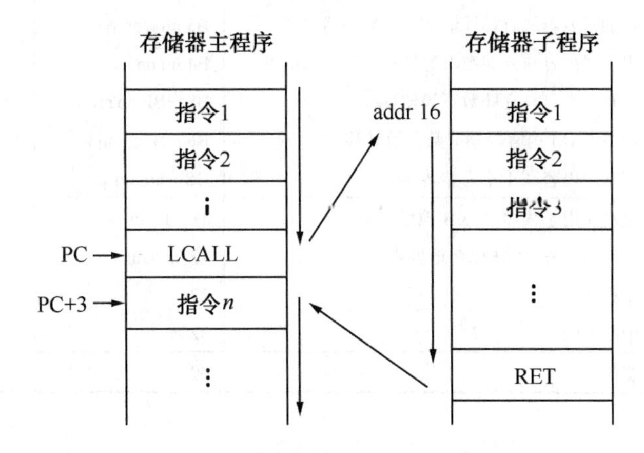

图 3-8 子程序的调用和返回示意图

（2）中断返回指令。

```
指令      操作                                   机器码
RETI   ;  PC15~8← ((SP)) ,  SP← (SP) -1      00110010
          PC7~0← ((SP))  ,  SP← (SP) -1
```

指令的功能与 RET 相似，也是将保存在堆栈中的断点地址弹出，送给 PC，使 CPU 返回到断点地址处继续执行主程序，不同的是它不是从子程序返回主程序，而是从中断服务程序返回主程序，所以该指令是中断服务程序的结束指令。

3．空操作指令

```
指令      操作                 机器码
NOP     ; PC← (PC) +1        00000000
```

空操作指令是单字节指令。该指令执行时不进行任何有效的操作，但需要消耗一个机器周期的时间，所以在程序设计中可用于短暂的延时。

【例 3-31】 以下程序段可使 P1.0 引脚向外输出周期为 10 个机器周期的方波。

```
START: CPL  P1. 0        ; 1 个机器周期
       NOP               ; 1 个机器周期
       NOP               ; 1 个机器周期
       SJMP   START      ; 2 个机器周期
```

控制转移类指令汇总见表 3-5。表中 nn 相对表示相对地址值。

表3-5　控制转移类指令汇总表

助 记 符	操 作 功 能	机 器 码	字 节 数	机器周期数
AJMP addr11	短转移（2KB 地址内）	01～E1 nn$_{地}$	2	2
LJMP addr16	长转移（64KB 地址内）	02 nn$_{高}$nn$_{低}$	3	2
SJMP rel	相对转移（−128～＋127 地址内）	80 nn$_{相对}$	2	2
JMP @A＋DPTR	间接转移（64KB 地址内）	73	1	2
JZ rel	累加器内容为 0 转移	60nn$_{相对}$	2	2
JNZ rel	累加器内容不为 0 转移	70nn$_{相对}$	2	2
CJNE A，direct，rel	累加器内容与直接寻址字节内容不等转移	B5 nn$_{地}$nn$_{相对}$	3	2
CJNE A，#data，rel	累加器内容与立即数不等转移	B4 nn nn$_{相对}$	3	2
CJNE Rj，#data，rel	寄存器内容与立即数不等转移	B8～BF nn nn$_{相对}$	3	2
CJNE @Rj，#data，rel	片内 RAM 内容与立即数不等转移	B6、B7nn nn$_{相对}$	3	2
DJNZ Ri，rel	寄存器内容减 1 不为零转移	D8～DF nn$_{相对}$	2	2
ACALL addr 11	绝对调用子程序（2KB 地址内）	11～F1 nn$_{地}$	2	2
LCALL addr 16	长调用子程序（64KB 地址内）	12 nn$_{高}$nn$_{低}$	3	2
RET	子程序返回	22	1	2
RET1	中断返回	32	1	2
NOP	空操作	00	1	1

3.8 位操作类指令

在 MCS-51 指令系统中共有 17 条位操作指令，可以实现位变量的传送、修改和逻辑运算等操作。位操作指令中，bit 是位变量的位地址，可使用 4 种不同的表示方法，下面以 CY 位为例进行说明。

位地址（如 D7H）。

位定义名（如 CY）。

寄存器名.位（如 PSW.7）。

字节地址.位（如 D0H.7）。

标志位 CY 在位操作指令中称为位累加器，用符号 C 表示。

3.8.1 位传送指令

位传送指令可实现某个可位寻址的位（bit）与位累加器 C 之间的相互传送。共有两条：

```
指令              操作              机器码
MOV  C, bit      ; CY← (bit)       10100010
MOV  bit, C      ; bit ← (CY)      10010010
```

第一条指令的功能是将 bit 位的内容传送到位累加器 C，第二条指令是将位累加器 C 中的内容传送到 bit 位。

显然两个位之间不能直接进行传送，必须通过位累加器 C。

3.8.2 置位和清 0 指令

指令	操作	机器码
CLR C	；CY←0	11000011
CLR bit	；bit ←0	11000010
SETB C	；CY←1	11010011
SETB bit	；bit ←1	11010010

前两条指令的功能是把位累加器 C 和 bit 位的内容清 0。

后两条指令的功能是把位累加器 C 和 bit 位的内容置 1。

【例 3-32】 要设定工作寄存器 2 区为当前工作区，可用以下指令实现：

```
SETB   RS1
CLR    RS0
```

3.8.3 位逻辑运算指令

指令	操作	机器码	
ANL C，bit	；CY←（CY）∧（bit）	10000010	bit
ANL C，/bit	；CY←（CY）∧（$\overline{\text{bit}}$）	10110000	bit
ORL C，bit	；CY←（CY）∨（bit）	01110010	bit
ORL C，/bit	；CY←（CY）∨（$\overline{\text{bit}}$）	10100000	bit
CPL C	；CY←（$\overline{\text{CY}}$）	10110011	
CPL bit	；bit←（$\overline{\text{bit}}$）	10110010	bit

第一、二条指令的功能是将 bit 位的值（或 bit 位取反后的值）与位累加器 C 的值进行逻辑“与”操作，结果送位累加器 C。

第三、四条指令的功能是将 bit 位的值（或 bit 位取反后的值）与位累加器 C 的值进行逻辑“或”操作，结果送位累加器 C。

最后两条指令的功能是分别将位累加器 C 的内容和 bit 位内容取反（逻辑“非”）。

【例 3-33】 用编程的方法实现图 3-9 所示电路的功能。

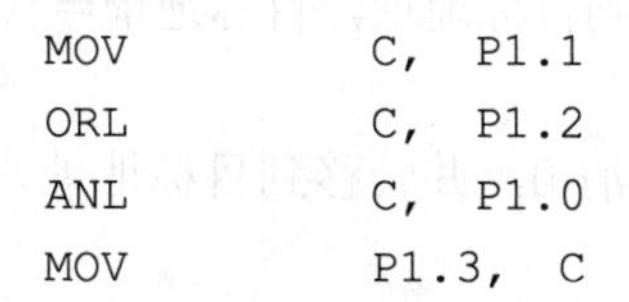

```
MOV        C,   P1.1
ORL        C,   P1.2
ANL        C,   P1.0
MOV        P1.3,  C
```

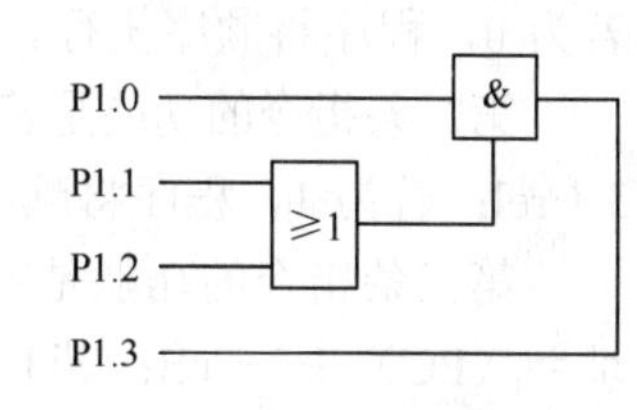

图 3-9 实验电路图

3.8.4 位条件转移指令

1. 判 CY 的条件转移指令

指令	操作	机器码	
JC rel ；	若（CY）=1，则 PC←（PC）+2 + rel 若（CY）= 0，则 PC←（PC）+2	01000000	rel

```
JNC   rel  ;    若（CY）= 0，则 PC←（PC）+2 + rel       01010000   rel
                若（CY）= 1，则 PC←（PC）+2
```

第一条指令功能是对CY进行判断，若（CY）=1，则转移到目标地址去执行；若（CY）=0，则程序顺序执行。

第二条指令也是对CY进行判断，若（CY）= 0，则转移；若（CY）=1，则顺序执行。

以上两条指令均为两字节指令。若发生转移，则转移地址 = PC+2+rel。

【例3-34】 比较片内RAM的50H和51H单元中两个8位无符号数的大小，把大数存入60H单元。若两数相等，则把标志位70H置1。

相应的程序为：

```
XX:     MOV  A，50H
        CJNE  A，51H，LOOP
        SETB  70H
        RET                    ;
LOOP:   JC  LOOP1
        MOV  60H，A
        RET
LOOP1:  MOV  60H，51H
        RET
```

2．判位变量的条件转移

```
指令              操作                                    机器码
JB  bit，rel;     若（bit）=1，则 PC←（PC）+3 + rel      00100000   bit   rel
                  若（bit）=0，则 PC←（PC）+3
JNB  bit，rel;    若（bit）=0，则 PC←（PC）+3 + rel      00110000   bit   rel
                  若（bit）=1，则 PC←（PC）+3
JBC  bit，rel;    若（bit）=1，则 PC←（PC）+3 + rel      00010000   bit   rel
                  且（bit）← 0
                  若（bit）= 0，则 PC←（PC）+3
```

第一条指令的功能是若bit位内容为1，则转移到目标地址，目标地址=（PC）+3+rel；若为0，程序将顺序执行。

第二条指令的功能是若bit位内容为0（不为1），则转移到目标地址，目标地址=（PC）+3+rel；若为1，程序将顺序执行。

第三条指令的功能是若bit位内容为1，则将bit位内容清0，并转移到目标地址，目标地址=（PC）+3+rel；若bit位内容为0，程序将顺序执行。

【例3-35】 在片内RAM 30H单元中存有一个带符号数，试判断该数的正负性，若为正数，将6EH位清0；若为负数，将6EH位置1。

方法一：

```
JUDG: MOV  A，30H;          30H单元中的数送A
      JB  ACC.7，LOOP;      符号位等于1，是负数，转移
      CLR  6EH;             符号位等于0，是正数，清标志位
      RET;                  返回
```

```
        LOOP:  SETB  6EH;          标志位置 1
        RET;                       返回
```

方法二：

```
JUDG1: MOV   A, 30H;          30H 单元中的数送 A
       ANL   A, #80H;         保留 A 中数据的最高位，其余位清 0
       JNZ   LOOP;            不等于 0，是负数，转移
       CLR   6EH;             等于 0，是正数，清标志位
       RET;                   返回
       LOOP:  SETB  6EH;      标志位置 1
       RET;                   返回
```

位操作类指令汇总如表 3-6 所示，表中 $nn_{位}$表示直接寻址位的位地址。

表 3-6　位操作类指令汇总表

助 记 符	操 作 功 能	机 器 码	字 节 数	机器周期数
MOV C，bit	直接寻址位内容送进位位	A2 $nn_{位}$	2	1
MOV bit，C	进位位内容送直接寻址位	92 $nn_{位}$	3	1
CPL C	进位位取反	B3	1	1
CLR C	进位位清 0	C3	1	1
SETB C	进位位置位	D3	1	1
CPL bit	直接寻址位取反	B2 $nn_{位}$	2	1
CLR bit	直接寻址位清 0	C2 $nn_{位}$	2	1
SETB bit	直接寻址位置位	D2 $nn_{位}$	2	1
ANL C，bit	直接寻址位内容与进位位内容	82 $nn_{位}$	2	2
ORL C，bit	直接寻址位内容或进位位内容	72 $nn_{位}$	2	2
ANL C，bit	直接寻址位内容的反与进位位内容	B0 $nn_{位}$	2	2
ORL C，bit	直接寻址位内容的反或进位位内容	A2 $nn_{位}$	2	2
JC rel	进位位为 1 转移	40 $nn_{相对}$	2	2
JNC rel	进位位不为 1 转移	50 $nn_{相对}$	2	2
JB bit，rel	直接寻址位为 1 转移	20 $nn_{位}$ $nn_{相对}$	3	2
JNB bit，rel	直接寻址位不为 1 转移	30 $nn_{位}$ $nn_{相对}$	3	2
JBC bit，rel	直接寻址位为 1 转移且该位清 0	10 $nn_{位}$ $nn_{相对}$	3	2

习题三

1．简述 MCS-51 指令的格式。

2．外部数据传送指令有哪几条？试比较下面每一组中两条指令的区别。

（1）MOVX　A，@Ri；MOVX　A，@DPTR

（2）MOVX　@R0，A；MOVX　@DPTR，A

（3）MOVX　A，@R0；MOVX　@R0，A

3．试编写程序，将内部 RAM 的 20H、21H、22H 三个连续单元的内容依次存入 2FH、2EH 和 2DH 中。

4．假定（A）=83H，（R0）=17H，（17H）=34H，执行以下指令后，A的内容是什么？

```
ANL    A, #17H
ORL    17H, A
XRL    A, @R0
CPL    A
```

5．请用两种方法实现累加器A与寄存器B的内容交换。

6．试编程将片外RAM 40H单元的内容与R1的内容交换。

7．已知：（A）=0C9H，（B）=8DH，CY=1。

（1）执行指令“ADDC A，B”后，A、B结果如何？

（2）执行指令“SUBB A，B”后，A、B结果如何？

8．判断下列指令的正误，并简要说明原因。

（1）CPL A （2）CPL ACC （3）CPL E0H （4）CPL ACC.0

（5）CLR A （6）CLR ACC （7）CLR ACC.0 （8）CLR E0H

9．已知组合逻辑关系式为$F = A\overline{B} + \overline{CD}$，假设A、B、C、D均代表位地址，请编写模拟功能程序。

第 4 章　MCS-51 汇编语言程序设计

学习要点： 程序是一系列有序指令的集合，计算机执行程序后则能完成相应的任务。

根据提出的任务要求，将解题步骤、算法采用汇编语言编制成程序的过程，称为汇编语言程序设计。在学习完指令系统后，就具备了程序设计的基础，但是汇编语言程序设计不但技巧性较高，而且还具有软、硬件结合的特点，关系到单片机应用系统的特性和运行效率。为能编制出质量高和功能强的实用程序，必须从一个个程序模块的学习开始，并通过熟读多练，逐步掌握设计方法和技巧。

4.1 汇编语言程序设计

4.1.1 程序设计语言

1．机器语言

机器语言是一种二进制数（也可缩写为十六进制数）的指令代码。用机器语言编写的程序称为目标程序，能被计算机直接识别和执行。下面是一段用 MCS-51 机器语言表示的程序：

```
11100101  01000000
00100101  01000001
11110101  01000010
```

这段程序完成的任务是将内部 RAM 40H 和 41H 单元中的内容相加，将结果存入 42H 单元中。由此可见，用机器语言编程难学、难记。此外，机器语言还随机型不同而不同。一般来说，不同型号计算机的机器语言之间是互不通用的。然而，无论用何种语言编写的程序，最终都必须翻译成机器语言才能执行。

2．汇编语言

汇编语言是一种符号化语言，它使用助记符（特定的英文字符）来代替二进制指令。例如，用 MOV 代表“传送”，ADD 代表“加”，则上述机器语言程序可改写为：

```
MOV     A ， 40H            ; A← (40H)
ADD     A ，41H             ; A←A+ (41H)
MOV     42H ，A             ; (42H) ←A
```

用汇编语言编写成的程序称为汇编语言程序或源程序。显然，它比机器语言易学易记，但是计算机不能直接识别和执行汇编语言程序，需要通过“翻译”，把源程序译成机器语言程序，目标程序才能执行，这一“翻译”工作称为汇编。目前，这种汇编工作可由计算机借助汇编程序自动完成，也可由人工完成。

有时需要根据已有的机器语言程序，将其转化为相应的汇编语言程序，这个过程称为反汇编。反汇编对于借鉴他人的编程经验，改进和提高现有系统的性能有很大的好处，一般单片机开发系统都提供反汇编功能。

值得注意的是，汇编语言是面向机器的，是一种低级语言，不同类别计算机都有自己的汇编语言。如适用于MCS-51系列单片机的汇编语言与适用于80X86系列微机的汇编语言等，它们的指令系统是不同的。为充分发挥其灵活性，编程时不仅要掌握指令系统，还要了解计算机的内部结构。

单片机应用系统程序设计中，主要采用的语言是汇编语言。其占用的内存单元少，执行效率高，可广泛应用于工业过程控制与检测等场合。本章将介绍MCS-51系列单片机的汇编语言程序设计。

3. 高级语言

高级语言是一种面向算法和过程并独立于机器的通用程序设计语言。它采用更接近人类自然语言和习惯的数学表达式来描述算法和过程，如BASIC、C语言等。在程序设计时不依赖于具体计算机的结构和指令系统，其程序具有通用性。采用高级语言编写的源程序必须通过编译或解释程序等编译成目标程序，机器才能执行，但编译产生的目标程序占用内存多，运行速度慢，难以适应实时控制的要求。然而，高级语言也在进一步的发展之中，如在MCS-51系列单片机开发应用中，许多公司开发了C语言对MCS-51单片机的支持，如KEIL C和IAR C等，单片机C语言——C51，正得到越来越广泛的应用。

采用何种程序设计语言，取决于机器的使用场合和条件。在单片机应用中，一般使用汇编语言编写程序。因此，要想很好地掌握和应用单片机，就必须学会和掌握汇编语言程序设计。

4.1.2 汇编语言程序设计步骤

要想使计算机完成某一具体的工作任务，必须按序执行一条条的指令。这种按工作要求编排指令序列的过程称为程序设计。

使用汇编语言作为程序设计语言的编程步骤与高级语言编程步骤类似，但又略有差异。其程序设计步骤大致可分为以下几步：

（1）分析问题。熟悉和明确问题的要求，明确已知条件及对运算与控制的要求，准确地规定程序将要完成的任务，建立数学模型。

（2）确定算法。根据实际问题的要求和指令系统的特点，选择解决问题的方法。算法是进行程序设计的依据，它决定了程序的正确性和程序质量。

（3）设计程序流程图。所谓程序流程图就是用各种规定的图形、流向线及必要的文字符号来表达解题步骤、算法及程序结构。它直观、清晰地体现了程序设计思路，是程序设计的一种常用工具。

画程序流程图的过程就是进行程序逻辑设计的过程。正确的画法是先粗后细，一步一个脚印，只考虑逻辑结构和算法，不考虑或较少考虑具体指令。这样，画流程图时就可以集中精力考虑程序的结构，从根本上保证程序的合理性和可靠性。然后，剩下的任务就是进行指令代换，这时只要消除语法错误，一般就能顺利编出源程序，并很少进行返工。

（4）分配内存单元。分配内存工作单元，确定程序和数据区的起始地址。

（5）调试程序。源程序编制完成后，必须上机调试。编写源程序时，力求简单明了，层次清晰。

4.1.3　单片机 4 大程序结构

在程序设计中将会遇到简单或复杂的程序，但不论程序如何复杂，都可以看成一个个基本程序结构的组合。这些基本结构包括：顺序结构、分支结构、循环结构和子程序结构，如图 4-1 所示。

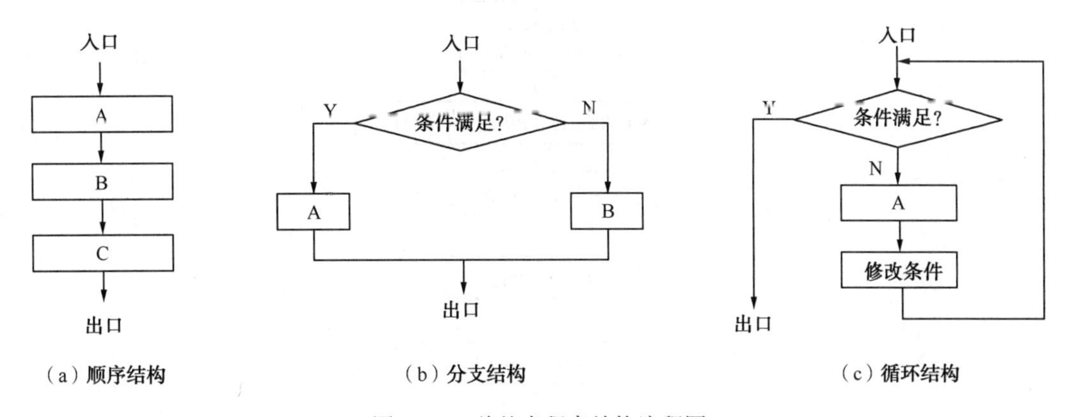

图 4-1　3 种基本程序结构流程图

进行程序设计时，首先应能可靠地实现系统所要求的各种功能，同时结合单片机系统的硬件电路，合理规划程序存储器和数据存储器，本着节省存储单元、减少程序长度和加快运算时间的原则，做到程序结构清晰、简洁，流程合理，各功能程序模块化、子程序化。

1．顺序结构程序设计

顺序结构程序是一种最简单、最基本的程序（也称为简单程序）。它的特点是按程序编写的顺序依次执行，程序流向不变。这类程序是所有复杂程序的基础或是其某个组成部分。顺序程序虽然并不难编写，但要设计出高质量的程序还是需要掌握一定的技巧。因此，需要熟悉指令系统，并能正确地选择指令，掌握程序设计的基本方法和技巧，以达到提高程序执行效率、减少程序长度、最大限度地优化程序的目的。下面举例说明。

【例 4-1】 将 20H 单元的两个 BCD 码拆开并变成 ASCII 码，存入 21H、22H 单元。注意：ASCII 码 0～9 为 30H～39H。

解：采用把 BCD 数除以 10H 的方法，除后相当于把此数右移了 4 位，刚好把两个 BCD 码分别移到 A、B 的低 4 位，然后再各自与 30H 相“或”，即变为 ASCII 码。其程序框图如图 4-2 所示。

源程序如下：

```
地址    源程序
2000H   ORG     2000H
2000H   MOV     A, 20H
```

```
2002H   MOV    B，#10H     ；用10H作为除数
2005H   DIV    AB
2006H   ORL    B，#30H     ；低4位BCD码变为ASCII码
2009H   MOV    22H，B
200CH   ORL    A，#30H     ；高4位BCD码变为ASCII码
200EH   MOV    21H，A
        END
```

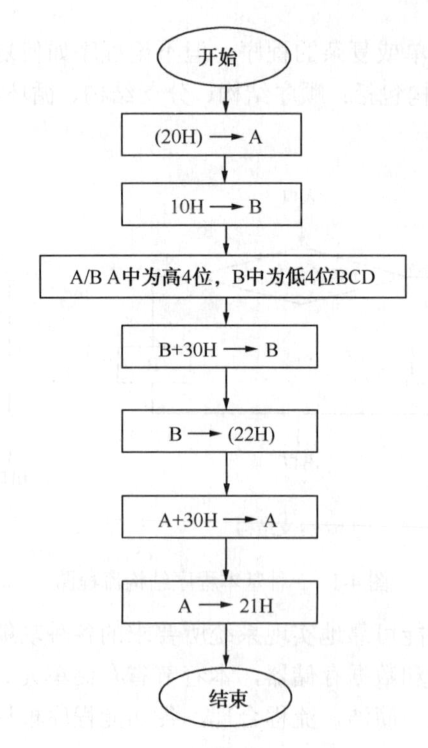

图4-2 BCD码转换为ASCII码流程图

2．分支结构程序设计

在程序设计中，经常需要计算机对某情况进行判断，然后根据判断的结果选择程序执行的流向，这就是分支程序。在汇编语言程序中，通常利用条件转移指令形成不同的程序分支。分支结构程序的特点是程序中有转移指令，分支结构程序可以根据程序要求无条件或有条件地改变程序的执行顺序，选择程序流向。

1）分支结构程序设计综述

编写分支结构程序的重点在于正确使用转移指令。下面介绍这两类指令形成的分支结构程序的特点。

（1）无条件转移。它的程序转移方向是设计者事先安排的，与已执行程序的结果无关，使用时只需给出正确的转移目标地址或偏移量即可。

（2）条件转移。它是根据已执行程序对标志位、累加器或内部 RAM 某位的影响结果，决定程序的走向，形成各种分支。在编写有条件转移语句时要特别注意以下两点：

① 在使用条件转移指令形成分支前，一定要安排可供条件转移指令进行判别的条件。例如，

若采用“JC rel”指令，在执行此指令前必须使用影响 CY 标志的指令；若采用“CJNE A，# data，rel”指令，在执行此指令前必须使用改变累加器 A 内容的指令，以便为测试做准备。

② 要正确选定所用的转移条件和转移目标地址。

2）无条件/条件转移程序

这是分支结构程序中最常见的一类。其中，条件转移类程序编写较容易出错，编程时需要确定转移条件。下面举例说明。

【例 4-2】 设 a 存放在累加器 A 中，b 存放在寄存器 B 中，要求按下式计算 Y 值，并将结果 Y 存于累加器 A 中，试编写程序。

$$Y=\begin{cases} a-b & (a\geqslant 0) \\ a+b & (a<0) \end{cases}$$

解：本题的关键是判断 a 是正数还是负数，由 ACC.7 知，程序编写如下。

```
        ORG     1000H
BR:     JB      ACC.7，MINUS
        CLR     C
        SUBB    A，B
        SJMP    DONE
MINUS:  ADD     A，B
DONE:   SJMP    $
        END
```

【例 4-3】 两个带符号数分别存在内部 RAM 30H 和 31H 单元中，试比较它们的大小，将较大的数存入 32H 单元中。

分析：本题的解题思路是先对 30H 和 31H 内容进行大小比较。因为是带符号数，所以要分为两种情况：一种是两个数的符号是不同的，那么正数比负数大；另一种情况是，两个数的符号相同，就要对两个数进行减法操作，如果 CY＝1，则被减数小，否则被减数大。这样就可以得到大数和小数。

当然也可以采取另外的办法，就是通过对 OV 标志位的判断，来找出较大的数和较小的数。过程如下：先对 30H 和 31H 中的内容 X 和 Y 进行减法操作，我们知道如果参与运算的 X、Y 两个数的符号相同，它们使 OV＝0；X 和 Y 的符号不同，运算结果的符号和被减数不同时，那一定是产生了溢出，即 OV＝1。所以根据以上情况归纳起来分析，就可知道：当 X 与 Y 同符号时，X−Y＝Z，OV＝0；Z＞0 则 X＞Y，Z＜0 则 X＜Y。当 X 与 Y 异号时，如果 OV＝1，并且 X−Y＝Z＞0，则 X＜Y。

解：

X−Y 为正：

OV＝0，则 X＞Y；

OV＝1，则 X＜Y。

X−Y 为负：

OV＝0，则 X＜Y；

OV＝1，则 X＞Y。

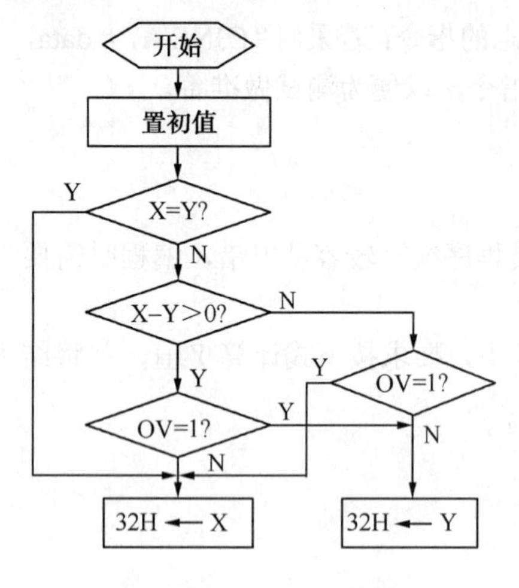

图 4-3　比较大小流程图

其流程图如图 4-3 所示，源程序如下：

```
        ORG     0100H
        MOV     A，30H          ；取初值
        CLR     C
        SUBB    A，31H          ；X-Y
        JZ      DZ1             ；X=Y?
        JB ACC.7 , NEG
        JB      OV，EB1         ；X-Y>0，OV=1，X<Y
        AJMP    DZ1             ；X-Y>0，OV=0，X>Y
NEG:    JB   OV，DZ1            ；X-Y<0，OV=1，X>Y
EB1:    MOV     A，31H          ；X<Y
        AJMP    JS0
DZ1:    MOV     A，30H          ；X>Y
JS0:    MOV     32H，A
END
```

【例 4-4】 已知信号灯电路如图 4-4 所示，要求实现：

① S0 单独按下，红灯亮，其余灯灭；

② S1 单独按下，绿灯亮，其余灯灭；

③ 其余情况，黄灯亮。

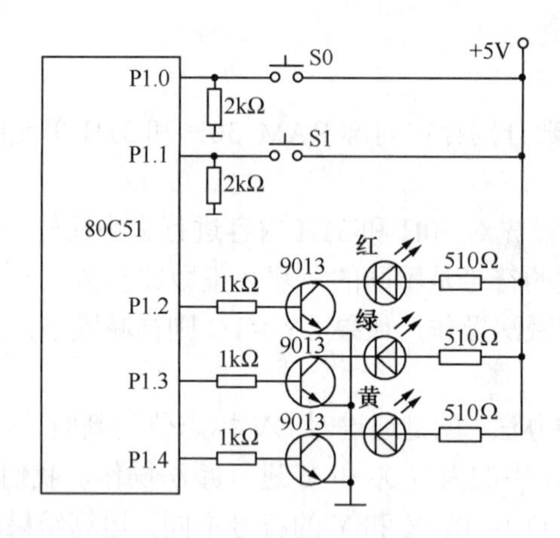

图 4-4　信号灯电路

解：因为 MCS-51 单片机的特殊结构，在读取 I/O 口内容时应该先给 I/O 口写 1，然后再读取相应口的内容。

程序如下。

```
SGNL: ANL    P1，#11100011B   ；红、绿、黄灯灭
      ORL    P1，#00000011B   ；置 P1.0、P1.1 输入状态，P1.5～P1.7 状态不变
SL0:  JNB    P1.0，SL1        ；P1.0=0，S0 未按下，转判 S1
      JNB    P1.1，RED        ；P1.0=1，S0 按下；且 P1.1=0，S1 未按下，转红灯亮
YELW: SETB   P1.4             ；黄灯亮
      CLR    P1.2             ；红灯灭
      CLR    P1.3             ；绿灯灭
```

```
       SJMP  SL0              ；转循环
SL1：  JNB   P1.1，YELW       ；P1.0=0，S0 未按下；P1.1=0，S1 未按下，转黄灯亮
GREN： SETB  P1.3             ；绿灯亮
       CLR   P1.2             ；红灯灭
       CLR   P1.4             ；黄灯灭
       SJMP  SL0              ；转循环
RED：  SETB  P1.2             ；红灯亮
       CLR   P1.3             ；绿灯灭
       CLR   P1.4             ；黄灯灭
       SJMP  SL0              ；转循环
```

3．循环结构程序设计

在顺序结构程序中，所有指令仅被执行一次；在分支结构程序中，有的指令被执行一次，有的可能一次也未被执行；在循环结构程序中，有些程序段则可以重复执行。例如，求 n 个数的累加和，可以只用一条加法指令，并使之循环执行 n 次，而没有必要连续安排 n 条加法指令。因此，循环结构程序设计不但可以大大缩短所编程序的长度，使程序所占内存单元数最少，而且能使程序结构紧凑和可读性强。

1）循环结构程序的基本结构

循环结构程序由以下 4 部分组成（如图 4-5 所示）。

（1）循环初始化部分。循环初始化部分位于循环结构程序开头，用于完成循环前的准备工作。

（2）循环工作部分。循环工作部分位于循环体内，是循环结构程序的主体，需要重复执行的程序段。要求编程时尽可能简练，以缩短程序执行的时间。

（3）循环控制部分。循环控制部分也在循环体内，常常由循环计数器修改和条件转移语句组成，用于控制循环执行的次数。

（4）循环终止部分。循环终止部分程序用于存放执行循环结构程序的结果，并判断是否满足结束条件。若不满足，则继续执行循环工作部分；若满足，则退出循环。

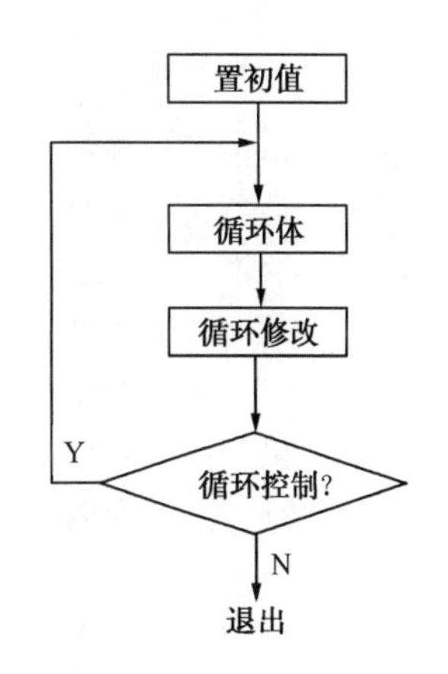

图 4-5　循环结构程序示意图

2）用计数器控制循环

对于已知次数的循环，循环终止控制一般采用计数方法，从工作寄存器 R0～R7 和片内 RAM 单元（不包括累加器 A）任选一个作为循环次数计数器，并在初始化时置以初值，每循环一次后利用加 1 或减 1 指令，使循环计数器的计数值发生修改，当达到终止值后循环停止。常用减 1 条件转移指令 DJNZ 实现计数方法的循环终止控制。

循环结构程序又可分为单循环和多重循环。一个循环结构程序中不包含其他循环结构程序为单循环结构程序；若在一个循环结构程序中又包含了其他的循环结构程序则为多重循环结构程序。每重循环都有一个循环计数器控制循环。注意在多重循环结构程序中，只允许外重循环嵌套内重循环，而不允许循环相互交叉，也不允许从循环的外部跳入循环程序的内部，如图 4-6 所示。

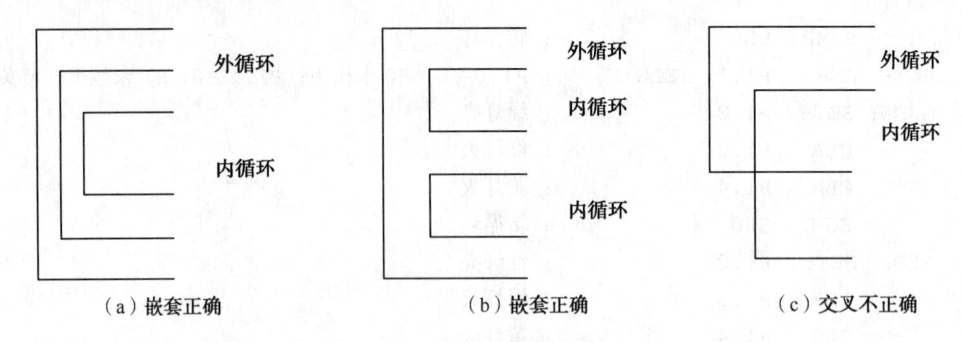

图4-6　多重循环结构程序示意图

（1）循环次数已知的程序。

【例4-5】 用P1口作为数据读入口，为了读取稳定的值，要求连续读8次后取平均值。

解： 设R0、R1作为连续8次累加的16位工作寄存器，最后取平均值，即除以8，相当于除以2^3。在此将R0、R1各右移一次的操作重复3次，最后结果存放在R1中。

源程序如下：

```
        ORG     2000H
        MOV     R0，#00H     ；清16位中间寄存器
        MOV     R1，#00H
        MOV     R2，#08H     ；累加次数放到R2
LP2:    MOV     P1，#0FFH    ；输入读数
        MOV     A，P1
        ADD     A，R1        ；加入中间寄存器低8位
        JNC     LP1          ；无进位则暂存结果
        INC     R0           ；有进位则中间寄存器高8位增1
LP1:    MOV     R1，A        ；暂存低8位结果
        DJNZ    R2，LP2      ；未完循环
        MOV     R2，#03H
LP3:    MOV     A，R0        ；高8位结果送入A
        RRC     A            ；A中最低位右移入C
        MOV     R0，A
        MOV     A，R1        ；低8位结果带进位右移，则高8位的低位进入低8位的最高位
        RRC     A
        MOV     R1，A
        DJNZ    R2，LP3
LP:     SJMP    LP
```

此程序实际是两段单直循环结构程序。第一段循环实现8次读数的累加，结果存放在R0、R1中，第二段取8次的平均值，结果存放在R1中。

（2）循环次数未知的程序。

（3）多重循环设计。循环体中还包含着一个或多个循环结构，即双重或多重循环。

【例4-6】 设8051使用12MHz晶振，试设计延迟100ms的延时程序。

解： 延时程序的延迟时间就是该程序的执行时间，通常采用MOV和DJNZ两条指令。

$$T=12/f_{osc}=12/(12\times10^6)=1\mu s$$

```
        ORG     1000H
DELAY:  MOV     R2，#CTS
LOOPS:  MOV     B，#CTR          ；T=1μs   ┐ 内   ┐ 外
LOOPR:  DJNZ    B，LOOPR         ；2T=2μs  ┤ 循   ┤ 循
        DJNZ    R2，LOOPS        ；2T=2μs  ┘ 环   ┘ 环
        END
```

内循环延时：$(1+2\times CTR)T=500\mu s$（假设）；

则 CTR＝250；

实际延时：$(1+2\times250)\times1\mu s=501\mu s$；

外循环延时：$T+(501+2T)\times CTS=100ms=100\,000\mu s$；

所以，CTS＝198.8，取 199；

实际延时：$[1+(501+2)\times199]=1\,000.98ms$。

4．子程序结构设计

子程序是指能完成某一任务的相对独立的程序段。

在程序设计中，经常会遇到同一个程序的不同地方要求执行同样的操作，而该操作又并非规则，不能用循环程序来实现。此时，可将这个操作单独编成一个子程序，在主程序需要执行这一操作的地方，安排一条调用指令（LCALL 或 ACALL），使程序无条件地转移到子程序处执行，执行完后由 RET 指令返回到原断点处继续执行主程序。简单地讲，就是可以通过调用相应的子程序实现某种操作。

例如，在计算机采样控制中，每个采样周期内，都要完成被控参数的采集（包括 A/D 转换）、数字滤波、计算偏差、依据偏差大小进行 PID 运算、输出控制结果（包括 D/A 转换）等。其程序结构就包含了采样子程序、数字滤波子程序、PID 运算子程序等，在采样时刻到的中断服务程序中依次调用上述子程序就可实现相应的操作。如果不采用子程序结构是难以实现的。

子程序和主程序间的关系如图 4-7 所示。

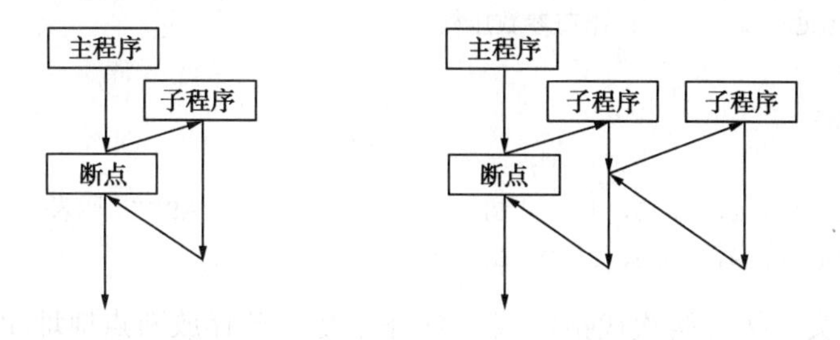

图 4-7　子程序和主程序间的关系图

注意：子程序的嵌套次数是有限制的，这与堆栈的深度有关。因为每次调用都要把断点地址压入堆栈。

子程序设计时注意事项：

（1）给子程序赋一个名字，实际为入口地址代号。

（2）要能正确传递参数。

入口条件：子程序中要处理的数据如何给予。

出口条件：子程序处理结果如何存放。

寄存器、存储器、堆栈方式。

（3）保护与恢复现场。

保护现场：压栈指令 PUSH。

恢复现场：弹出指令 POP。

【例 4-7】 在 HEX 单元存有两个十六进制数，试编程分别把它们转换成 ASCII 码存入 ASC 和 ASC＋1 单元。

解：每个十六进制数转换成对应的 ASCII 码可由子程序采用查表方式实现。主程序两次调用子程序以满足题意要求。主程序与子程序间的参数传递采用堆栈方法。

主程序：

```
PUSH    HEX         ; 入口参数压栈
ACALL   HASC        ; 求低位十六进制数的 ASCII 码
POP     ASC         ; 子程序返回后的出口参数存入 ASC 单元
MOV     A，HEX
SWAP    A           ; 十六进制数高低位交换
PUSH    ACC         ; 入口参数压栈
ACALL   HASC        ; 求高位十六进制数的 ASCII 码
POP     ASC＋1      ; 子程序返回后的出口参数存入 ASC＋1 单元
SJMP    $
```

子程序：

```
HASC:   DEC  SP
DEC     SP
POP     ACC         ; 入口参数出栈送 A
ANL     A，#0FH     ; 取入口参数的低 4 位
ADD     A，#07H     ; 地址调整
MOVC    A，@A＋PC   ; 查表得到相应的 ASCII 码
PUSH    ACC         ; 出口参数压栈
INC     SP
INC     SP
RET
ASCTAB: DB"0，1，2，3，4，5，6，7"          ; ASCII 码表
        DB"8，9，A，B，C，D，E，F"
```

在子程序的开头，执行两次栈指针减 1 的作用是避开存放断点地址 PC15～PC8、PC7～PC0 两个单元，使 SP 指向入口参数的栈地址。在返回前，出口参数压栈后又执行两次栈指针加 1，使 SP 指向断点地址的高 8 位。执行 RET 指令恢复断点过程中，SP 又两次减 1。主程序恰好从相应的栈地址单元中取得出口参数，保证了栈指针与实际的栈内容一致。

4.2 单片机程序举例

4.2.1 查表程序

在计算机控制应用中，查表程序是很有用的程序，常用于实现非线性修正、非线性函数转换及代码转换等。

MCS-51 指令系统中有专用的查表指令：MOVC A，@A+DPTR 和 MOVC A，@A+PC。这两条指令对于提高查表功能、缩短程序长度极为重要，使用起来也十分方便。

虽然这两条指令都具有查表功能，但在具体使用上却有所侧重。

MOVC A，@A+DPTR 指令适用于在 64KB ROM 范围内查表。编写查表程序时，首先把表的首地址送入 DPTR 中，再将要查找的数据序号（或下标值）送入 A 中，然后就可以使用该指令进行查表操作，并把结果送累加器 A 中。

而 MOVC A，@A+PC 指令用于在“本地”范围内查表。编写查表程序时，首先把查表数据的序号送入 A 中，再把从查表指令到表的首地址间的偏移量与 A 值相加，然后使用该指令进行查表操作，并把结果送累加器 A 中。

【例 4-8】 有 4×4 键盘，键扫描后把被按键的键码放在 A 中。键码与处理子程序入口地址的对应关系为：

键码	入口地址
0	RK0
1	RK1
2	RK2
⋮	⋮

并假定处理子程序在 ROM 64KB 的范围内分布。要求以查表方法，转向对应的处理子程序。

程序如下：

```
    MOV     DPTR，#BS    ；子程序入口地址表首址
    RL      A            ；键码值乘以 2
    MOV     R2，A        ；暂存 A
    MOVC    A，@A+DPTR   ；取得入口地址低位
    PUSH    A            ；进栈暂存
    INC     A
    MOVC    A，@A+DPTR   ；取得入口地址高位
    MOV     DPH，A
    POP     DPL
    CLR     A
    JMP     A+DPTR
BS: DB      PK0L
    DB      PK0H
    DB      PK1L
```

```
        DB      PK1H
        ⋮       ⋮
```

【例 4-9】 变量存在内部 RAM 的 20H 单元中，其取值范围为 0～5，编程，用查表法求其平方值。

程序如下：

```
        ORG     1000H
START:  MOV     DPTR，#TABLE
        MOV     A，20H
        MOVC    A，@A+DPTR
        MOV     21H，A
        SJMP    $
TABLE:  DB      0，1，4，9，16，25
        END
```

4.2.2 运算程序

1．加/减法运算

1）不带符号的多个单字节数加法

【例 4-10】 将内部 RAM 中从 DATA 单元开始的 10 个无符号数相加，相加结果送 SUM 单元保存。

解：设相加结果不超过 8 位二进制数， 则相应的程序如下：

```
        MOV R0，#0AH          ；给 R0 置计数器初值
        MOV R1，#DATA         ；数据块首址送 R1
        CLR     A             ；A 清 0
LOOP:   ADD     A，@R1        ；加一个数
        INC     R1            ；修改地址，指向下一个数
        DJNZ    R0， LOOP     ；R0 减 1，不为 0 循环
        MOV     SUM， A       ；存 10 个数相加和
        SJMP    $
```

2）多字节无符号数加法

【例 4-11】 设有两个 *N* 字节无符号数，分别存放在内部 RAM 的单元中，低字节在前，高字节在后，分别由 R0 指定被加数单元地址，由 R1 指定加数单元地址，其和放在原被加数单元中。

程序如下：

```
        CLR     C
        MOV R0，#40H          ；指向加数最低位
        MOV R1，#5OH          ；指向另一加数最低位
        MOV R2，#N            ；字节数作为计数初值
LOOP1:  MOV     A，@R0        ；取被加数
```

```
        ADDC    A，@R1          ；两数相加，带进位
        MOV     @R0，A
        INC     R0              ；修改地址
        INC     R1
        DJNZ    R2，LOOP1       ；未加完转 LOOP1
        JNC     LOOP2           ；无进位转 LOOP2
        MOV     @R0，#01H
LOOP2:  DEC     R0
        RET
```

3）多字节有符号数加/减运算

对于符号数的减法运算，只要将减数的符号位取反，即可把减法运算按加法运算的原则来处理。

对于符号数的加法运算，首先要进行两数符号的判定。如果两个数符号相同，应进行两数相加，并以被加数符号为结果符号；如果两个数符号不同，应进行两数相减。如果相减的差数为正，则该差数即为最后结果，并以被减数符号为结果符号；如果相减的差值为负，则应将其差数取补，并把被减数的符号取反作为结果符号。

【例 4-12】 假定 R2、R3 和 R4、R5 分别存放两个 16 位的带符号二进制数，其中 R2 和 R4 的最高位为两数的符号位。请编写带符号双字节二进制的加/减法运算程序，以 BSUB 为减法程序入口，以 BADD 为加法程序入口，以 R6、R7 保存运算结果。

程序如下：

```
BSUB:   MOV     A，R4               ；取减数高字节
        CPL     ACC.7               ；减数符号取反以进行加法
        MOV     R4，A
BADD:   MOV     A，R2               ；取被加数
        MOV     C，ACC.7
        MOV     F0，C               ；被加数符号保存在 F0 中
        XRL     A，R4               ；两数高字节异或
        MOV     C，ACC.7
        MOV     A，R2
        CLR     ACC.7               ；低字节符号位清 0
        MOV     R2，A               ；取其数值部分
        MOV     A，R4
        CLR     ACC.7               ；低字节符号位清 0
        MOV     R4，A               ；取其数值部分
JIA:    MOV     A，R3               ；两数同号进行加法
        JC      JIAN                ；两数异号转 JIAN
        ADD     A，R5               ；低字节相加
        MOV     R7，A               ；保存和
        MOV     A，R2
        ADDC    A，R4               ；高字节相加
        MOV     R6，A               ；保存和
        JB      ACC.7，QAZ          ；符号位为 1 转溢出处理
```

```
QWE:    MOV     C, F0               ; 结果符号处理
        MOV     ACC.7, C
        MOV     R6, A
        RET
JIAN:   MOV     A, R3               ; 两数异或进行减法
        CLR     C
        SUBB    A, R5               ; 低字节相减
        MOV     R7, A               ; 保存差
        MOV     A, R2
        SUBB    A, R4               ; 高字节相减
        MOV     R6, A               ; 保存差
        JNB     ACC.7, QWE          ; 判差的符号，为0转QWE
BMP:    MOV     A, R7               ; 为1进行低字节取补
        CPL     A
        ADD     A, #1
        MOV     R7, A
        MOV     A, R6               ; 高字节取补
        CPL     A
        ADDC    A, #0
        MOV     R6, A
        CPL     F0
        SJMP QWE                    ; 转结果符号保存
QAZ:      ⋮                         ; 溢出处理（省略）
```

2．多字节数乘法

【例4-13】 利用单字节乘法指令进行双字节数乘以单字节数运算。被乘数为16位无符号数，地址为M1和M1+1（低位先、高位后），乘数为8位无符号数，地址为M2，积存入R2、R3和R4三个寄存器中。

		(M1+1)	(M1)
×			(M2)
		R3	R4
+	B	A	
	R2	R3	R4

参考程序如下：

```
MOV     R0, #M1         ; 被乘数地址存于R0
MOV     A, @R0          ; 取16位数低8位
MOV     B, M2           ; 取乘数
MUL     AB              ; (M1) × (M2)
MOV     R4, A           ; 存积低8位
MOV     R3, B           ; 暂存(M1) × (M2)高8位
INC     R0              ; 指向16位数高8位
MOV     A, @R0          ; 取被乘数高8位
MOV     B, M2           ; 取乘数
```

```
    MUL     AB              ；（M1+1）×（M2）
    ADD     A，R3           ；（A）+（R3）得（积）15～8
    MOV     R3，A           ；（积）15～8 存 R3
    MOV     A，B            ；积最高 8 位送 A
    ADDC    A，#00H         ；积最高 8 位+（CY）得（积）23～16
    MOV     R2，A           ；（积）23～16 存入 R2
    SJMP    $
```

若上述程序执行前，（M1+1）=ABH，（M1）=CDH，（M2）=64H，则执行后，（R2）=43H，（R3）=1CH，（R4）=14H。

3．多字节数除法

除法指令也是对单字节的，单字节数的除法运算可直接使用该指令完成；而多字节数据的除法需编程实现。

【例 4-14】 按"移位相减"这一基本方法，通过编写程序实现两个双字节无符号数的除法运算。

相关数据的单元分配如下：

R7R6——执行前存被除数，程序执行后存商数（R7 为高位字节）；

R5R4——存余数（R5 为高位字节）；

R3R2——存放每次相除的余数，程序执行后即为最终余数；

3AH——溢出标志单元；

R1——循环次数计数器（16 次）。

为阅读程序方便，再说明以下几个问题：

① 除法运算需要对被除数和除数进行判定，若被除数为 0，而除数不为 0，则商为 0；若除数为 0，则除法无法进行，置标志单元 3AH 为 0。

② 除法运算是按位进行的，每一位是一个循环，一个循环都要做 3 件事，即被除数左移一位，余数减除数，根据是否够减使商位得"1"或"0"。对于双字节被除数，如此循环 16 次，除法就完成了。

③ 移位是除法运算的重要操作，最简单的方法是把被除数向余数单元左移，然后把被除数移位后空出来的低位用于存放商数。除法完成后，被除数已全部移到余数单元并逐次被减得到余数，而被除数单元为商数所代替。

④ 除法结束后，可根据需要对余数进行四舍五入。为简单起见，这里把它省略掉。

双字节数除法程序如下：

```
DIV2:   MOV     3AH，#00H       ；清溢出标志单元
        MOV     A，R5
        JNZ     ZERO            ；除数不为 0 转
        MOV     A，R4
        JZ      OVER            ；除数为 0 转设置溢出标志
ZERO:   MOV     A，R7
        JNZ     START           ；被除数高字节不为 0 开始除法运算
        MOV     A，R6
        JNZ     START           ；被除数低字节不为 0 开始除法运算
```

```
        RET               ; 被除数为0则结束
START:  CLR    A          ; 开始除法运算
        MOV    R2, A      ; 余数单元清0
        MOV    R3, A
        MOV    R1, #10H
LOOP:   CLR    C          ; 进行一位除法运算
        MOV    A, R6
        RLC    A          ; 被除数左移一位
        MOV    R6, A
        MOV    A, R7
        RLC    A
        MOV    R7, A
        MOV    A, R2      ; 移出的被除数高位移入余数单元
        RLC    A
        MOV    R2, A
        MOV    A, R3
        RLC    A
        MOV    R3, A
        MOV    A, R2      ; 余数减除数
        SUBB   A, R4      ; 低位先减
        JC     NEXT       ; 不够减转移
        MOV    R0, A
        MOV    A, R3
        SUBB   A, R5      ; 再减高位
        JC     NEXT       ; 不够减转移
        INC    R6         ; 够减商为1
        MOV    R3, A      ; 相减结果送回余数单元
        MOV    A, R0
        MOV    R2, A
NEXT:   DJNZ   R1, LOOP   ; 不够16次返回
          ⋮               ; 四舍五入处理（省略）
OVER:   MOV    3AH, #0FFH ; 置溢出标志
        RET
```

4.2.3 数值转换程序

1. ASCII码与二进制数的互相转换

【例4-15】 编程实现十六进制数表示的ASCII代码转换成4位二进制数（1位十六进制数）。

解： 对于这种转换，只要注意到下述关系便可以编写出转换程序。

字符0～9的ASCII码值为30H～39H，它们与30H之差恰好为00H～09H，结果均小于0AH。

字符A～F的ASCII码值为41H～46H，它们各自减去37H后恰好为0AH～0FH，结果大于0AH。

根据这个关系可以编出转换程序如下，程序以 R1 作为入口和出口。

```
ASCHIN: MOV     A，R1       ；取操作数
        CLR     C           ；清进位标志位 C
        SUBB    A，#30H     ；ASCII 码减去 30H，实现 0～9 的转换
        MOV     R1，A       ；暂存结果
        SUBB    A，#0AH     ；结果是否>9
        JC      LOOP        ；若≤9 则转换正确
        XCH     A，R1
        CLR     C
        SUBB    A，#07H     ；若>9 则减 37H
        MOV     R1，A
LOOP:   RET
```

2．BCD 码与二进制数的转换

BCD 码转换成二进制数程序流程图如图 4-8 所示。

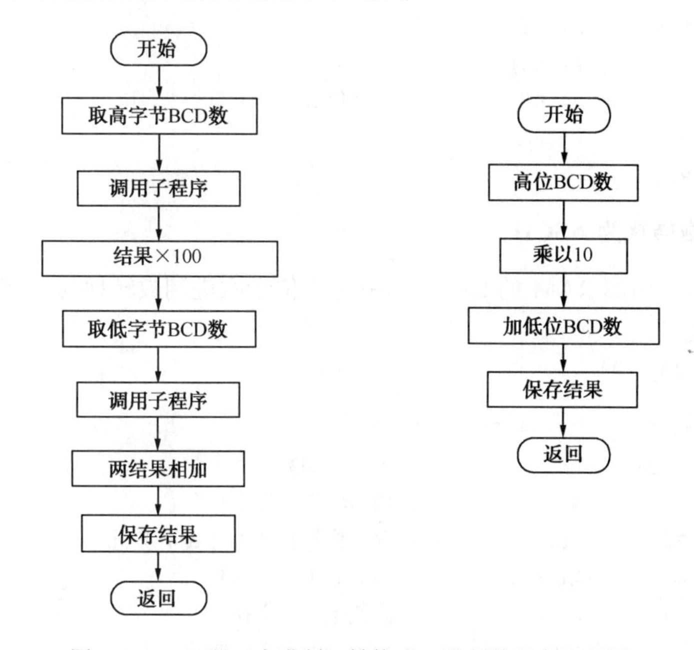

图 4-8　BCD 码（十进制）转换成二进制数程序流程图

主程序如下：

```
MAIN:   MOV     A，R5
        MOV     R2，A       ；给子程序入口参数
        ACALL   BCDBIN      ；调用子程序
        MOV     B，#64H
        MUL     AB
        MOV     R6，A
        XCH     A，B
        MOV     R5，A
        MOV     A，R4
```

```
        MOV     R2, A
        ACALL   BCDBIN      ; 调用子程序
        ADD     A, R6
        MOV     R4, A
        MOV     A, R5
        ADDC    A, #00H
        MOV     R5, A
        RET
```

子程序如下：

```
BCDBIN: MOV     A, R2
        ANL     A, #0F0H    ; 取高位 BCD 码，屏蔽低 4 位
        SWAP    A
        MOV     B, #0AH
        MUL     AB
        MOV     R3, A
        MOV     A, R2
        ANL     A, #0FH
        ADD     A, R3       ; 加低位 BCD 码
        MOV     R2, A
        RET
```

3．十六进制数转换为 ASCII 码

【例 4-16】 试将内部 RAM 的 hex 单元中的 2 位十六进制数转换为 ASCII 码，并存于 asc 和 asc+1 两个单元中。

主程序（MAIN）：

```
        MOV     SP, #3FH
MAIN:   PUSH    hex         ; 十六进制数进栈
        ACALL   HASC        ; 调用转换子程序
        POP     asc         ; 第一位转换结果送 asc 单元
        MOV     A, hex      ; 再取原十六进制数
        SWAP    A           ; 高低半字节交换
        PUSH    ACC         ; 交换后的十六进制数进栈
        ACALL   HASC
        POP     asc+1       ; 第二位转换结果送 asc+1 单元
        SJMP    $
```

子程序（HASC）：

```
HASC:   DEC     SP          ; 跨过断点保护内容
        DEC     SP
        POP     ACC         ; 弹出转换数据
        ANL     A, #0FH     ; 屏蔽高位
        ADD     A, #7       ; 修改变址寄存器内容
        MOVC    A, @A+PC    ; 查表
```

```
          PUSH    ACC           ；查表结果进栈
          INC     SP            ；修改堆栈指针回到断点保护内容
          INC     SP
          RET
ASCTAB:   DB      "0，1，2，3，4，5，6，7，"    ；ASCII 码表
          DB      "8，9，A，B，C，D，E，F"
```

这是一个很典型的程序，阅读本程序时需注意以下两个问题：

本程序的一个特点是堆栈的使用，这对于读者理解堆栈的概念十分有利。在本程序中两种使用堆栈的方法都涉及了，一种是通过堆栈传递数据，被转换的数据在主程序中进栈而在子程序中出栈，最后再把转换结果返回主程序；另一种使用方法是系统自动的，即调用子程序要用堆栈来保存断点位，被转换的数据在主程序中先进栈，而断点地址在调用子程序时才进栈。因此，在子程序中要取出转换数据，就得修改堆栈指针 SP，以指向该数据。

在 ASCII 码表中，以字符串形式列出十六进制数，但在汇编时是以 ASCII 码形式写入存储单元的。因此，读出的数据是被转换数据的 ASCII 码，再压入堆栈返回主程序。

4．ASCII 码转换为十六进制数

【例 4-17】 把外部 RAM 30H～3FH 单元中的 ASCII 码依次转换为十六进制数，并存入内部 RAM 60H～67H 单元之中。

解：转换算法为把要转换的 ASCII 码减 30H。若小于 0，则为非十六进制数；若在 0～9 之间，即为转换结果；若大于等于 0AH，应再减 7。减 7 后，若小于 0AH，则为非十六进制数；若在 0AH～0FH 之间，即为转换结果；若大于 0FH，还是非十六进制数。其转换流程如图 4-9 所示。

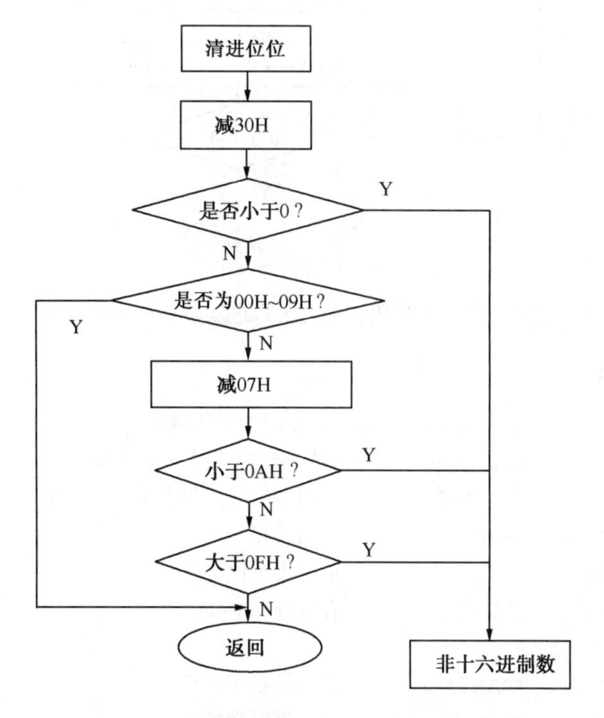

图 4-9　ASCII 码转换为十六进制数程序流程图

一个字节可以装两个转换后得到的十六进制数，即两次转换才能拼装为一个字节。为了避免在程序中重复出现转换程序段，通常采用子程序结构，把转换操作编写为子程序。

主程序流程如图4-10所示。

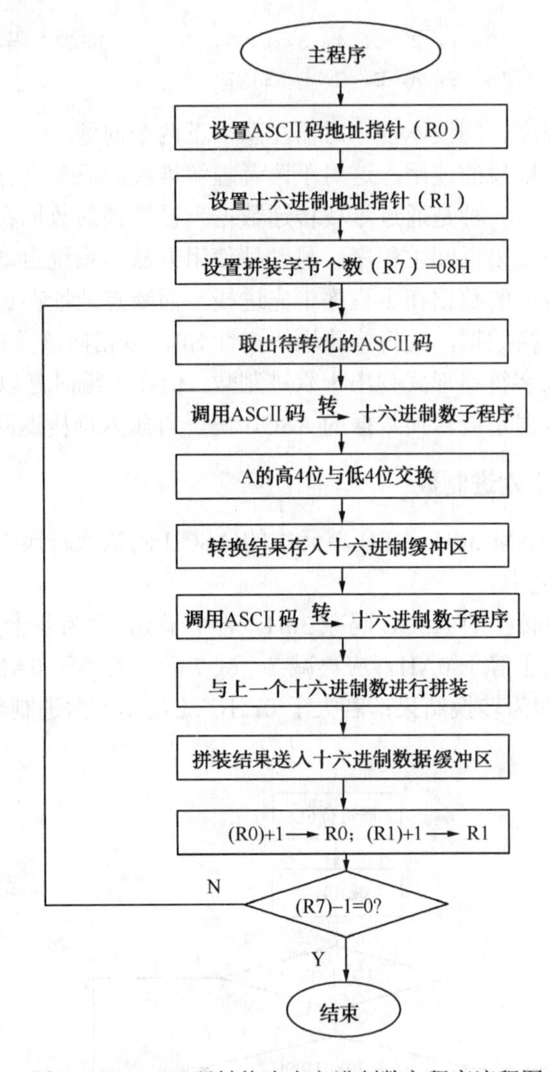

图4-10 ASCII码转换为十六进制数主程序流程图

主程序（MAIN）：

```
MAIN:   MOV     R0，#30H    ；设置 ASCII 码地址指针
        MOV     R1，#60H    ；设置十六进制数地址指针
        MOV     R7，#08H    ；需拼装的十六进制数字节个数
AB:     ACALL   TRAN        ；调用转换子程序
        SWAP    A           ；A 高低 4 位交换
        MOVX    @R1，A      ；存放外部 RAM
        INC     R0
        ACALL   TRAN        ；调用转换子程序
        XCHD    A，@R1      ；十六进制数拼装
        INC     R0
```

```
        INC     R1
        DJNZ    R7, AB          ; 继续
HALT:   AJMP    HALT
```

子程序（TRAN）：

```
TRAN:   CLR     C               ; 清进位位
        MOVX    A, @R0          ; 取 ASCII 码
        SUBB    A, #30H         ; 减 30H
        CJNE    A, #0AH, BB
        AJMP    BC
BB:     JC      DONE
BC:     SUBB    A, #07H         ; 大于等于 0AH，再减 07H
DONE:   RET                     ; 返回
```

4.2.4　排序程序

1．算法说明

数据排序的算法很多，常用的有插入排序法、冒泡排序法、快速排序法、选择排序法、堆积排序法、二路归并排序法及基数排序法等。现以冒泡法为例，说明数据升序排序算法及编程实现。

冒泡法是一种相邻数互换的排序方法，因其过程类似于水中气泡上浮，故称为冒泡法。执行时从前向后进行相邻数比较，如数据的大小次序与要求顺序不符（逆序），就将两个数互换，否则为正序不互换。假定是升序排序，则通过这种相邻数互换方法，使小数向前移，大数向后移。如此从前向后进行一次冒泡（相邻数互换），就会把最大数换到最后。再进行一次冒泡，就会把次大数排在倒数第二的位置。最终，得到一组由小到大排列的数据。

例如，原始数据顺序为 50、38、7、13、59、44、78、22。

第一次冒泡的过程是：

50、38、7、13、59、44、78、22　（逆序，互换）
38、50、7、13、59、44、78、22　（逆序，互换）
38、7、50、13、59、44、78、22　（逆序，互换）
38、7、13、50、59、44、78、22　（正序，不互换）
38、7、13、50、59、44、78、22　（逆序，互换）
38、7、13、50、44、59、78、22　（正序，不互换）
38、7、13、50、44、59、78、22　（逆序，互换）
38、7、13、50、44、59、22、78　（第一次冒泡结束）

如此进行，各次冒泡的结果是：

第一次冒泡得到：38、7、13、50、44、59、22、78；
第二次冒泡得到：7、13、38、44、50、22、59、78；
第三次冒泡得到：7、13、38、44、22、50、59、78；
第四次冒泡得到：7、13、38、22、44、50、59、78；

第五次冒泡得到：7、13、22、38、44、50、59、78；

第六次冒泡得到：7、13、22、38、44、50、59、78；

第七次冒泡得到：7、13、22、38、44、50、59、78。

可以看出冒泡排序到第五次已实际完成。

针对上述冒泡排序过程，有两个问题需要说明：

① 由于每次冒泡都从前向后排定了一个大数（假定升序），因此，每次冒泡所需进行的比较次数递减1。例如，有 n 个数排序，则第一次冒泡需比较（$n-1$）次，第二次则需（$n-2$）次，依次类推。但在实际编程时，为了简化程序，往往把各次的比较次数都固定为（$n-1$）次。尽管有许多重复操作也在所不惜。

② 对于 n 个数，理论上说应进行（$n-1$）次冒泡才能完成排序，但实际上常常不到（$n-1$）次就已排好序。如本例共8个数，按说应进行7次冒泡，但实际进行到第五次时排序就完成了。判定排序是否完成的最简单方法是看各次冒泡中是否有互换发生。如果有数据互换，说明排序还没完成，否则就表示已排好序。因此，控制排序结束常常不使用计数方法，而使用设置互换标志的方法，以其状态表示在一次冒泡中有无数据互换进行。

2．程序设计

【例4-18】 假定8个数据连续存放在以20H为首地址的内部RAM单元中，使用冒泡法进行升序排序编程。

设R7为比较次数计数器，初始值为07H。F0为冒泡过程中是否有数据互换的状态标志。F0＝0，表明无互换发生；F0＝1，表明有互换发生。

按前述冒泡排序算法，主程序如下：

```
SORT:   MOV     R0，#20H       ；数据存储区首单元地址
        MOV     R7，#07H       ；各次冒泡比较次数
        CLR     F0             ；互换标志位
LOOP:   MOV     A，@R0         ；取前数
        MOV     2BH，A         ；存前数
        INC     R0
        MOV     2AH，@R0       ；取后数
        CLR     C
        SUBB    A，@R0         ；前数减后数
        JC      NEXT           ；前数小于后数，不互换
        MOV     @R0，2BH
        DEC     R0
        MOV     @R0，2AH       ；两个数交换位置
        INC     R0             ；准备下一次比较
        SETB    F0             ；置互换标志
NEXT:   DJNZ    R7，LOOP       ；返回，进行下一次比较
        JB      F0，SORT       ；返回，进行下一次冒泡
HERE:   SJMP    $              ；排序结束
```

4.3 中断程序结构

1．中断初始化

（1）设置堆栈指针 SP。
（2）定义中断优先级。
（3）定义外中断触发方式。
（4）开放中断。
（5）安排好等待中断或中断发生前主程序应完成的操作内容。

2．中断服务子程序

中断服务子程序内容要求：
（1）在中断服务入口地址设置一条跳转指令，转移到中断服务程序的实际入口处。
（2）根据需要保护现场。
（3）中断源请求中断服务要求的操作。
（4）恢复现场。与保护现场相对应，注意先进后出、后进先出操作原则。
（5）中断返回，最后一条指令必须是 RETI。

3．中断系统应用举例

【例 4-19】 出租车计价器计程方法是车轮每运转一圈产生一个负脉冲，从外中断（P3.2）引脚输入，行驶里程为轮胎周长×运转圈数，设轮胎周长为 2m，试实时计算出租车行驶里程（单位 m），数据存 32H、31H、30H。

程序如下：

```
        ORG     0000H       ；复位地址
        LJMP    STAT        ；转初始化
        ORG     0003H       ；中断入口地址
        LJMP    INT         ；转中断服务程序
        ORG     0100H       ；初始化程序首地址
STAT:   MOV     SP，#60H    ；置堆栈指针
        SETB    IT0         ；置边沿触发方式
        MOV     IP，#01H    ；置高优先级
        MOV     IE，#81H    ；开中断
        MOV     30H，#0     ；里程计数器清 0
        MOV     31H，#0
        MOV     32H，#0
        SJMP    $           ；等待中断
        ORG     0200H       ；中断服务子程序首地址
INT:    PUSH    ACC         ；保护现场
        PUSH    PSW
        MOV     A，30H      ；读低 8 位计数器
        ADD     A，#2       ；低 8 位计数器加 2m
```

```
        MOV     30H, A      ; 回存
        CLR     A
        ADDC    A, 31H      ; 中 8 位计数器加进位
        MOV     31H, A      ; 回存
        CLR     A
        ADDC    A, 32H      ; 高 8 位计数器加进位
        MOV     32H, A      ; 回存
        POP     PSW
        POP     ACC
        RETI                ; 中断返回
```

4.4 定时器/计数器程序

4.4.1 定时器/计数器的应用

1．计算定时/计数初值

80C51 定时/计数初值计算公式为

$$T_{\text{初值}}=2^N-\frac{\text{定时时间}}{\text{机周时间}}$$

式中，N 与工作方式有关，工作于方式 0 时，N=13；工作于方式 1 时，N=16；工作于方式 2、3 时，N=8。

机周时间与主振频率有关，机周时间为 $12/f_{osc}$。f_{osc}=12MHz 时，1 机周=1μs；f_{osc}=6MHz 时，1 机周=2μs。

【例 4-20】 已知晶振频率为 6MHz，要求定时 0.5ms，试分别求出 T0 工作于方式 0、方式 1、方式 2、方式 3 时的定时初值。

1）工作方式 0

2^{13}−500μs/2μs=8 192−250=7 942=1F06H

1F06H 转换为二进制数：1F06H=0001 1111 0000 0110B

其中，低 5 位 00110 前添加 3 位 000 送入 TL0，TL0=000 00110B=06H；高 8 位 11111000B 送入 TH0，TH0=11111000B=F8H。

2）工作方式 1

T0 初值=2^{16}−500μs/2μs=65 536−250=65 286=FF06H

TH0=FFH；TL0=06H。

3）工作方式 2

T0 初值=2^{8}−500μs/2μs=256−250=6

TH0=06H；TL0=06H。

4）工作方式 3

T0 工作于方式 3 时，被拆成两个 8 位定时器，定时初值可分别计算，计算方法同方式 2。

两个定时初值一个装入 TL0，另一个装入 TH0。因此：

TH0＝06H；TL0＝06H。

从上例中看到，工作于方式 0 时计算定时初值比较麻烦，根据公式计算出数值后，还需要变换一下，很容易出错，不如直接用方式 1。方式 0 计数范围比方式 1 小，方式 0 完全可以由方式 1 代替。方式 0 与方式 1 相比，无任何优点。

2．定时器/计数器应用步骤

（1）合理选择定时器/计数器工作方式。

（2）计算定时器/计数器定时初值（按上述公式计算）。

（3）编制应用程序。

① 定时器/计数器的初始化。包括定义 TMOD、写入定时初值、设置中断系统、启动定时器/计数器运行等。

② 正确编制定时器/计数器中断服务程序。注意是否需要重装定时初值，若需要连续反复使用原定时时间，且未工作在方式 2，则应在中断服务程序中重装定时初值。

4.4.2 定时器方式 0 应用

【例 4-21】 设单片机晶振频率 f_{osc}＝6MHz，使用定时器 1 以方式 0 产生周期为 500μs 的等宽正方波脉冲，并由 P1.0 输出，以查询方式完成。

1）计算计数初值

欲产生 500μs 的等宽正方波脉冲，只需在 P1.0 端以 250μs 为周期交替输出高低电平即可实现，为此定时时间应为 250μs。使用 6MHz 晶振，则一个机器周期为 2μs。方式 0 为 13 位计数结构。

设待求的计数初值为 x，则

$$(2^{13}-x)\times 2\times 10^{-6}=250\times 10^{-6}$$

求解得 x＝8 067。二进制数表示为 1111110000011B。转换为十六进制数，高 8 位为 0FCH，低 5 位为 03H。其中，高 8 位放入 TH1，即 TH1＝0FCH；低 5 位放入 TL1，即 TL1＝03H。

2）TMOD 寄存器初始化

为把定时器/计数器 1 设定为方式 0，则 M1M0＝00H，为实现定时功能，应使 C/T＝0；为实现定时器/计数器 1 的运行控制，则 GATE＝0。定时器/计数器 0 不用，有关位设定为 0。因此，TMOD 寄存器应初始化为 00H。

3）启动和停止

由定时器控制寄存器 TCON 中的 TR1 位控制定时的启动和停止，TR1＝1 启动，TR1＝0 停止。

4）程序设计

```
MOV    TMOD，#00H      ；设置 11 工作方式 0
MOV    TH1，#0FCH      ；设置计数初值
MOV    TL1，#03H
MOV    IE，#00H        ；禁止中断
```

```
LOOP:   SETB    TR1             ；启动定时
LOOP2:  JBC     TF1，LOOP1      ；查询计数溢出
        AJMP    LOOP2
LOOP1:  MOV     TH1，#0FCH      ；重新设置计数初值
        MOV     TL1，#03H
        CLR     TF1             ；计数溢出标志位清 0
        CPL     P1.0            ；输出取反
        AJMP    LOOP            ；重复循环
```

4.4.3 定时器方式 1 应用

【例 4-22】 单片机晶振频率f_{osc}=6MHz，使用定时器 1 以方式 0 产生周期为 500μs 的等宽正方波脉冲，并由 P1.0 输出，以中断方式完成。

1）计算计数初值

TH1＝0FFH，TL1＝83H。

2）TMOD 寄存器初始化

TMOD 寄存器应初始化为 10H。

3）启动和停止

由定时器控制寄存器 TCON 中的 TR1 位控制定时的启动和停止，TR1＝1 启动，TR1＝0 停止。

4）程序设计

主程序：

```
        MOV     TMOD，#10H
        MOV     TH1，#0FFH
        MOV     TL1，#83H
        SETB    EA
        SETB    ET1
LOOP:   SETB    TR1
MAIN:   SJMP    MAIN
```

中断服务程序：

```
MOV     TH1，#0FFH
MOV     TL1，#83H
CPL         P1.0
RETI
```

4.4.4 定时器方式 2 应用

【例 4-23】 使用定时器 0 以工作方式 2 产生 100μs 定时，在 P1.0 输出周期为 200μs 的连续正方波脉冲。已知晶振频率f_{osc}=6MHz。

1）计算计数初值

欲产生 500μs 的等宽正方波脉冲，只需在 P1.0 端以 100μs 为周期交替输出高低电平即可实现，为此定时时间应为 100μs。使用 6MHz 晶振，则一个机器周期为 2μs。方式 2 为 8 位计数结构。

以 TH0 作为重载的预置寄存器，TL0 作为 8 位计数器，假设计数初值为 x，则有

$$(2^8-x)\times2\times10^{-6}=250\times10^{-6}$$

求解得：x＝206D＝11001110B＝0CEH。

把 0CEH 分别装入 TH0 和 TL0 中：TH0＝0CEH；TL0＝0CEH。

2）TMOD 寄存器初始化

为把定时器/计数器 0 设定为工作方式 2，则 M1M0＝10H；为实现定时功能，应使 $C/\overline{T}$＝0；为实现定时器/计数器 0 的运行控制，则 GATE＝0。定时器/计数器 1 不用，相关位设定为 0。因此，TMOD 寄存器应初始化为 02H。

3）程序设计（查询方式）

```
        MOV     IE，#00H        ；禁止中断
        MOV     TMOD，#02H      ；设置定时器 0 为工作方式 2
        MOV     TH0，#0CEH      ；保存计数初值
        MOV     TL0，#0CEH      ；设置计数初值
        SETB    TR0             ；启动定时
LOOP：  JBC     TF0，LOOP1      ；查询计数溢出
        AJMP    LOOP
LOOP1： CPL     P1.0            ；输出方波
        AJMP    LOOP            ；重复循环
```

【例 4-24】 试用 T1 方式 2 编制程序，在 P1.0 引脚输出周期为 400μs 的脉冲方波，已知 f_{osc}＝12MHz。

1）计算定时初值

$$\text{T1 初值}=2^8-200\mu s/1\mu s=256-200=56=38H$$

TH1＝38H；TL1＝38H。

2）设置 TMOD

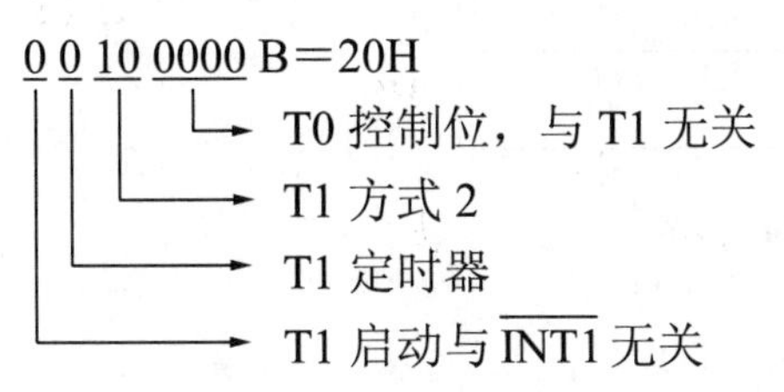

3）程序设计

```
        ORG     0000H           ；复位地址
        LJMP    MAIN            ；转主程序
        ORG     001BH           ；T1 中断入口地址
        LJMP    IT1             ；转 T1 中断服务程序
```

```
        ORG     0100H           ；主程序首地址
MAIN:   MOV     TMOD，#20H      ；置 T1 定时器方式 2
        MOV     TL1，#38H       ；置定时初值
        MOV     TH1，#38H       ；置定时初值备份
        MOV     IP，#00001000B  ；置 T1 高优先级
        MOV     IE，#0FFH       ；全部开中断
        SETB    TR1             ；T1 运行
        SJMP    $               ；等待 T1 中断
        ORG     0200H           ；T1 中断服务程序首地址
IT1:    CPL     P1.0            ；输出波形取反首地址
        RETI                    ；中断返回
```

4.5 串行通信程序

4.5.1 串行口方式 0 应用

【例 4-25】 发光二极管电路如图 4-11 所示，试编制程序按下列顺序要求每隔 0.5s 循环操作。

（1）8 个发光二极管全部点亮；

（2）从左向右依次暗灭，每次减少一个，直至全灭；

（3）从左向右依次点亮，每次亮一个；

（4）从右向左依次点亮，每次亮一个；

（5）从左向右依次点亮，每次增加一个，直至全部点亮；

（6）返回，从（2）不断循环。

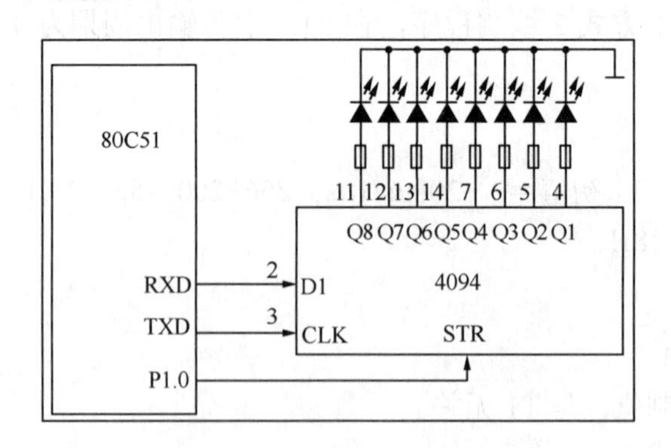

图 4-11 发光二极管电路图

程序如下：

```
LIGHT:  MOV     SCON，#00H      ；串行口方式 0
        CLR     ES              ；禁止串行中断
        MOV     DPTR，#TAB      ；置发光二极管亮暗控制字表首址
LP1:    MOV     R7，#0          ；置顺序编号 0
LP2:    MOV     A，R7           ；读顺序编号
```

```
        MOVC    A，@A+DPTR ；读控制字
        CLR     P1.0       ；关闭并行输出
        MOV     SBUF，A    ；启动串行发送
        JNB     TI，$      ；等待发送完毕
        CLR     TI         ；清发送中断标志
        SETB    P1.0       ；开启并行输出
        LCALL   DLY500ms   ；调用延时0.5s子程序（参阅例4-13）
        INC     R7         ；指向下一控制字
        CJNE    R7，#30，LP2；判断循环操作是否完成，未完继续
        SJMP    LP1        ；顺序编号0～29依次操作完毕从0开始重新循环
TAB：   DB  0FFH，7FH，3FH，1FH，0FH，07H，03H，01H，00H
                           ；从左向右依次暗灭，每次减少一个，直至全灭
        DB  80H，40H，20H，10H，08H，04H，02H，01H
                           ；从左向右依次点亮，每次亮一个
        DB  02H，04H，08H，10H，20H，40H，80H
                           ；从右向左依次点亮，每次亮一个
        DB  0C0H，0E0H，0F0H，0F8H，0FCH，0FEH
                           ；从左向右依次点亮，每次增加一个，直至全部点亮
```

4.5.2　串行口方式1应用

在方式1下，串行口为8位UART接口，其字符帧格式为10位。1位起始位（0）、8位数据位（低位在前）、1位停止位（1），TXD/P3.1作为串行数据输出口，RXD/P3.0作为串行数据输入口。波特率可变，取决于定时器T1的溢出率和PCON中的SMOD位。方式1的工作过程如下。

1．发送过程

将数据写入发送缓冲器SBUF后，在串行口由硬件自动加入起始位和停止位来构成完整的字符帧，并在移位脉冲的作用下将其通过TXD端向外串行发送，一帧数据发送完毕后硬件自动置TI=1。再次发送数据前，用指令将TI清0。

2．接收过程

在REN=1的条件下，串行口采样RXD端，当采样到从1向0的状态跳变时，就认定为已接收到起始位。随后在移位脉冲的控制下，数据从RXD端输入。在方式1的接收中，必须同时满足以下两个条件：RI=0；SM2=0或接收到的停止位=1。若有任一条件不满足，则所接收的数据帧将会丢失。在满足上述接收条件时，接收到的8位数据位进入接收缓冲器SBUF，停止位送入RB8，并置中断标志位RI=1。再次接收数据前，需用指令将RI清0。

方式1波特率可变，由定时器/计数器T1的计数溢出率来决定。

$$波特率=2^{SMOD}\times（T1溢出率）/32$$

式中，SMOD为PCON寄存器中最高位的值，SMOD=1表示波特率倍增。

【例4-26】 设甲、乙机以串行方式1进行数据传送，f_{osc}=11.059 2MHz，波特率为1 200bps。甲机发送的16个数据存在内RAM 40H～4FH单元中，乙机接收后存在内RAM 50H为首地址

的区域中。

串行方式1波特率取决于T1溢出率（设SMOD=0）。

计算T1定时初值：

$$T1_{初值}=256-\frac{2^0}{32}\times\frac{11.0592\times10^6}{12\times1200}=232=0E8H$$

甲机发送子程序：

```
SEND:   MOV     TMOD，#20H      ；置T1定时器工作方式2
        MOV     TL1，#0E8H      ；置T1计数初值
        MOV     TH1，#0E8H      ；置T1计数重装值
        CLR     ET1             ；禁止T1中断
        SETB    TR1             ；T1启动
        MOV     SCON，#40H      ；置串行方式1，禁止接收
        MOV     PCON，#00H      ；置SMOD=0（SMOD不能位操作）
        CLR ES                  ；禁止串行中断
        MOV     R0，#40H        ；置发送数据区首地址
        MOV     R2，#16         ；置发送数据长度
TRSA:   MOV     A，@R0          ；读一个数据
        MOV     SBUF，A         ；发送
        JNB     TI，$           ；等待一帧数据发送完毕
        CLR     TI              ；清发送中断标志
        INC     R0              ；指向下一字节单元
        DJNZ    R2，TRSA        ；判断16个数据是否发完，未完继续
        RET
```

乙机接收子程序：

```
RXDB:   MOV     TMOD，#20H      ；置T1定时器工作方式2
        MOV     TL1，#0E8H      ；置T1计数初值
        MOV     TH1，#0E8H      ；置T1计数重装值
        CLR     ET1             ；禁止T1中断
        SETB    TR1             ；T1启动
        MOV     SCON，#40H      ；置串行方式1，禁止接收
        MOV     PCON，#00H      ；置SMOD=0（SMOD不能位操作）
        CLR     ES              ；禁止串行中断
        MOV     R0，#50H        ；置接收数据区首地址
        MOV     R2，#16         ；置接收数据长度
        SETB    REN             ；启动接收
RDSB:   JNB     RI，$           ；等待一帧数据接收完毕
        CLR     RI              ；清接收中断标志
        MOV     A，SBUF         ；读接收数据
        MOV     @R0，A          ；存接收数据
        INC     R0              ；指向下一数据存储单元
        DJNZ    R2，RDSB        ；判断16个数据是否接收完，未完继续
        RET
```

4.5.3　串行口方式 2、3 应用

在方式 2 下，串行口为 9 位 UART 接口，其字符帧格式为 11 位，1 位起始位（0）、8 位数据位（低位在前）、1 位可编程位（第 9 位数据位）、1 位停止位（1）。第 9 位数据位可作为奇偶校验位使用，也可作为地址/数据标志位使用，其功能由用户确定。TXD/P3.1 作为串行数据输出口，RXD/P3.0 作为串行数据输入口。波特率固定为 $f_{osc}/32$ 或 $f_{osc}/64$。方式 2 的工作过程如下。

1．发送过程

发送数据前，由指令将 TB8 置位或清 0，将数据写入发送缓冲器 SBUF 后，在串行口由硬件自动加入起始位和停止位来构成完整的字符帧，并在移位脉冲的作用下将其通过 TXD 端向外串行发送，发送完毕后硬件自动置 TI＝1。

2．接收过程

在 REN＝1 的条件下，串行口采样 RXD 端，当检测到有从 1 向 0 的状态跳变，并判断起始位有效时，便在移位脉冲的控制下，从 RXD 端接收数据。在方式 2 的接收中，也必须同时满足以下两个条件：RI＝0；SM2＝0 或 SM2＝1 且接收到的第 9 位数据位＝1。若有任一条件不满足，则所接收的数据帧将会丢失。在满足上述接收条件时，接收到的 8 位数据位进入接收缓冲器 SBUF 中，第 9 位数据位送入 RB8 中，并置 RI＝1。再次接收数据时，需用指令将 RI 清 0。

波特率：方式 2 波特率固定，即 $f_{osc}/32$ 和 $f_{osc}/64$。如用公式表示则为

$$波特率=2^{SMOD}\times f_{osc}/64$$

【例 4-27】 设计一个串行方式 2 发送子程序（SMOD＝1），将片内 RAM 50H～5FH 中的数据串行发送，第 9 位数据位作为偶校验位。乙机接收到 1 个数据后进行核对，满足偶校验就向甲机回复一个应答信号 FFH，否则回复其他数据；如果甲机接到接收方核对正确的回复信号（用 FFH 表示），再发送下一字节数据，否则再重发一遍。

程序如下：

```
        MOV     SCON，#80H   ；置串行方式 2，禁止接收
        MOV     PCON，#80H   ；置 SMOD=1
        MOV     R0，#50H     ；置发送数据区首址
TRLP:   MOV     A，@R0       ；读数据
        MOV     C，PSW.0     ；奇偶标志送 TB8
        MOV     TB8，C
        MOV     SBUF，A      ；启动发送
        JNB     TI，$        ；等待一帧数据发送完毕
        CLR     TI           ；清发送中断标志
        SETB    REN          ；允许接收
        CLR     RI           ；清接收中断标志
        JNB     RI，$        ；等待接收回复信号
        MOV     A，SBUF      ；读回复信号
        CPL     A            ；回复信号取反
```

```
        JNZ     TRLP            ; 非全0（回复信号≠FFH，错误），转重发
        INC     R0              ; 全0（回复信号=FFH，正确），指向下一数据存储单元
        CJNE    R0，#60H，TRLP  ; 判断16个数据是否发送完，未完继续
        SJMP    $
```

方式3同样是11位为一帧的串行通信方式，通信过程与方式2完全相同，所不同的仅在于波特率。方式2的波特率只有固定的两种，而方式3的波特率则可由用户根据需要设定，设定方法同方式1。

习题四

1．把长度为10H的字符串从内部RAM的输入缓冲区inbuf向设在外部RAM的输出缓冲区outbuf进行传送，一直进行到遇见字符CR或整个字符串传送完毕。

2．内部RAM从list单元开始存放一正数表，表中之数作无序排列，并以“-1”作为结束标志。编程实现在表中找出最小数。

3．求8个数的平均值，这8个数以表格形式存放在从table开始的单元中。

4．把一个8位二进制数的各位用ASCII码表示（为“0”的位用30H表示，为“1”的位用31H表示）。该数存放在内部RAM的byte单元中。变换后得到的8个ASCII码存放在外部RAM以buf开始的存储单元中。

5．搜索一串ASCII码字符中最后一个非空格字符，字符串从外部RAM 8100H单元开始存放，并用一个回车符（0DH）作为结束。编程实现搜索并把搜索到的非空格字符的地址存入内部RAM单元40H和41H中，其中高字节放入41H单元。

6．比较两个ASCII码字符串是否相等。字符串的长度在内部RAM 41H单元，第一个字符串的首地址为42H，第二个字符串的首地址为52H。如果两个字符串相等，则置内部RAM的10H单元为00H；否则置40H单元为0FFH。

7．在外部RAM首地址为table的数据表中，有10个字节的数据。编程将每个字节的最高位无条件的置1。

8．从8000H开始的有200个字节的源数据区，每隔一个单元送到4000H开始的数据区。在目的数据区中，每隔两个单元写一个数。如遇0DH（回车）则传送结束。

9．编写将4位十六进制数转换为ASCII码的程序。假定十六进制数存放在内部RAM的START单元开始的区域中，转换得到的ASCII码存放在OUT单元开始的区域中。

10．若8051的晶振频率为6MHz，计算下列子程序的延时时间。

```
DELAY： MOV R7，#0F6H
    LP： MOV R6，#0FAH
        DJNZ R6，$
        DJNZ R7，LP
        RET
```

第5章　MCS-51单片机系统的扩展

学习要点：本章介绍MCS-51单片机系统总线及系统总线的构造技术，以及常用接口芯片的扩展技术。其中，包括程序存储器（ROM）、数据存储器（RAM）、I/O接口及常用并行、串行D/A和A/D的扩展技术，并且通过实例介绍这些芯片的外围扩展电路及基本编程方法。

通过本章的学习，读者可以掌握以下知识：

MCS-51单片机系统总线及总线构建技术；

外部存储器的地址分配技术；

EPROM程序存储器芯片的扩展及使用；

RAM数据存储器芯片的扩展及使用；

8155可编程并口扩展芯片的使用；

典型并行模拟量接口扩展芯片DAC0832、ADC0809工作原理及接口实现方法；

典型串行模拟量接口扩展芯片DAC MAX538和ADC MAX1274的工作原理，以及接口实现方法。

5.1 系统总线及总线构建

5.1.1 系统总线

MCS-51是一个高性能的单片机系列，产品规格众多、片内资源丰富。该系列中一些新型的单片机内部不仅增大了存储器的容量，还集成了很多常用的输入/输出部件，一般情况下能够满足各种应用要求。大多数单片机应用系统，可以在MCS-51系列单片机中选到合适的产品，组成一个单片机的微型应用系统，即基本系统。这种系统在设计和调试时，十分方便。

但是，当单片机应用系统规模较大时，就有可能存在单片机片内资源不够用，需要外扩一些芯片来完成系统需要的功能。在单片机进行外部功能扩展时，需要配置相应的器件，这些器件必须从属于主机，受主机的支配和指挥。因此，主机与各外部扩展的器件之间必须互相连接，沟通信息流。一般把连接这些扩展器件的公共信息线称为系统总线。

每个器件必须赋予相应的地址，因此需要对其设置地址总线。MCS-51系列单片机的外部地址总线为16位，故其寻址空间可达64KB，可以扩展64KB的程序存储器和64KB的数据存储器（或输入/输出口），使应用系统的设计更为灵活，对用户要求的适应性更强。主机与器件之间有数据信息流通，因此需要设有数据总线。MCS-51系列单片机的外部数据总线为8位。向外扩展的器件从属于主机，主机必须对器件实施控制，即必须设有控制总线。控制总线既有公用总线，如读/写线；又有专用线，如$\overline{PSEN}$等线。通过单片机三总线进行外部功能扩展，可使整体结构灵活、规范，设计简单、方便，而且成本较低。

微型计算机大多数CPU外部都有单独的地址总线ABus、数据总线DBus和控制总线CBus，而MCS-51单片机由于受到引脚的限制，数据线和地址线的低8位是分时复用的，并且与I/O接口线兼用。为了将它们分离出来，以便单片机与其之外的芯片正确连接，常常在单片机外部要增加地址锁存器，构成与一般CPU相类似的三总线。

首先，介绍一下地址总线ABus和数据总线DBus。MCS-51的P0口和P2口可以直接作为输入/输出口使用，也可以作为扩展总线口使用，MCS-51系列单片机主要是通过P0和P2口进行系统扩展的。

P0口为三态双向I/O接口。对于内部有程序存储器的单片机，P0口可以作为输入口或输出口使用，直接连接外部的输入/输出设备，也可以作为系统扩展的地址/数据总线口。对于内部没有程序存储器的单片机，P0口只能作为地址/数据总线口使用。P0口可作为地址/数据总线口使用，分时传送外部存储器的低8位地址A0～A7和数据信息D0～D7。低8位地址由地址允许锁存信号ALE锁存到外部的地址锁存器，接P0口便可输入或输出数据信息。P0口地址来源于PCL、DPL、R0、R1等。它的具体工作过程为，当单片机的引脚ALE（Address Latch Enable）为有效高电平时，P0口上输出A0～A7。通常在8051片外扩展一片地址锁存器，用ALE的有效电平边沿锁存信号，将P0口上的地址信息锁存，直到ALE再次有效。在ALE无效期间，P0口传送数据，即用做数据总线口。这样就把P0口扩展为地址/数据总线复用口。

P2口有两种功能：对于内部有程序存储器的MCS-51单片机，它可以作为输入口或输出口使用，直接连接输入/输出设备，也可以作为系统扩展的地址总线口，输出高8位地址。对于内部没有程序存储器的单片机，必须外接程序存储器，一般情况下P2口只能作为系统扩展的高8位地址总线口，而不能作为外部设备的输入/输出口。

所以对外16位地址总线AB15～AB0由P2口和P0口锁存器构成，P0口又可作为8位数据总线DB7～DB0。

下面将介绍控制总线。8051引脚中的输出控制线（如$\overline{RD}$、$\overline{WR}$、$\overline{PSEN}$和ALE），以及输入控制信号线（如$\overline{EA}$、$\overline{INT0}$、$\overline{INT1}$、RST、T0和T1等）构成了外部控制总线CBus。

8051扩展的外部三总线示意图如图5-1所示。

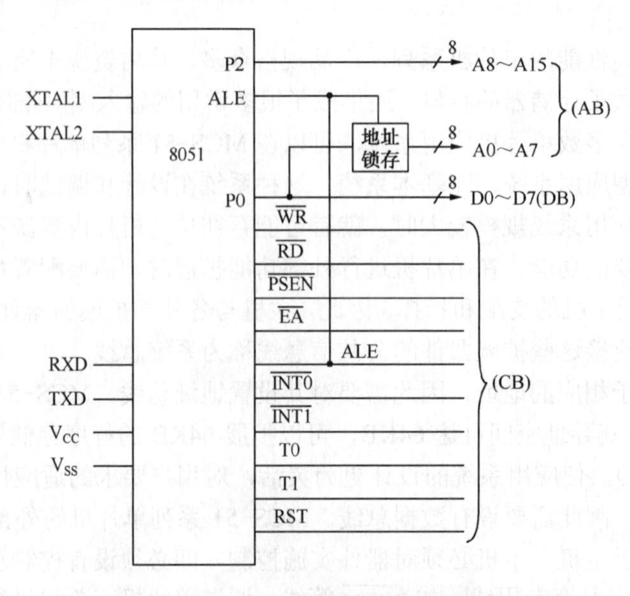

图5-1　8051外部三总线示意图

5.1.2　构建系统总线

通常情况下，采用 MCS-51 单片机构造的最小系统只能用于一些简单的应用场合，在此情况下可直接使用单片机内部程序存储器、数据存储器、定时功能、中断功能、I/O 接口，从而降低应用系统的成本。但许多应用场合仅靠单片机内部的资源不能满足系统要求。因此，系统扩展是单片机应用系统硬件设计中最常遇到的问题。在实现 MCS-51 系列单片机的外部扩展功能时，使用常规芯片即可完成对单片机系统总线的扩展。

根据单片机时序分析，有效的地址信号是在 ALE 信号变高的同时出现的。因此，可在 ALE 信号由高变低时，将出现在 P0 口的地址信号锁存到外部地址锁存器中。直到下一次 ALE 变高时，地址才发生变化。用做单片机地址锁存器的芯片一般有两类：一类是 8D 触发器，如 74LS273、74LS377 等；另一类是 8 位锁存器，如 74LS373、8282 等。如图 5-2 所示给出了这两类芯片的引脚、功能表及它们用做单片机地址锁存器时的控制线的接法。

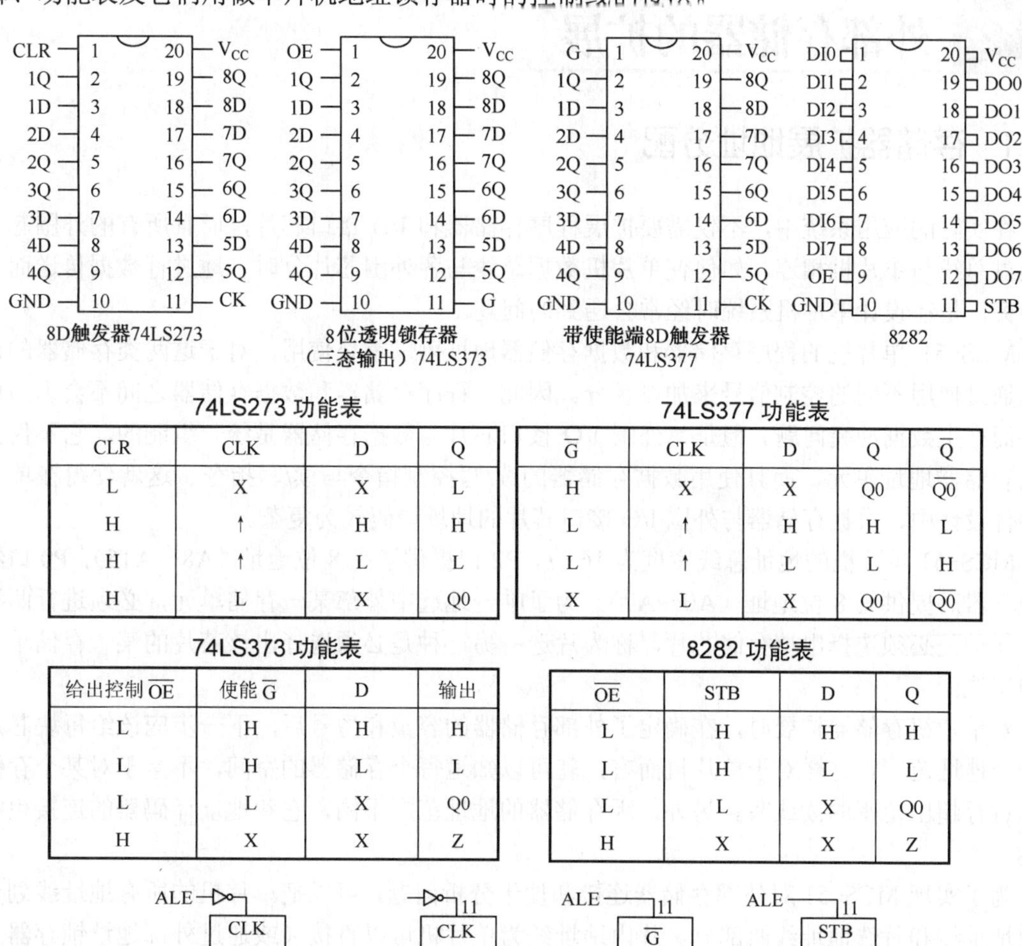

74LS273 功能表

CLR	CLK	D	Q
L	X	X	L
H	↑	H	H
H	↑	L	L
H	L	X	Q0

74LS377 功能表

$\overline{G}$	CLK	D	Q	$\overline{Q}$
H	X	X	Q0	$\overline{Q0}$
L	↑	H	H	L
L	↑	L	L	H
X	L	X	Q0	$\overline{Q0}$

74LS373 功能表

给出控制 $\overline{OE}$	使能 $\overline{G}$	D	输出
L	H	H	H
L	H	L	L
L	L	X	Q0
H	X	X	Z

8282 功能表

$\overline{OE}$	STB	D	Q
L	H	H	H
L	H	L	L
L	L	X	Q0
H	X	X	Z

图 5-2　地址锁存器的引脚和接口

74LS273、74LS373 内部由 8 个边沿触发的 D 触发器组成，在时钟信号的正跳变完成输入信号的锁存。MCS-51 单片机中的 ALE 为高电平有效，而在 ALE 的后沿应完成地址锁存。因此，需将 ALE 反相后再加到它们的时钟端。注意，74LS273 是带清除端的，用做地址锁存时，应将清除端 CLR 接＋5V；而 74LS377 的同一引脚$\overline{G}$为使能端，用做地址锁存时，此脚应接地。

74LS373 和 8282 是带三态输出的 8 位锁存器，它们的结构和用法类似。以 74LS373 为例，当三态端$\overline{OE}$为有效低电平，使能端$\overline{G}$为有效高电平时，输出跟随输入变化；当$\overline{G}$端由高电平变为低电平时，输出端 8 位信息被锁存，直至$\overline{G}$端再次为有效高电平。8282 与 74LS373 相似。因此，在选用 74LS373 或 8282 作为单片机地址锁存器时，可直接将单片机的 ALE 加到它们的使能端。这两种芯片带有三态输出功能。但用做地址锁存时，无须三态功能。因此，它们的输出控制端$\overline{OC}$或$\overline{OE}$可以直接接地。

5.2 外部存储器的扩展

5.2.1 存储器扩展地址分配

在实际的应用系统中，不仅需要扩展程序存储器和 I/O 接口芯片，而且所有的外围芯片都要通过总线与单片机相连。如何使单片机数据总线与各外围芯片分时、地进行数据传送而不发生冲突，是在设计单片机系统时经常会遇到的问题。

MCS-51 单片机的程序存储器和数据存储器地址可以重叠使用，对于这两类存储器的访问可以通过使用不同的控制信号来加以区分。因此，程序存储器和数据存储器之间不会因为地址重叠而产生数据冲突问题。但是，外围 I/O 接口芯片与数据存储器是统一编制的，它不仅占用数据存储器地址单元，而且使用数据存储器的读/写控制指令与读/写指令。这就使得在单片机的硬件设计中，数据存储器与外围 I/O 接口芯片的地址译码较为复杂。

MCS-51 单片机的地址总线宽度为 16 位，P2 口提供了高 8 位地址（A8～A15），P0 口经外部锁存器后提供低 8 位地址（A0～A7）。为了唯一地选中外部某一存储单元，必须进行两种选择。一种是必须选择出该存储芯片，称为片选；另一种是必须选择出该芯片的某一存储单元，称为字选。

对单片机存储器扩展时，在确定了外部存储器的容量和型号后，下一步应该给每块芯片划定一个地址范围。这样对于单片机而言，就可以知道每个存储器的空间，不至于对某个存储器空间进行超出范围的读或写。另外，因存储器的地址范围不同，它和地址译码器的连接也是不同的。

为了实现 MCS-51 对外部存储器连接和便于分析问题，可以把单片机的所有地址线划分为片内地址线和片选地址线两部分。片内地址线为单片机可以直接（或通过外部地址锁存器）和所选存储芯片地址对应相连的那部分地址线；片选地址线为除了片内地址线外的其余地址线。因此，CPU 的片内地址线条数和所用存储器芯片的地址线条数相等，这就是说 CPU 的片内地址线和片选地址线的分配不是一成不变的，它和相应系统内所用存储器芯片的型号有关。例如，如图 5-3 所示，片选地址线为 P2.7、P2.6 和 P2.5，其余为片内地址线，若系统改用 27128 芯片，则 8031 的片选地址线为 P2.7 和 P2.6 两条，其余为片内地址线。

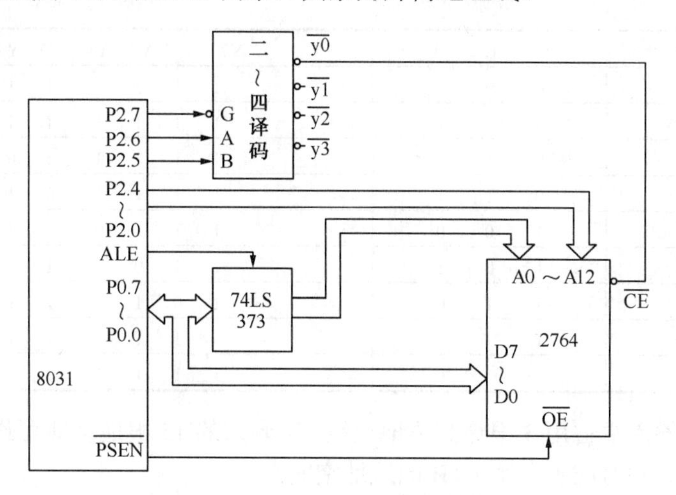

图 5-3　8031 和 2764 的连接示意图

在 MCS-51 的外部存储器设计中，CPU 片内地址线通常是直接或经过外部地址锁存器和相应存储器地址线相连的；片选地址线通常和存储器芯片内的 $\overline{CE}$ 直接相连或经过地址译码器输出后和它相连，也可以悬空不用。按照地址线的这 3 种连接方式，单片机地址译码通常可分为全译码、部分译码和线选法译码 3 种。下面对这 3 种情况进行介绍。

1．全译码方式

单片机地址的全译码方式是指所有片选地址线全部参加译码的工作方式。对于 RAM 和 I/O 容量较大的应用系统，当芯片所需的片选信号多于可利用的地址线时，常采用全地址译码法。它将低位地址线作为芯片的片内地址（取外部电路中最大地址线），用译码器对高位地址线进行译码，译出的信号作为片选线信号。一般采用 74LS138 作为地址译码器，它的逻辑符号如图 5-4 所示，逻辑功能见表 5-1。

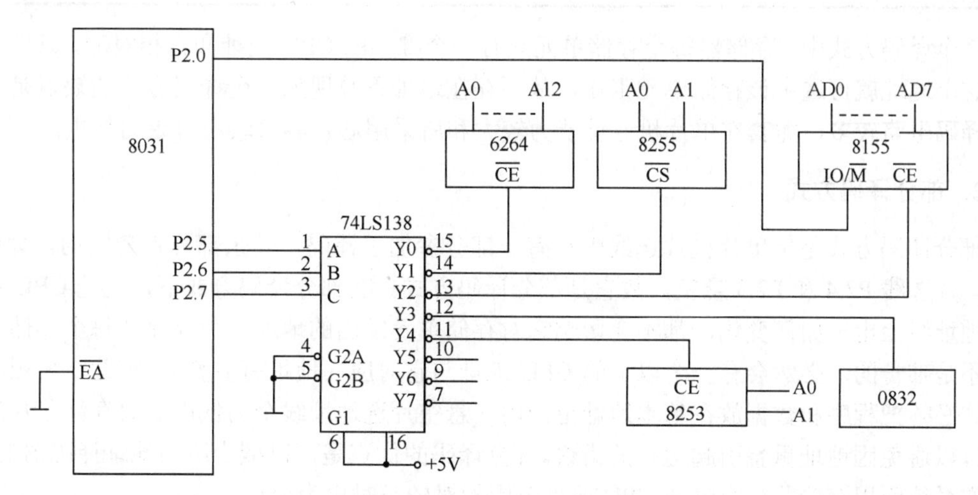

图 5-4　全地址译码扩展电路

表 5-1 74LS138 功能表

G1 G2A G2B	C B A	Y7 Y6 Y5 Y4 Y3 Y2 Y1 Y0
1 0 0	0 0 0	1 1 1 1 1 1 1 0
1 0 0	0 0 1	1 1 1 1 1 1 0 1
1 0 0	0 1 0	1 1 1 1 1 0 1 1
1 0 0	0 1 1	1 1 1 1 0 1 1 1
1 0 0	1 0 0	1 1 1 0 1 1 1 1
1 0 0	1 0 1	1 1 0 1 1 1 1 1
1 0 0	1 1 0	1 0 1 1 1 1 1 1
1 0 0	1 1 1	0 1 1 1 1 1 1 1
0 0 0	× × ×	1 1 1 1 1 1 1 1

如果译码器的输入端占用 3 根最高位地址线，则剩余的 13 根地址线可作为片内地址线，译码器的 8 根输出线分别对应于一个 8KB 的地址空间。

因为 6264 是 8KB RAM，故需要 13 根低位地址线（A0～A12）进行片内寻址，其他 3 根高位地址线 A13～A15 经 138 译码器后作为外围芯片的片选线。图中尚剩余 3 根地址线 Y5～Y7，可供扩展 3 片 8KB RAM 或 3 个外围接口电路。根据图 5-4 所示地址线的连接方法，对 6264 来说是全译码方式，全部地址译码见表 5-2。

表 5-2 图 5-4 的全部地址译码

外围器件		地址选择线（A15～A0）	片内地址单元	地址编码
6264		0 0 0× ×××× ×××× ××××	8KB	0000H～1FFFH
8255		0 0 1 1 1 1 1 1 1 1 1 1 1 1××	4B	3FFCH～3FFFH
8155	RAM	0 1 0 1 1 1 1 0 ×××× ××××	256B	5E00H～5EFFH
	I/O	0 1 0 1 1 1 1 1 1 1 1 1 1×××	6B	5FF8H～5FFDH
0832		0 1 1 1 1 1 1 1 1 1 1 1 1 1 1 1	1B	7FFFH
8253		1 0 0 1 1 1 1 1 1 1 1 1 1 1 ××	4B	9FFCH～9FFFH

在全译码方式中，存储器每个存储单元只有一个唯一的 CPU 地址和它相对应，只要单片机发出这个地址就可选中该存储单元工作，故不存在地址重叠现象。全译码方式的缺点是，所需地址译码电路较多，尤其在单片机寻址能力较大和所采用芯片容量较小时更为严重。

2．部分译码方式

部分译码方式是指单片机片选线中只有一部分参加了译码，其余部分是悬空的。如图 5-5 所示，片选线 P2.4 和 P2.3 悬空，故它是部分译码方式。在部分译码方式下，无论 CPU 使悬空片选地址线上电平如何变化，都不会影响它对存储单元发出的地址，故存储器每个存储单元的地址不是唯一的，必然会有一个以上的 CPU 地址与它对应（地址有重叠）。因此，采用部分译码方式必须把程序和数据放在基本地址范围内（悬空片选地址线全为低电平时存储芯片的地址范围），以避免因地址重叠引起运行的错误。部分译码的优点是可以减少所用地址译码器的数量，尤其在系统所用存储芯片容量和 CPU 寻址范围相对较小时更为突出。

3．线选法译码方式

线选法适用于扩展少量的 RAM 和 I/O 接口芯片。

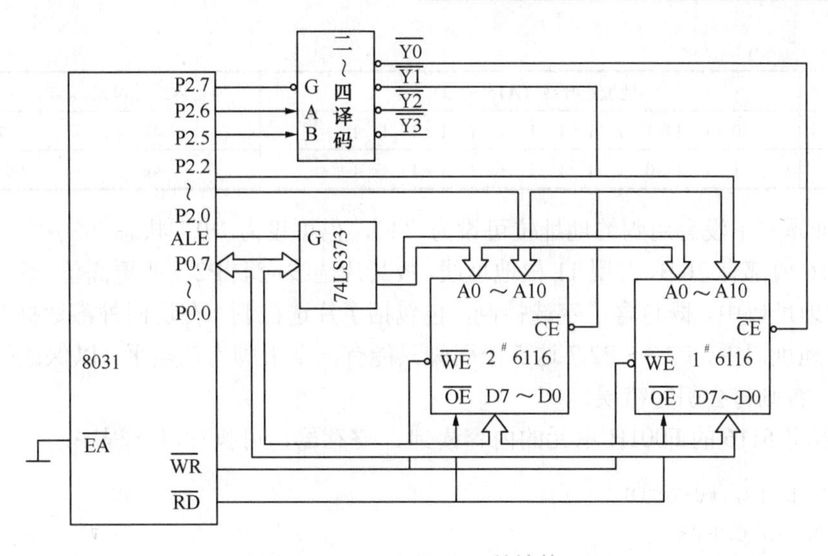

图 5-5　8031 和 6116 的连接

线选法译码是指片选地址线和存储芯片$\overline{CS}$（或$\overline{CE}$）直接相连的工作方式，只要该地址线为低电平，就选中该芯片。线选法译码方式有可能产生地址重叠，若片选线中除和存储芯片$\overline{CS}$相连的以外，还存在悬空的片选线，则存储单元的地址就有重叠现象。否则，存储单元的地址就是唯一的。由于存储芯片的片选线$\overline{CS}$通常只有一条，因此实际上总会存在悬空的片选地址线。如图 5-6 所示，6116 为 2KB 的数据存储器，还有 I/O 扩展芯片 8255、8155，D/A 转换器 0832 和定时器/计数器 8253 等。在外围芯片中除了片选地址外，还有片内地址。片内地址是由低位地址线通过地址锁存器来工作的。根据图 5-6 所示地址连接方法，全部地址译码见表 5-3。

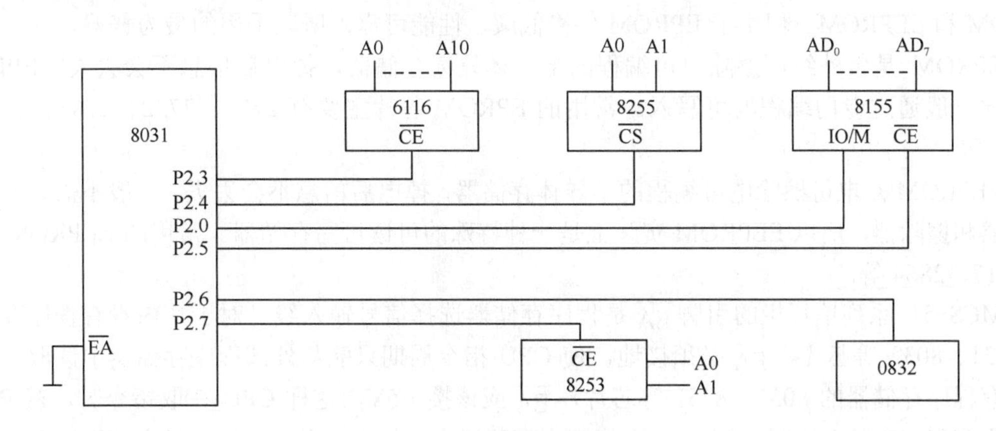

图 5-6　线选法地址译码电路

表 5-3　线选法地址译码

外 围 器 件		地址选择线（A15～A0）	片内地址单元	地 址 编 码
6116		1 1 1 1 0 ×××××××××××	2KB	F000～F7FFH
8155	RAM	1 1 0 1 1 1 1 0 ××××××××	256B	DE00H～DEFFH
	I/O	1 1 0 1 1 1 1 1 1 1 1 1 1 ×××	6B	DFF8～DFFDH
0832		1 0 1 1 1 1 1 1 1 1 1 1 1 1 1 1	1B	0BFFFH

续表

外 围 器 件	地址选择线（A15～A0）	片内地址单元	地 址 编 码
8253	0 1 1 1 1 1 1 1 1 1 1 1 1 1××	4B	7FFC～7FFFH
8255	1 1 1 0 1 1 1 1 1 1 1 1 1 1××	4B	0EFFC～OEFFFH

以上地址译码中没有用到的地址位可设为“1”，也可设为“0”状态。

由于6116内部有2KB，占用11根地址线，故其片选线应取P2.3或更高位。这样在MCS-51发出的16位地址码中，既包含了字选控制，也包括了片选控制。在访问外部数据存储器时，所发出的16位地址码中，P2.3～P2.7这5个引脚只能有一个引脚为低电平，以保证同一时刻只选中一个芯片，否则将会引起错误。

例如，若将6116的F001H单元的内容读到A寄存器，可执行以下程序：

```
MOV  DPTR，#0F001H
MOVX  A，@DPTR
```

线选法的优点是硬件电路结构简单，但由于所用的片选线都是高位地址线，它们的权值较大，芯片之间的地址不连续，地址空间没有充分利用。

5.2.2 程序存储器扩展

MCS-51 的程序存储空间、数据存储空间是相互独立的。程序存储器寻址空间为 64KB（0000H～FFFFH），其中8051、8751片内包含有4KB的ROM或EPROM，8031片内不带ROM。当片内 ROM 不够用或采用 8031 芯片时，须扩展程序存储器。用做程序存储器的芯片主要有EPROM和EEPROM。但由于EPROM价格低廉、性能可靠，所以采用的最为普遍。

EPROM 是紫外线可擦除电可编程的半导体只读存储器，掉电后信息不会丢失。EPROM中程序一般通过专门编程器可写入。常用的EPROM芯片主要有2716、2732、2764、27128、27256等。

EEPROM是电可擦除电可编程的半导体存储器，掉电后信息不会丢失。一般不需要专门的编程器和擦除器，所以EEPROM实际上是一种特殊的可读可写存储器。常用的EEPROM芯片有2817、2864等。

MCS-51 系列单片机的引脚$\overline{EA}$是程序存储器选择信号输入线。对于片内没有程序存储器的8031、8032等芯片，$\overline{EA}$必须接地，使CPU指令周期只能从外部程序存储器中读取。对于片内有程序存储器的8051、8751等芯片，$\overline{EA}$应该接＋5V，这样CPU在取指令时，若PC值小于内部程序存储器容量，CPU从内部程序存储器中取指令；若PC值大于内部程序存储器容量，CPU从外部程序存储器中取指令。引脚$\overline{PSEN}$是MCS-51对外部程序存储器的读选通信号输出线，仅当CPU访问外部程序存储器时，$\overline{PSEN}$才被激活，输出负脉冲。MCS-51访问外部程序存储器的时序波形如图5-7所示。

从图5-7可知，当地址允许锁存信号ALE上升为高电平后，P2口输出高8位地址，P0口输出低8位地址；ALE下降为低电平后，P2口输出的信息不变，而P0口输出浮空，即低8位地址信息消失。因此，低8位地址必须在ALE降为低电平之前由外部地址锁存器来锁存。接下来，$\overline{PSEN}$输出一个负脉冲，选通外部程序存储器，P0口转为输入状态，接收外部程序存储器的指令字节。同时，MCS-51的CPU在访问外部程序存储器的机器周期内，信号ALE上出现两个正脉冲，程序选通信号$\overline{PSEN}$两次有效。这说明在一个机器周期内，CPU 一般访问两次外部程序存储器，所以在 MCS-51 指令系统中有很多双字节单周期指令，提高了程序的执行速度。

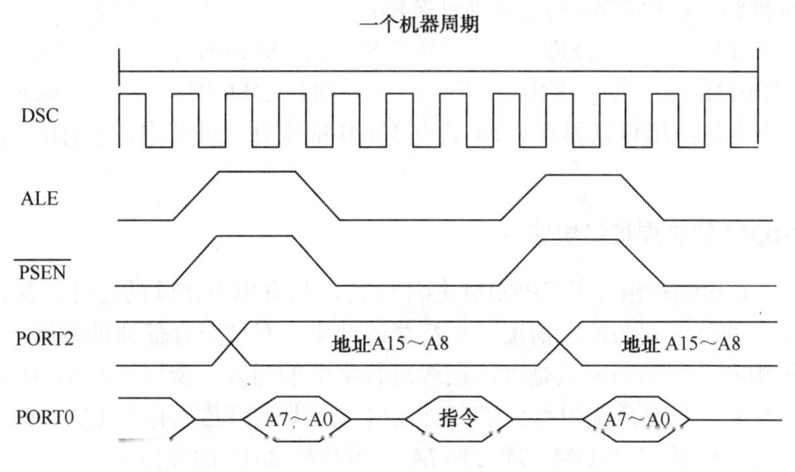

图 5-7 MCS-51 访问外部程序存储器的时序波形

1．EPROM 的扩展接口电路及时序

在程序存储器扩展电路设计中，由于所选用的 EPROM 芯片与地址锁存器不同，电路的连接方式也有所不同。下面以 2764 芯片和 8031 单片机的硬件连接为例进行介绍。

因为 2764 芯片存储容量为 8KB，故用到了 13 根地址线，为 P2.4～P2.0 和 P0.7～P0.0。具体硬件连接电路如图 5-8 所示。地址线的高 5 位 P2.4～P2.0 可以直接与 2764 的 A12～A8 相连，地址线的低 8 位要经过 74LS373 输出后才可与 2764 的 A7～A0 相连。片选地址线总共 3 条，可以让其中某条和 2764 的片选段$\overline{CE}$相连，此处选择 P2.5 与之相连，其他两条处于悬空。让单片机的$\overline{PSEN}$引脚与 2764 的$\overline{OE}$相连，可使 8031 执行 MOVC 指令时产生低电平而选中 2764，使之工作。

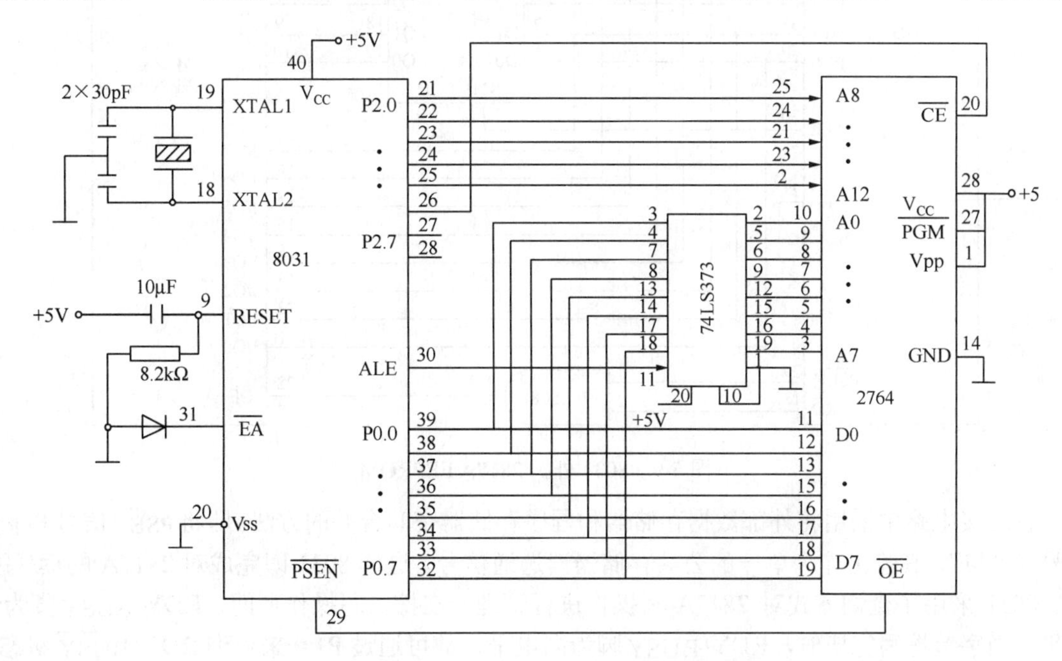

图 5-8 8031 和 2764 的连接

根据硬件电路连接情况，可知当悬空地址为 0 时，可得出 2764 芯片的基本地址范围应为 0000H～1FFFH。重叠地址范围是当悬空地址和片内地址从全“0”变到全“1”时所对应的地址范围。从而得到了芯片 2764 的重叠地址范围：

0000H～1FFFH	8KB	8000H～9FFFH	8KB
4000H～5FFFH	8KB	C000H～DFFFH	8KB

显然，从上面的结果可以得到 2764 共有 32KB 的重叠地址范围，它们在 64KB 的区域中是不连续的。

2．EEPROM 的扩展接口电路

存储芯片 EEPROM 相对于 EPROM 芯片而言，具有电可擦除的特性，在计算机系统中，可以在线修改，并可做到在掉电情况下保持修改结果。对此类存储器的读操作和普通 EPROM 芯片的读操作相同，所不同的只是可以在线进行字节的写入，所以 EEPROM 芯片在智能化仪器仪表、控制装置、开发系统中得到了广泛应用。此类常用芯片有 2817A、2864A 等。下面以图 5-9 所示为例，介绍 EEPROM 芯片 2817A 与单片机 8031 的接口。

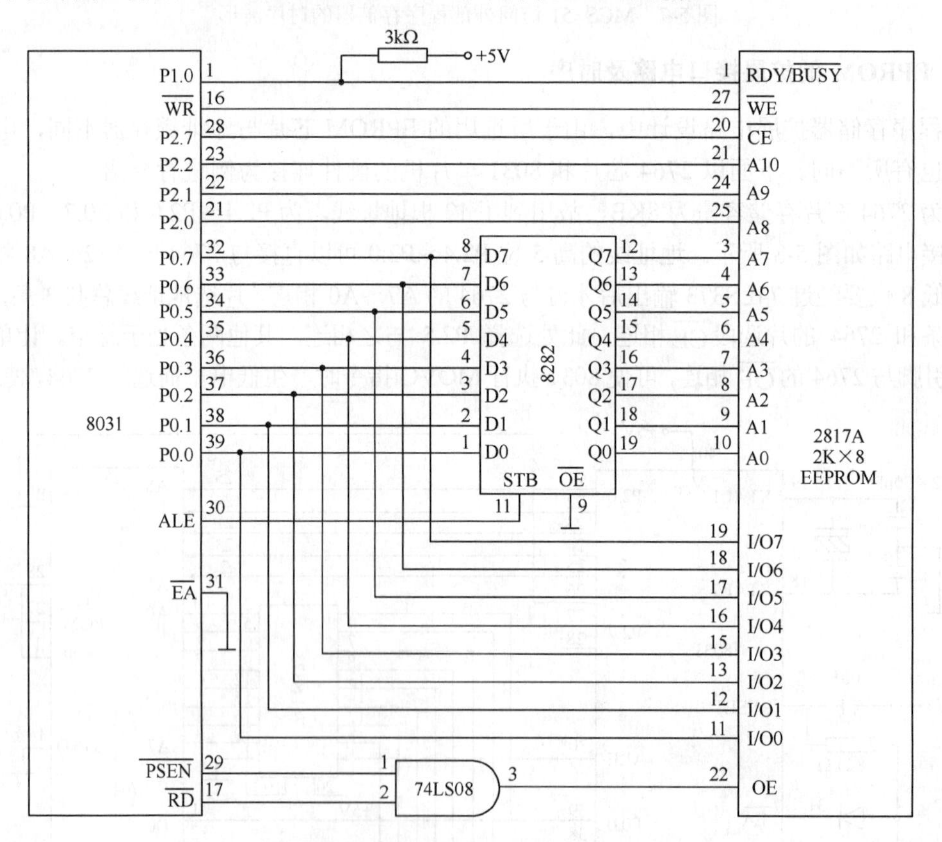

图 5-9 8031 外扩 2817A EEPROM

在连接电路中采用将外部数据存储器和程序存储器空间合并的方法。即将 $\overline{\text{PSEN}}$ 信号和 $\overline{\text{RD}}$ 信号相“与”，其输出作为单一的公共存储器读选通信号。这样 8031 即完成对 2817A 的读/写操作。8031 采用了查询方式对 2817A 写操作进行管理。在擦、写操作期间，RDY/$\overline{\text{BUSY}}$ 脚为低电平，当字节擦写完毕时，RDY/$\overline{\text{BUSY}}$ 脚为高电平，故可通过 P1.0 来查询 RDY/$\overline{\text{BUSY}}$ 状态，以便判断字节是否擦、写完。

8031 也可以通过中断的方法对 2817A 的写入进行控制，方法是将 2817A 的 RDY/$\overline{BUSY}$ 引脚信号经反相输出后与 8031 的中断输入引脚 $\overline{INT0}$/$\overline{INT1}$ 相连。这样，每当 2817A 擦、写完一个字节便向单片机提出中断请求。

如图 5-9 所示，8031 的高位地址线 P2.7 与 2817A 的片选端 $\overline{CE}$ 相连，只有当 P2.7 为低电平时，才能选中该芯片。

【例 5-1】 编制程序，在 2817 芯片的 7F00H～7FFFH 范围内的 256 个单元依次写入 0，1，…，FFH。

程序如下：

```
                ORG  0300H
S1:             MOV  DPL，#00H          ；设置地址指针初值
                MOV  DPH，#7FH
                MOV  A，#00H
S2:             MOVX  @DPTR，A          ；将 A 的内容写到 2817A 中
WW:             JNB  P1.0，WW           ；一个字节未写完，循环等待
                INC  DPTR               ；指针加 1
                INC  A                  ；A 内容加 1
                JNZ  S2                 ；未写完，继续
                RET
```

5.2.3 数据存储器扩展

MCS-51 系列单片机内部已经具备 128B 或 256B 的 RAM 数据存储器，它们可以作为工作寄存器、堆栈、软件标志位和数据缓冲器使用，CPU 对内部 RAM 也有着丰富的操作指令。在控制使用时，内部 RAM 已经基本上能够满足系统对数据存储器的使用要求。对需要大容量数据缓冲器的场合，就需要在单片机外部扩展相应的数据存储器。

数据存储器用于存储现场的原始数据、运算结果等，所以外部数据存储器应能随机读/写，通常采用半导体随机存取 RAM 电路构成。EEPROM 也可以作为外部数据存储器。

RAM 存储器可以分为静态 RAM 和动态 RAM 两大类，它们的差别在于基本存储电路存储信息的方式不同。静态 RAM 依靠触发器存储二进制数据信息，而后者依靠存储电容存储二进制数据信息。静态 RAM 的存储容量较小，动态 RAM 的存储容量较大。

静态 RAM 主要有 6116、6264、62128、62256 等芯片。动态 RAM 主要有 2104A、2116、2118、2164 等芯片。目前，RAM 存储技术也处在不断的发展之中，芯片 2186 就是一种新型存储芯片，它克服了普通动态 RAM 需要外加刷新控制接口的缺点，其内部含有全套动态刷新电路，构成一个独立而完整的刷新体系，兼备了动态 RAM 和静态 RAM 的优点。

1. 外部数据存储器的扩展方法及时序

在单片机扩展外部 RAM 时，控制总线只使用了 $\overline{WR}$、$\overline{RD}$ 两条控制线，而不再使用 $\overline{PSEN}$。因此，数据存储器和程序存储器的地址单元可以重叠，地址范围都可在 0000～FFFFH 工作。但是，数据存储器与 I/O 接口及外围设备是统一编址，也就是说任何扩展的 I/O 接口及外围设备都占用了数据存储器的地址单元。外部 RAM 在 64KB 范围内寻址时，地址指针为 DPTR。若对外部 RAM 按页寻址（256B 为一页），则用 R0 或 R1 作为页内地址指针，P2 口作为页地址指针。

如图5-10所示为单片机扩展外部RAM的电路图。图中P0口作为RAM的地址低8位数据总线来分时复用，P2口作为地址高8位。在对外部RAM读/写期间，CPU产生$\overline{RD}$/$\overline{WR}$信号，实现对RAM的读/写控制。

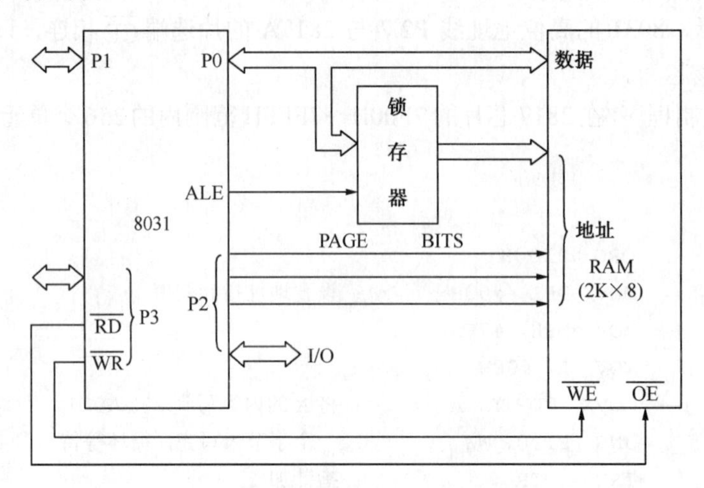

图5-10 扩展外部RAM的电路图

MCS-51单片机读/写外部数据存储器的时序如图5-11所示。该时序由两个机器周期组成，第一周期为取指周期，第二周期为读/写周期。当第一个周期读取MOVX指令码时，P2口出现该指令地址PCH和P0口扩展总线上分时出现的PCL值及其指令码；当执行MOVX指令时，外部总线P2口出现外部RAM地址DPH，外部总线P0口分时出现外部RAM地址DPL及读/写的数据。

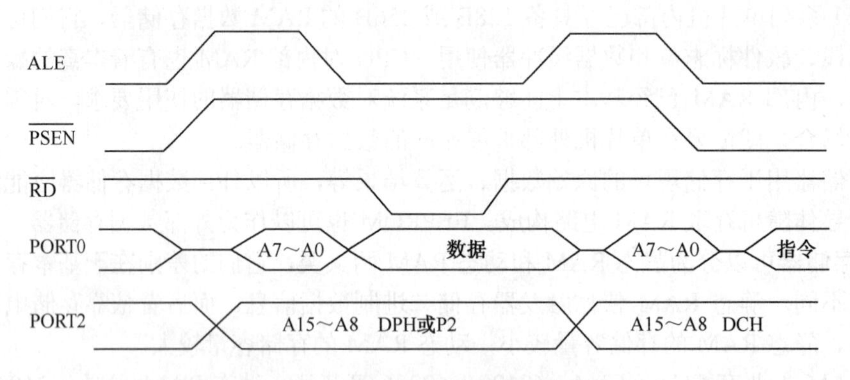

图5-11 单片机读/写外部数据存储器的时序图

在取指周期（周期1）的S2期间，ALE有效，P2口输出PCH，P0口输出PCL，ALE的下降沿将PCL值输入外部锁存器。在S3、S4期间，按P2口和地址锁存器的地址取出的指令出现在P0口，在$\overline{PSEN}$的上升沿前，CPU将指令取入片内指令寄存器IR。在S5期间，P2口输出外部RAM地址DPH，P0口输出DPL，执行周期（周期2）的S1以后，读/写信号$\overline{RD}$/$\overline{WR}$变为有效，其间按照DPTR输出的地址，对外部RAM进行读/写操作。在S2期间，读/写数据出现在数据总线及P0口，在$\overline{RD}$/$\overline{WR}$信号的上升沿前，数据被读入单片机或被写入寻址的地址单元。

在图5-11所示的外部数据存储器读周期中，P2口输出外部RAM单元的高8位地址，P0口分时传送低8位地址和数据信息。当地址锁存允许信号ALE为高电平时，P0口输出的地址信息有效，ALE在下降沿时将地址打入外部锁存器，接着P0口变为输入方式，读信号$\overline{RD}$有效，选通外部 RAM，相应存储单元的内容传送到 P0 口上，由 CPU 读入累加器。

单片机对外部存储器的写操作时序如图 5-12 所示，操作过程和读周期类似。写操作时，在 ALE 下降为低电平后，$\overline{WR}$ 信号才有效，P0 口上出现的数据写入相应的 RAM 单元。

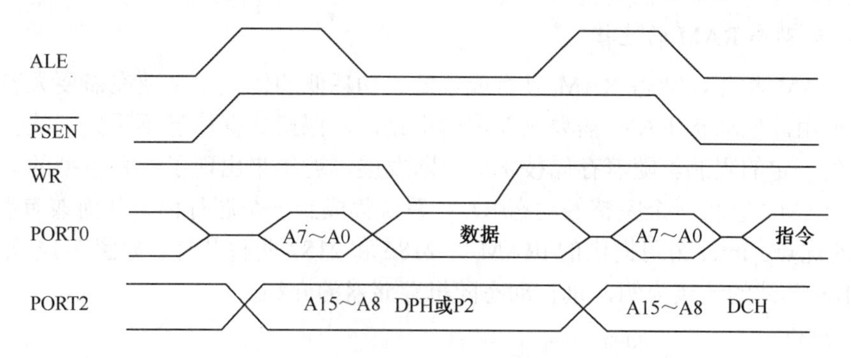

图 5-12　单片机对外部存储器的写操作时序图

2．RAM 扩展接口电路

1）8031 对静态 RAM 的连接

外部数据存储器扩展时，地址总线和数据总线的连接方法同程序存储器的扩展相同。在控制信号中，主要是读信号 $\overline{RD}$ 和写信号 $\overline{WR}$ 有所不同。8031 的 $\overline{RD}$ 信号与外部 RAM 的输出允许信号 $\overline{OE}$ 相连，8031 的 $\overline{WR}$ 信号与外部 RAM 的 $\overline{WE}$ 信号相连。外部 RAM 的片选信号与外部 I/O 接口的片选信号由统一译码产生。

如图 5-13 所示，给出了 8031 与 6264 芯片的具体连接。可以看到 $\overline{RD}$ 和 $\overline{WR}$ 分别连接到 6264 的 $\overline{OE}$ 和 $\overline{WE}$，这样当 8031 单片机执行指令 MOVX 时，便可以选中 6264，使之工作。此连接采用 74LS139 译码器扩展存储芯片。P2.7 输出为 0 时选中 74LS139，P2.5 和 P2.6 两根地址线组成的 4 种状态可选中不同地址空间的芯片。根据硬件连接情况可知，6264 的地址范围为，IC2：0000H～1FFFH，IC3：4000H～5FFFH。

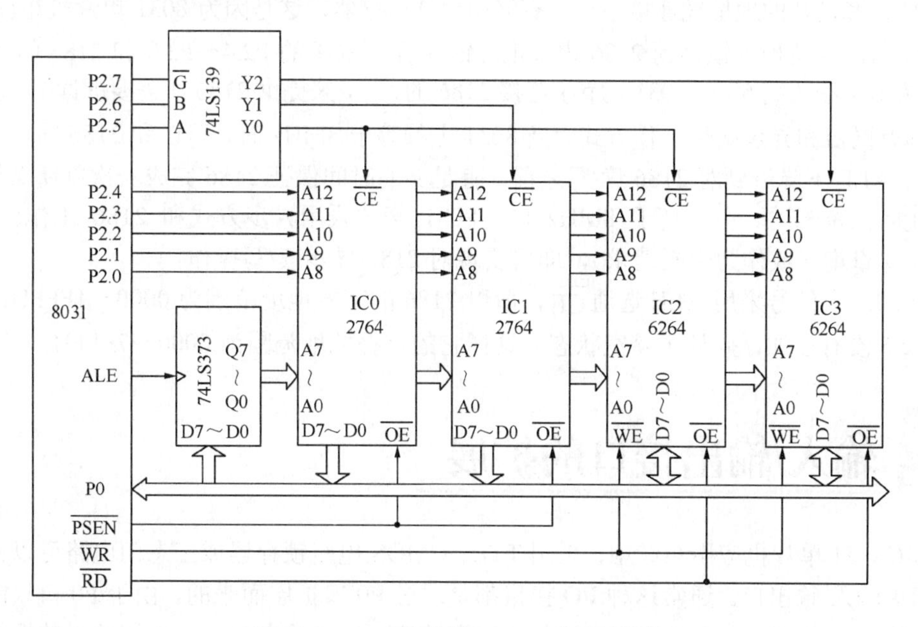

图 5-13　8031 单片机与 6264 芯片的连接

显然，地址是连续的。其地址范围为：

1# 6264　　0000H～1FFFH　　8KB

2# 6264　　4000H～5FFFH　　8KB

2）8031对动态RAM的连接

与静态RAM相比，动态RAM具有成本低、功耗低的优点，主要在需要大容量数据存储空间的场合使用。但动态RAM需要刷新逻辑电路，以保持数据信息不丢失，故在单片机系统中的应用受到一定的限制。随着存储技术的不断发展，近年来出现了一种新型的集成动态随机存储器——iRAM。它将一个完整的动态RAM系统集成到一个芯片内，从而兼有静态RAM和动态RAM的优点。Intel公司提供的iRAM有2186和2187两种芯片。如图5-14所示，以8031单片机与2186芯片的连接为例，进行动态随机存储器的介绍。

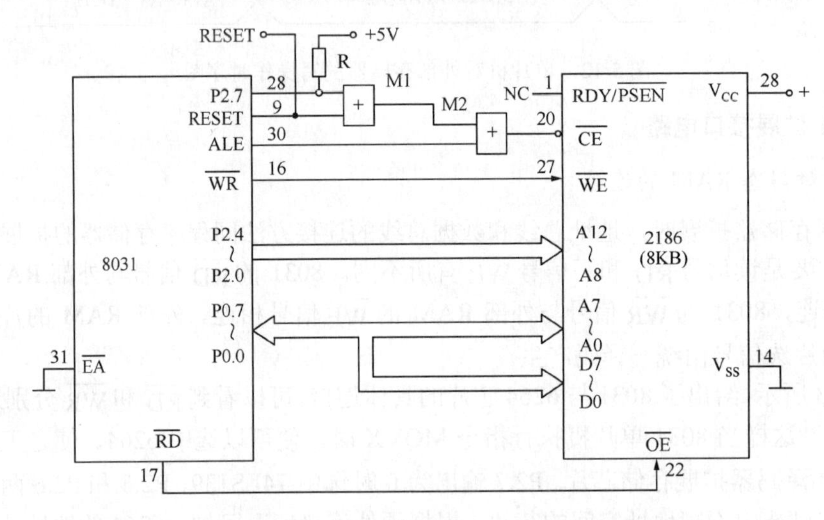

图5-14　8031单片机与2186的连接

在P0口和芯片的地址线连接中，没有采用地址锁存器，这是因为8031单片机在$\overline{CE}$下降沿时，把P0口低8位地址锁存到2186内部地址锁存器。8031的P2.4～P2.0和2186的A12～A8相连，作为地址线的高5位。8031的$\overline{RD}$连接2186的$\overline{OE}$，来提供2186所需要的读/写选通信号。

2186有同步和异步两种工作方式。当8031主频等于8MHz时，可以和2186同步工作，因为8031在ALE下降沿到对2186读/写之前，有足够的时间保证2186完成一次刷新操作，所以RDY/$\overline{PSEN}$保留未用。主频高于8MHz时，8031必须采用异步方式和2186工作。8031对RDY/$\overline{PSEN}$查询（或作为中断请求），即可实现对2186异步读/写操作。

由于P2.7上信号采用ALE选通$\overline{CE}$，所以2186的基本地址范围为0000～1FFFH。此外，P2.6和P2.5没有参加译码处于悬空状态，这样它的重叠地址范围为0000～7FFFH，共32KB。

5.3 输入/输出接口的扩展

在MCS-51单片机应用系统中，采用TTL、CMOS电路锁存器或三态门电路可以构成各种类型的简单输入/输出口。通常这种I/O接口都是通过P0口扩展而来的。由于P0口只能分时使用，所以构成输出口时，接口芯片应该具有锁存功能；构成输入口时，根据输入数据是常态还是暂态，要求接口芯片应该具有三态缓冲或锁存选通的功能。数据的输入/输出由单片机的读/写信号控制。

5.3.1　简单并行输入口扩展

1．用 74LS373 锁存器扩展 8 位并行输入口

74LS373 是一个带三态门的 8D 锁存器，它可以作为 8031 外部的一个扩展输入口，接口电路如图 5-15 所示。

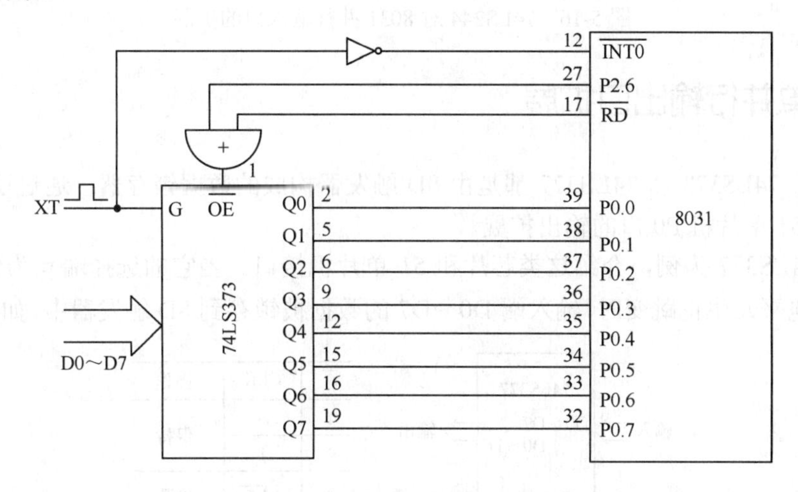

图 5-15　8031 和 74LS373 的接口

接口电路的工作原理是：当外设把数据准备好后，发出一个控制信号 XT 加到 74LS373 的 G 端（锁存控制端），使输入数据在 74LS373 中锁存。同时，XT 信号加到 8031 单片机的中断请求 $\overline{\text{INT0}}$ 端，单片机响应中断，在中断服务程序中执行下面的程序。

```
MOV   DPTR，#0BFFFH
MOVX  A，@DPTR
```

在执行上面的第二条指令时，P2.6=0 有效，通过或门后加到 74LS373 的 $\overline{\text{OE}}$ 端（74LS373 的三态门控制端），使三态门畅通，锁存的数据读入累加器 A 中。

2．用 74LS244 三态门扩展 8 位并行输入口

74LS244 是一种 8 位三态门电路，其抗干扰性好，常用做总线驱动和并行输入口。它的控制端由 $\overline{\text{1G}}$ 和 $\overline{\text{2G}}$ 引脚来控制，当 $\overline{\text{1G}}$ 和 $\overline{\text{2G}}$ 位为低电平时，输出等于输入端的信息；当 $\overline{\text{1G}}$ 和 $\overline{\text{2G}}$ 位为高电平时，输出呈现高阻状态。当通过 74LS244 对 P0 口进行输入口扩展时，应当使外部信息为常态，这是由其三态门特性所决定的。

如图 5-16 所示，为 74LS244 对 P0 扩展的一个实例，在图中，8031 引脚 P2.6 和 $\overline{\text{RD}}$ 相“或”后，与三态门控制引脚 $\overline{\text{1G}}$ 和 $\overline{\text{2G}}$ 相连，这样等于分配了 74LS244 一个端口地址 BFFFH。通过下面指令可实现单片机对 74LS244 外接数据设备的读取。

```
MOV   DPTR，#0BFFFH   ；指向 74LS244 设备
MOVX  A，@DPTR        ；将 74LS244 设备的数据读入单片机
```

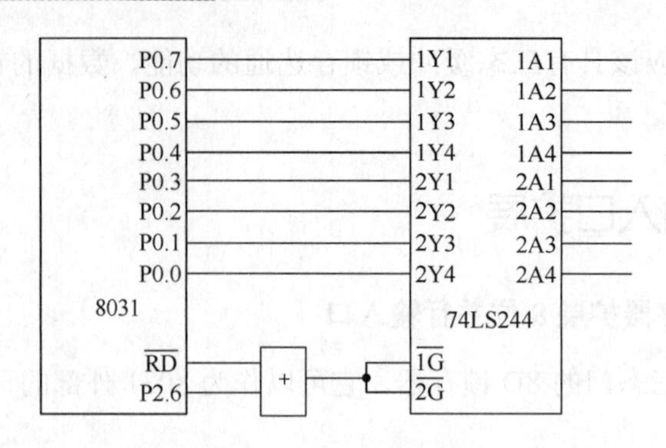

图 5-16　74LS244 对 8031 并行输入口的扩展

5.3.2　简单并行输出口扩展

74LS273、74LS373 和 74LS377 都是由 8D 触发器构成的数据锁存器，通过这些 TTL 芯片可完成 MCS-51 单片机 P0 口的输出扩展。

下面以 74LS377 为例，介绍这类芯片和 51 单片机接口。当它的选择端 $\overline{E}$ 为低电平且时钟信号 CLK 的电平发生正跳变时，输入端 D0～D7 的数据被锁存到 8D 触发器中，如图 5-17 所示。

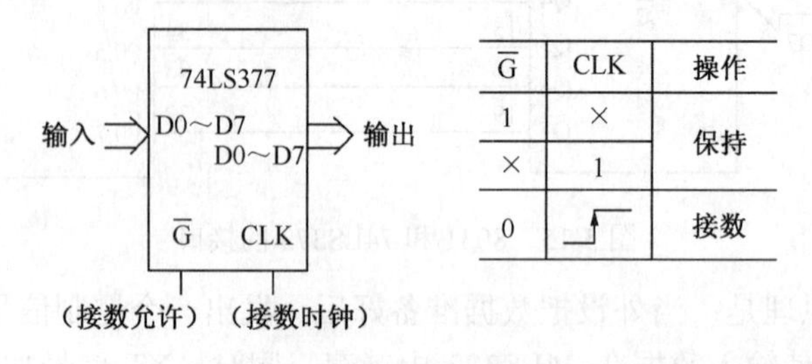

图 5-17　74LS377 结构及工作原理

图 5-18 所示的系统中，用两片 74LS377 作为并行输出口。在系统中，用 8031 的 P2.7（A15）和 A0 来对 RAM 芯片或 74LS377 芯片进行选择。当 P2.7 为低电平时，选择的是外部 RAM；当 P2.7 为高电平，A0 为低电平时选中 74LS377（1）；当 P2.7 为高电平，A0 为高电平时，选中 74LS377（2）。因此，外部 RAM 的地址为 0000～7FFFH，74LS377（1）的地址为 0FFFEH，74LS377（2）的地址为 0FFFFH。

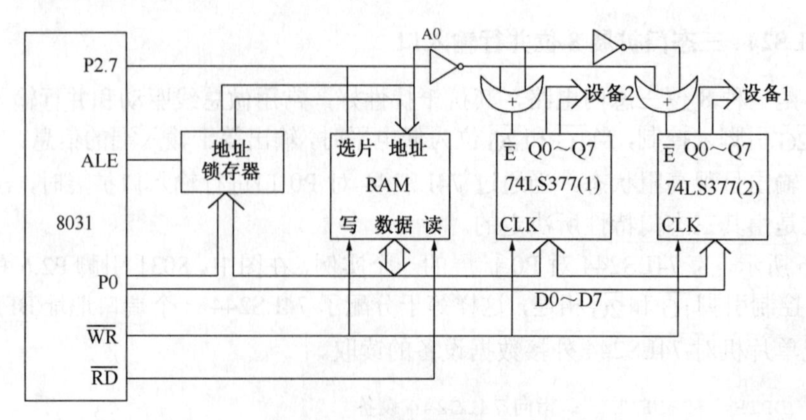

图 5-18　简单并行输出口扩展

8031 通过执行下面的程序，可把累加器 A 中的内容从 74LS377（1）输出：

```
MOV  DPTR，#0FFFEH
MOVX  @DPTR，A
```

5.3.3　可编程 I/O 并行接口的扩展

并行接口电路有不可编程和可编程两种。前者由数据锁存器或三态缓冲器组成，电路简单，使用方便。但是，它们在硬件连接好了以后，功能就很难改变。因此，使用不灵活是其主要缺点。而可编程并行接口电路的最大特点恰恰就在于使用灵活，可以在不改变硬件的情况下，通过软件编程来改变芯片的功能，功能十分强大。常用的可编程并行接口芯片主要有 8155、8255，下面先来介绍 8155 芯片。

1．内部结构和引脚

8155 是 Intel 公司研制的通用 I/O 接口芯片。MCS-51 和 8155 相连不仅可为外部设备提供两个 8 位 I/O 接口（A 口和 B 口）和一个 6 位接口（C 口），而且也可为 CPU 提供一个 256B RAM 存储器和一个 14 位的定时器/计数器，所以 8155 广泛用于 MCS-51 系统中。8155 内部结构框图如图 5-19 所示。

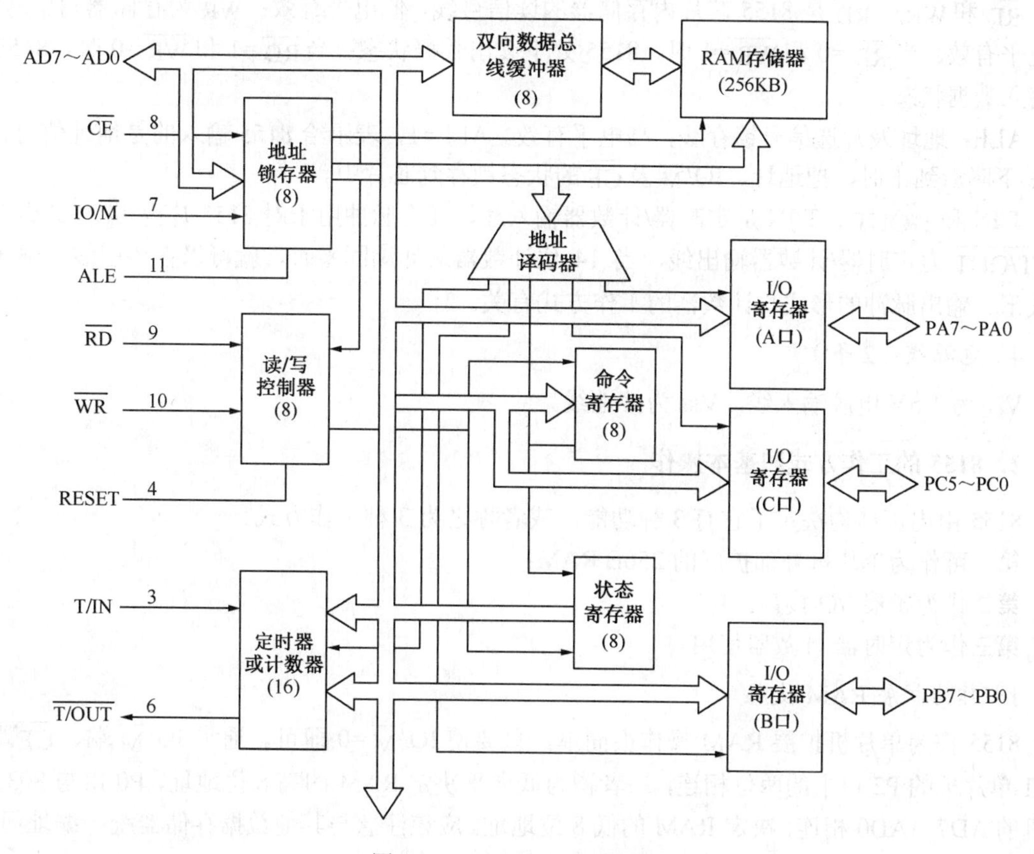

图 5-19　8155 内部结构框图

8155 共有 40 条引脚线，采用双列直插式封装，各引脚的功能介绍如下：

1）AD7～AD0（8条）

作为地址/数据总线，可与MCS-51的P0口相接，实现单片机和8155之间的地址、数据、命令、状态信息的分时传送。

2）I/O总线（22条）

PA7～PA0为通用I/O总线，用于传送A口上外部设备的数据。

PB7～PB0为通用I/O总线，用于传送B口上的外部设备数据，A口、B口的数据传送方向由8155命令字决定。

PC5～PC0可作为I/O总线，或者作为控制信号线来使用，共有6条。在通用I/O方式下，用于传送I/O数据；在选通I/O方式下，用于传送命令/状态信息。

3）控制总线（8条）

RESET：8155复位信号线，在RESET线上输入一个大于600ns宽的正脉冲时，8155立即处于复位状态，A、B、C三口定义为输入方式。

$\overline{CE}$和IO/$\overline{M}$：$\overline{CE}$为8155片选输入线，低电平有效，若$\overline{CE}$=0，则CPU选中本8155芯片工作；否则，8155不工作。IO/$\overline{M}$可作为I/O接口与存储器的选通输入线，高电平表示选择的是I/O接口，低电平表示选择存储器。即IO/$\overline{M}$=0，则CPU选中8155的RAM存储器工作；若IO/$\overline{M}$=1，则CPU选中8155片内某一寄存器工作。

$\overline{RD}$和$\overline{WR}$：$\overline{RD}$是8155芯片内存储器的读信号线，低电平有效；$\overline{WR}$为存储器写信号线，低电平有效。当$\overline{RD}$=0和$\overline{WR}$=1时，8155处于读出数据状态；当$\overline{RD}$=1和$\overline{WR}$=0时，8155处于写入数据状态。

ALE：地址及片选信号锁存线，高电平有效。ALE=1，表示给8155输入的是地址信息；当ALE下降沿到来时，把地址、IO/$\overline{M}$及$\overline{CE}$的状态锁存到芯片中。

T/IN和$\overline{T/OUT}$：T/IN是定时器/计数器输入线，其上脉冲用于对8155片内14位计数器减1。$\overline{T/OUT}$为定时器/计数器输出线，当14位计数器从计满回零时，就可以在该引线上输出脉冲波形，输出脉冲的形式与计数器的工作方式有关。

4）电源线（2条）

V_{CC}为＋5V电源输入线，Vss为接地线。

2．8155的工作方式和基本操作

8155由内部结构决定了它有3种功能，或者称之为3种工作方式。

第一可作为单片机外部扩展的256B RAM；

第二作为扩展I/O接口；

第三作为定时器/计数器使用。

1）作为扩展RAM使用

8155作为单片机扩展RAM操作很简单，只要使IO/$\overline{M}$=0即可。通常IO/$\overline{M}$端、$\overline{CE}$端与8031单片机的P2口中的两位相连，二者皆为低电平决定RAM的高8位地址，P0口与8031单片机的AD7～AD0相连，决定RAM的低8位地址。应该注意与其他数据存储器统一编址问题。

2）作为I/O接口使用

IO/$\overline{M}$=1时，8155芯片作为I/O接口使用。各口的工作方式通过内部命令寄存器设置。

命令寄存器格式如图 5-20 所示，8155 工作在 I/O 接口时，其有 4 种工作方式，见表 5-4。

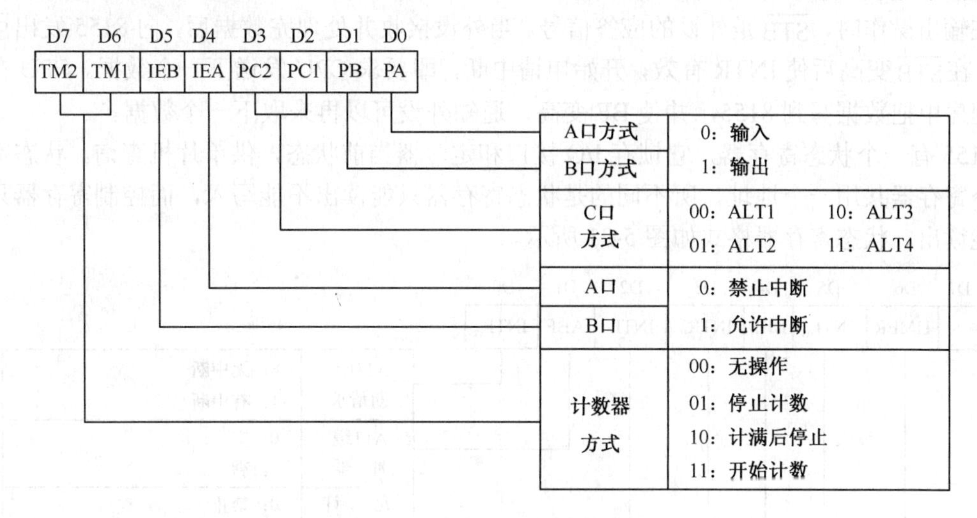

图 5-20　8155 命令寄存器格式

表 5-4　8155 I/O 接口功能

PC2	PC1	方　式	功　能
0	0	方式 1	PA、PB 口定义为基本输入/输出口；PC 口为输入口
0	1	方式 2	PA、PB 口定义为基本输入/输出口；PC 口为输出口
1	0	方式 3	PA 口为选通输出，PB 口为基本输入/输出口 PC3～PC5 输出；PC0～PC2 作为 PA 口选通控制，其中 PC0：AINTR；PC1：ABF；PC2：$\overline{\text{ASTB}}$
1	1	方式 4	PA 口，PB 口为选通输入/输出方式 PC0～PC2 控制 PA 口，同方式 3 PC3～PC5 控制 PB 口，其中，PC3：BINTR；PC4：BBF；PC5：$\overline{\text{BSTB}}$

由表 5-4 可知：

① 8155 在方式 1 和方式 2 下，PA 口、PB 口和 PC 口均可工作在基本输入/输出方式。

② 8155 在方式 3 下，PA 口定义为选通输入/输出方式，PC 口低 3 位作为 PA 口的联络线，PC 口其余位作为输出线。

③ 8155 在方式 4 下，PA 口和 PB 口均为选通输入/输出方式，PC 口为其提供对外的联络信号。在输入和输出操作时，联络信号的意义和作用有所不同。

$\overline{\text{STB}}$：为外设提供的选通信号，输入低电平有效。

BF：接口缓冲器满/空输出信号。缓冲器有数据时，BF 为高电平；否则，为低电平。

INTR：中断请求输出信号，高电平有效，作为 CPU 的中断源。当 8155 的 PA 口或 PB 口缓冲器接收到外设送来的数据或外设从缓冲器中取走数据时，中断请求线 INTR 变为高电平（命令寄存器相应的允许位为 1），向 CPU 申请中断，CPU 响应此中断后，对 8155 的相应 I/O 接口进行一次读/写操作，使 INTR 信号恢复为低电平。

选通 I/O 接口的具体操作过程如下：

在输入时，$\overline{\text{STB}}$是外设提供的选通信号。当$\overline{\text{STB}}$=0，有效时，把输入数据装入 8155，然后 BF 变高，表示接口的缓冲器已满。当$\overline{\text{STB}}$=1，恢复为高电平时，INTR 变高，向 CPU 申请中断。当 CPU 开始读取输入数据时（$\overline{\text{RD}}$信号下降沿），INTR 恢复低电平。读取数据完毕（$\overline{\text{RD}}$信号上升沿），使BF恢复低电平，一次数据输入结束。

在输出操作时，$\overline{STB}$是外设的应答信号。当外设接收并处理完数据后，向8155发出$\overline{STB}$负脉冲。在$\overline{STB}$变高后使INTR有效，开始申请中断，即要求CPU发送下一个数据。CPU在中断服务程序中把数据写到8155，并使BF变高，通知外设可以再来取下一个数据。

8155有一个状态寄存器，它锁存I/O接口和定时器当前状态，供单片机查询。状态寄存器和命令寄存器共用一个地址，所不同的是状态寄存器只能读出不能写入，而控制寄存器只能写入不能读出。状态寄存器格式如图5-21所示。

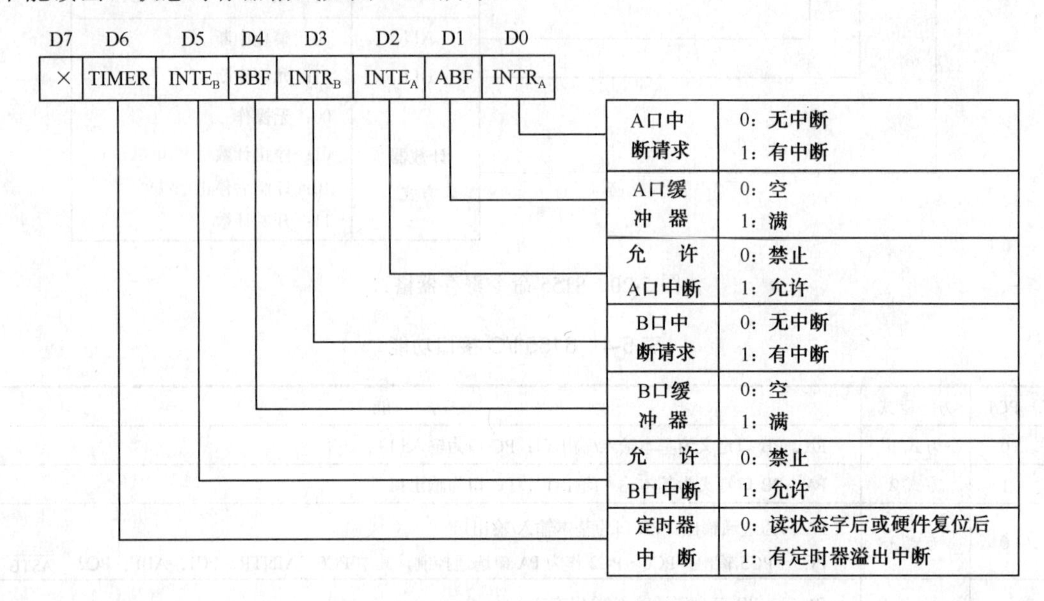

图5-21 状态寄存器格式

标志寄存器各个标志位都为高电平有效。

3）定时器/计数器的使用

（1）定时器/计数器的结构。在8155中还设置了一个14位的定时器/计数器，可用来定时或对外部事件计数，CPU可通过程序选择定时时间/计数长度和定时/计数方式。定时器/计数器有16位，分高字节和低字节。其中，T13～T0为计数长度，M2、M1用来设置定时器的输出方式，其格式如下。

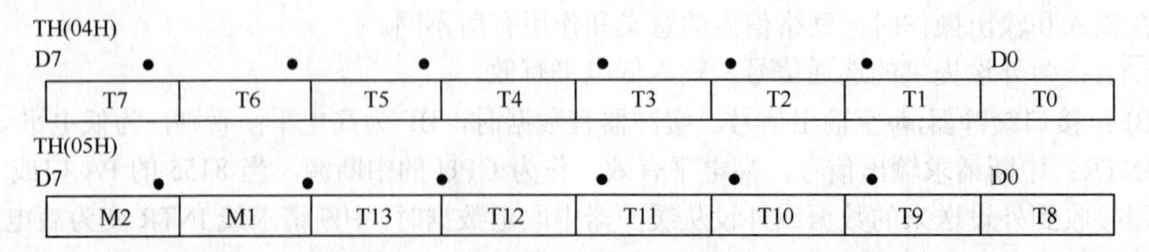

（2）定时器/计数器的输出方式。定时器/计数器共有4种信号输出方式，见表5-5。定时器/计数器高字节中M2、M1两位的状态，决定$\overline{T/OUT}$信号输出不同形式。

表5-5 8155定时器/计数器$\overline{T/OUT}$输出波

M2 M1方式	定时器输出方波
00单方波	
01连续方波	
10单脉冲	
11连续脉冲	

当M2M1=00时，定时器在计数器的后半周期内使$\overline{T/OUT}$线上输出低电平（一个矩形波）。矩形波周期与定时器长度字的初值有关：若定时器长度字初值为一偶数，则$\overline{T/OUT}$线上矩形波是对称的；若为奇数，则矩形波高电平持续期比低电平的多一个计数脉冲时间。

当M2M1=01时，定时器每当减“1”到全“0”时，能自动转入定时器长度字初值，在$\overline{T/OUT}$线上输出连续矩形波。矩形波周期与定时器长度字初值的设定有关。

当M2M1=10时，定时器每当减“1”到全“0”时，便会在$\overline{T/OUT}$线上输出一个单脉冲。

在M2M1=11时，定时器每当变为全“0”时，都能自动装入定时器长度字初值，在$\overline{T/OUT}$上能输出一串重复脉冲。重复脉冲的频率与定时器长度字初值有关。

（3）定时器/计数器的控制。8155对定时器/计数器的控制是通过命令字中的D7D6进行的。

D7D6=00时，无操作。

D7D6=01时，停止计数。若定时器/计数器未启动，则它继续停止；若定时器/计数器正在运行，则D7D6=01的命令字送给8155后，立即停止定时器/计数器的计数。

D7D6=10时，计满后停止。若定时器/计数器未启动，则它继续停止；若定时器/计数器正在运行，则8155收到D7D6=10的命令字后，必须等到定时器回零，才停止计数。

D7D6=11时，开始计数。若定时器/计数器未启动，则它收到D7D6=11的命令字后立即开始计数；若定时器/计数器正在运行，则它在回零后立即按重新计数值开始计数。

（4）定时器/计数器的初始化。定时器/计数器的工作是由CPU通过程序控制的。通常，CPU需要给8155送3个8位初始控制字，先送定时器/计数器高字节，再送定时器/计数器低字节，最后送命令字。8155定时器是一个14位减法计数器，由T/IN线上输入的脉冲计数，计满回零时做两件事：一是使状态字中的TIMER置位，形成定时器中断标志位，供CPU对它查询；二是在$\overline{T/OUT}$线上输出矩形或脉冲波。$\overline{T/OUT}$线上的波形可作为定时器溢出中断请求输入到MCS-51的$\overline{INT0}$或$\overline{INT1}$端。此外，在定时器计数期间，CPU随时可以读出定时器/计数器中的状态，以了解其工作情况。

3．8155的RAM和I/O接口地址编码

8155在单片机应用系统中是按外部数据存储器统一编址的，为16位地址数据，其高8位由片选线$\overline{CE}$提供，低8位地址为片内地址。当IO/$\overline{M}$=0时，单片机对8155内的RAM进行读/写，RAM低8位编址为00～FFH；当IO/$\overline{M}$=1时，单片机对8155中的I/O接口进行读/写，8155内部I/O接口及定时器的低8位编址见表5-6。

表 5-6　8155 内部 I/O 接口及定时器的低 8 位编址

A7	A6	A5	A4	A3	A2	A1	A0	I/O 接口
×	×	×	×	×	0	0	0	命令状态寄存器（命令/状态口）
×	×	×	×	×	0	0	1	PA 口
×	×	×	×	×	0	1	0	PB 口
×	×	×	×	×	0	1	1	PC 口
×	×	×	×	×	1	0	0	定时器低 8 位
×	×	×	×	×	1	0	1	定时器高 8 位

4．8031 单片机和 8155 的接口

MCS-51 单片机与 8155 直接连接，不需要任何外加逻辑器件，就可为系统增加 256B 片外 RAM、22 位 I/O 接口线及一个 14 位定时器。8031 和 8155 的连接方法如图 5-22 所示，应保证在 8155 复位后，8031 才对 8155 进行初始化工作。

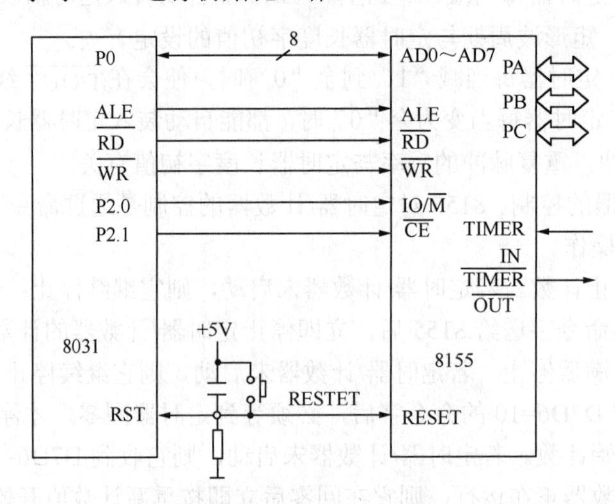

图 5-22　8031 和 8155 的连接方法

P0 口输出的低 8 位地址不必再另加锁存器，可直接与 8155 的 AD0～AD7 相连，既可作为低 8 位地址总线，又可作为数据总线。从 P0 口传送过来的地址信息在 ALE 的作用下，在 8155 内部被锁存。高 8 位地址由 $\overline{CE}$ 及 IO/$\overline{M}$ 的地址控制线决定。因此，在图中的连接状态下，可以确定各个接口的地址。

RAM 的地址范围：　0FC00H～0FCFFH

命令/状态口：　0FD00H；　PA 口：0FD01H；

PB 口：　0FD02H；　PC 口：0FD03H；

定时器低 8 位：　0FD04H；　定时器高 8 位：0FD05H。

【例 5-2】　硬件电路如图 5-22 所示，把 PA 口定义为基本的输入方式，PB 口定义为基本的输出方式，设定时器/计数器为方波发生器，输出方波频率为输入时钟的 100 分频，从单片机往 8155 中 RAM 的 0FC00H 单元传送立即数 30H。

有关 8155 的初始化程序为：

```
        ORG     0100H
```

```
MOV   DPTR , #0FD00H    ; 命令寄存器地址给 DPTR
MOV   A , #02H          ; 命令字给 A
MOV   @DPTR , A         ; 命令字送命令寄存器
MOV   DPTR，#0FD04H     ; 定时器低 8 位地址送 DPTR
MOV   A，#64H           ; 100 分频低 8 位送 A
MOVX  @DPTR,A           ; 定时器送入定时器低 8 位
INC   DPTR              ; 定时器高 8 位地址
MOV   A，#40H           ; 100 分频高 8 位送 A
MOVX  @DPTR,A           ; 定时器方式为连续方波输出
MOV   DPTR，#0FD00H     ; 命令字地址
MOV   A，#0C2H          ; 启动计数器
MOVX  @DPTR,A
MOV   DPTR，#0FC00H     ; RAM 数据单元地址
MOV   A，#30H
MOVX  @DPTR,A           ; 立即数送入 0FC00H
```

5.4 D/A 和 A/D 接口功能的扩展

单片机面向测控领域的应用，需将连续变化的模拟量转换成离散的数字量，才能进行计算机数值处理。反之，由计算机数值处理的数字量也需要转换成模拟量，才能实现连续变化的模拟量控制。前者称为模/数转换（简称 A/D），后者称为数/模转换（简称 D/A）。

A/D 和 D/A 转换技术是数字测量和数字控制领域的一个分支，在很多文献中都有介绍。随着大规模集成技术的发展及微型计算机的广泛应用，各种型号的 A/D、D/A 转换芯片已商品化，无论在精度、速度、可靠性等方面都有很大的提高，可满足不同应用要求。为此，本节从应用角度，以常用的 A/D、D/A 转换器为例，着重叙述 MCS-51 系列单片机配置 A/D、D/A 转换器硬件接口、软件设置等基本技术原理，为以后系统设计打下良好的基础。

5.4.1 D/A 转换器的基本工作原理

1. D/A 转换器

计算机是数字设备，其内部信息只能以数字形式存储、传输和处理，而外部需要的控制信息大多是连续变化的模拟量电信号。因此，为实现计算机对外部被控对象的控制和调整，需要连接 D/A 转换器。D/A 转换器（Digital to Analog Converter）是一种能把数字量转换成模拟量的电子器件。在单片机测控系统中经常采用的是 D/A 转换器的集成电路芯片，称为 D/A 接口芯片或 DAC 芯片。能与计算机相连接的 DAC 芯片有许多种，包括内部带数据锁存器和不带数据锁存器的，也包括 8 位、10 位和 12 位的。

目前，DAC 芯片除了可以并行方式与单片机连接外，还可使用串行方式与单片机连接，比如使用三线 SPI 数字通信协议的 10 位 DAC TLC5615、12 位 DAC AD5320；使用 I^2C 总线的 8 位 DAC MAX518 等。

2．D/A 电路原理及性能

实现数/模（D/A）转换的方法比较多，通过下面两种方法，简单地介绍 D/A 转换的过程。

1）权电阻 D/A 转换法

权电阻 D/A 转换电路实质上是一只反相求和放大器，如图 5-23 所示为 4 位二进制 D/A 转换器的典型电路。电路由权电阻、位切换开关、反馈电阻和运算放大器组成。

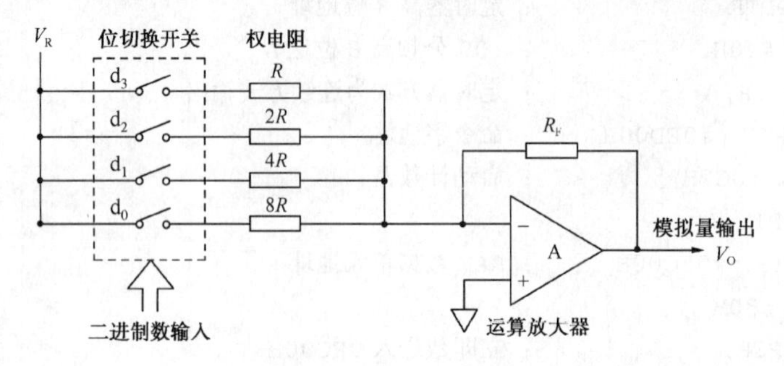

图 5-23　权电阻 D/A 转换原理图

权电阻的阻值按 8∶4∶2∶1 的比例配制（按二进制数据的权值配置），放大器的输入各项电流为 $V_R/8R$、$V_R/4R$、$V_R/2R$、V_R/R，其中 V_R 为基准电压。各项电流的通断是由输入二进制各位通过切换开关控制的。这些电流值符合二进制进位关系。经运算放大器反相求和，其输出的模拟量与输入的二进制数据 $d_3d_2d_1d_0$ 成比例。

$$V_0=-\left(\frac{d_0}{8R}+\frac{d_1}{4R}+\frac{d_2}{2R}+\frac{d_3}{R}\right)R_FV_R \tag{5-1}$$

式中，d_3～d_1 为输入二进制数的相应位。其取值为 0 时，表示位切换开关断，该位无电流输入；当取值为 1 时，表示切换开关合上，该位有电流输入。

选用不同的权电阻网络，就可得到不同编码数的 D/A 转换器。

在输入的二进制位数比较多的情况下，权电阻的阻值分散性增大，给生产带来困难，同时也影响精度，尤其是最小值的权电阻对精度影响最大。因此，权电阻 D/A 转换器一般是不同的，现代 D/A 转换器几乎都采用 T 型电阻网络进行解码。

2）R—2R T 型电阻网络 D/A 转换器

为了说明 T 型电阻网络的原理，现以 4 位 D/A 转换器为例进行讨论。如图 5-24 所示为它的原理框图，框图内为 T 型电阻网络（桥上电阻均为 R，桥臂电阻为 $2R$），OA 为运算放大器（可外接），A 点为虚拟地（接近 0V），V_{REF} 为参考电压，由稳压电源提供，S_3～S_0 为电子开关，受 4 位 DAC 寄存器中 $b_3b_2b_1b_0$ 的控制。为分析问题，设 $b_3b_2b_1b_0$ 全为 1，故 $S_3S_2S_1S_0$ 全部和 1 端相连。

根据克希荷夫定律，有如下关系成立：

$$I_3=\frac{V_{REF}}{2R}=2^3\times\frac{V_{REF}}{2^4R}$$

$$I_2=\frac{I_3}{2}=2^2\times\frac{V_{REF}}{2^4R}$$

$$I_1=\frac{I_2}{2}=2^1\times\frac{V_{REF}}{2^4R}$$

$$I_0=2^0\times\frac{V_{REF}}{2^4R}$$

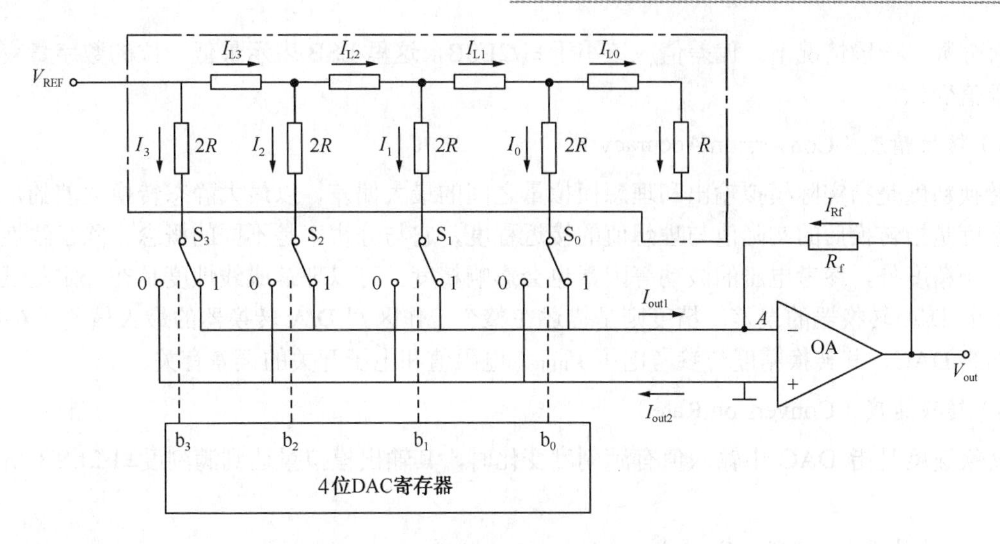

图 5 21　T 型电阻网络 D/A 转换器的原理框图

考虑到 S_3～S_0 的状态是受到 $b_3b_2b_1b_0$ 控制的，并不一定全是 1。如果它们中有些位为 0，S_3～S_1 中相应开关会因和 0 端相连而无电流流入 A 点。可得到下式：

$$I_{out1}=b_3I_3+b_2I_2+b_1I_1+b_0I_0$$

$$=(b_32^3+b_22^2+b_12^1+b_02^0)\frac{V_{REF}}{2^4R}$$

选取 $R_f=R$，并考虑 A 点为虚拟地，故

$$I_{Rf}=-I_{out1}$$

因此，可以得到

$$V_{out}=I_{Rf}R=-(b_32^3+b_22^2+b_12^1+b_02^0)\frac{V_{REF}}{2^4R}R_f$$

$$=-B\frac{V_{REF}}{16}$$

对于 n 位 T 型电阻网络，上式可变为：

$$V_{out}=-(b_{n-1}2^{n-1}+b_{n-2}2^{n-2}+\cdots+b_12^1+b_02^0)\frac{V_{REF}}{2^4R}R_f$$

$$=-B\frac{V_{REF}}{2^n} \tag{5-2}$$

上面分析表明，D/A 转换过程主要是由解码网络实现的，而且是并行工作。换句话说，D/A 转换器并行输入数字量，每位代码同时被转换成模拟量。这种转换方式速度快，一般为微秒级。

3．D/A 转换器的性能指标

1）分辨率（Resolution）

分辨率是指 D/A 转换器能分辨的最小输出模拟增量，取决于输入数字量的二进制位数。一个 n 位的 DAC 所能分辨的最小电压增量定义为满量程值的 2^{-n} 倍。例如，满量程为 10V 的 8 位 DAC 芯片的分辨率为 $10V\times2^{-8}$=39mV。实际中也常采用数字输入信号的有效位表示，如 8 位、12 位。

2）线性度（Linearity）

线性度常用非线性误差来描述。非线性误差即理想的输入/输出特性的最大偏差与满刻度之

比的百分数。一般情况下，偏差值应该小于±1/2LSB，这里 LSB 表示最低一位的数字量变化带来的幅值变化。

3）转换精度（Conversion Accuracy）

转换精度是指实际模拟输出和理想模拟量之间的最大偏差，以最大静态转换误差的形式给出。精度是指转换后的实际值与理想值的接近程度，它与分辨率是不同的概念。除了线性度不好会影响精度外，参考电压的波动等因素也会影响精度。可以理解成线性度是在一定测试条件下得到的 D/A 转换器的误差，精度则是描述在整个工作区间 D/A 转换器的最大偏差。对 T 型电阻网络 DAC，其转换精度与参考电压 V_{REF}、电阻值和电子开关的误差有关。

4）转换速度（Conversion Rate）

转换速度是指 DAC 中输入值有满刻度变化时，其输出模拟量达到满刻度±1/2LSB 所需的时间。

5）偏移量误差（Offset Error）

偏移量误差是指输入数字量为零时，输出模拟量对零的偏移量。引起这种误差的主要原因是运放和电子开关的误差，该误差通常可通过 DAC 的外接参考电压 V_{REF} 加以调整。

5.4.2 DAC0832 的应用

DAC0832 是 D/A 转换典型芯片中常用的一种，由美国国家半导体公司（National Semiconductor Corporation）研制，其同系列芯片还有 DAC0830 和 DAC0831，都是 8 位芯片，可以相互代换。下面对 DAC0832 内部结构和引脚功能进行介绍。

1. DAC0832 内部结构

DAC0832 内部由 3 部分电路组成，如图 5-25 所示。8 位输入寄存器用于存放 CPU 送来的数字量，使输入数字量得到缓冲和锁存，由 $\overline{LE1}$ 加以控制。8 位 DAC 寄存器用于存放待转换数字量，由 $\overline{LE2}$ 控制。8 位 D/A 转换电路由 8 位 T 型电阻网络和电子开关组成，电子开关受 8 位 DAC 寄存器输出控制，T 型电阻网络能输出和数字量成正比的模拟电流。因此，DAC0832 通常需要外接运算放大器才能得到模拟输出电压。

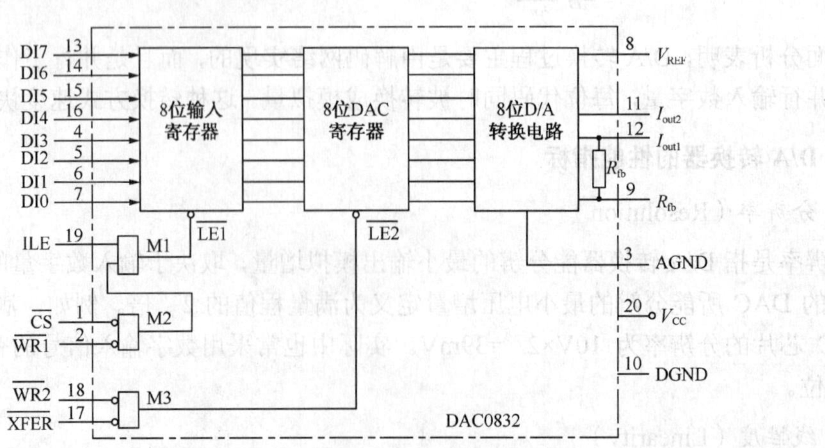

图 5-25 DAC0832 引脚及原理图

2．引脚功能

DAC0832 共有 20 条引脚，为双列直插式封装。引脚连接和命名如图 5-25 所示。

1）数字量输入线 DI7～DI0（8 条）

DI7～DI0 常和 CPU 数据总线相连，用于输入 CPU 送来的待转换数字量，DI7 为最高位。

2）控制线（5 条）

$\overline{CS}$ 为片选线。当 $\overline{CS}$ 为低电平时，本片被选中工作；当 $\overline{CS}$ 为高电平时，本片不被选中工作。

ILE：允许数字量输入线。当 ILE 为高电平时，8 位输入寄存器允许数字量输入。

$\overline{XFER}$：传送控制输入线，低电平有效。

$\overline{WR1}$ 和 $\overline{WR2}$：两条写命令输入线。$\overline{WR1}$ 用于控制数字量输入到输入寄存器。若 ILE 为 1，$\overline{CS}$ 为 0 和 $\overline{WR1}$ 为 0 同时满足，则与门 M1 输出高电平，8 位输入寄存器接收信号；若上述条件中有一个不满足，则 M1 输出由高电平变为低电平，8 位输入寄存器 DI7～DI0 输入数据。$\overline{WR2}$ 用于控制 D/A 转换的时间，若 $\overline{XFER}$ 和 $\overline{WR2}$ 同时为低电平，则 M3 输出高电平，8 位 DAC 寄存器输出跟随输入；否则，M3 输出由高电平变为低电平时 8 位 DAC 寄存器锁存数据。$\overline{WR1}$ 和 $\overline{WR2}$ 的脉冲宽度要求不小于 500ns，即使 V_{CC} 提高到 15V，其脉宽也不应小于 100ns。

3）输出线（3 条）

R_{fb} 为运算放大器反馈线，常常接到运算放大器输出端。I_{out1} 和 I_{out2} 为两条模拟电流输出线。$I_{out1}+I_{out2}$ 为一常数。若输入数字量为全 1，则 I_{out1} 为最大，I_{out2} 为最小；若输入数字量为全 0，则 I_{out2} 为最大，I_{out1} 为最小。为了保证额定负载下输出电流的线性度，I_{out1}、I_{out2} 引脚线上电位必须尽量接近低电平。

4）电源线（4 条）

V_{CC} 为电源输入线，电压可在＋5～＋15V 范围内；V_{REF} 为参考电压，一般在－10～＋10V 范围内，由稳压电源提供；DGND 为数字量地线；AGND 为模拟量地线。通常两条地线连接在一起。

3．DAC0832 工作方式

根据对 DAC0832 的输入锁存器和 DAC 寄存器的不同控制方法，DAC0832 有下面 3 种工作方式。

1）直通方式

处于直通方式时，DAC0832 不受单片机的控制，连续进行 D/A 转换。方法是使所有控制信号（$\overline{CS}$、$\overline{WR1}$、$\overline{WR2}$、ILE、$\overline{XFER}$）均有效。

2）单缓冲方式

单缓冲方式适用于只有一路模拟量输出或几路模拟量非同步输出的情形。

方法是控制输入锁存器和 DAC 寄存器同时接收来自单片机的数字量，或者只用输入锁存器而把 DAC0832 寄存器接成直通方式。

3）双缓冲方式

双缓冲方式用于多个 DAC0832 同时输出的情形。

方法为先分别使这些 DAC0832 的输入锁存器接收来自单片机的数字量，再控制这些

DAC0832 同时传送数据到 DAC 寄存器以实现多个 D/A 转换，同步输出。

4）DAC0832 电流输出转换成电压输出

DAC0832 的输出是电流，有两个电流输出端（I_{out1} 和 I_{out2}），它们的和为一常数。使用运算放大器，可以将 DAC0832 的电流输出线性地转换成电压输出。根据运放和 DAC0832 的连接方法，运放的电压输出可以分为单极型和双极型两种。图 5-26 所示为一种单极型电压输出电路。

如图 5-26 所示，DAC0832 的 I_{out2} 被接地，I_{out1} 接运放的反相输入端，运放的正相输入端接地，运放的输出电压 V_{out} 值等于 I_{out1} 和 R_{fb} 之积，V_{out} 的极性和 DAC0832 的基准电压 V_{REF} 极性相反。

如果在单极型输出的线路中再加一个放大器，便构成双极型输出线路。

5）DAC0832 与 MCS-51 系列单片机接口

（1）单缓冲方式。如图 5-27 所示，DAC0832 采用单缓冲方式与单片机相连。

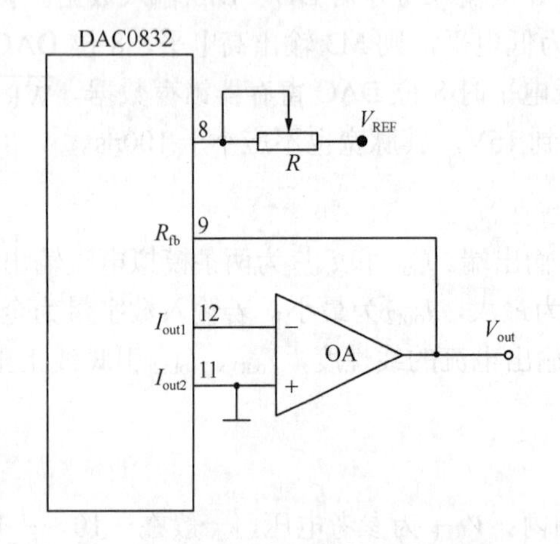

图 5-26　DAC0832 单极型电压输出电路

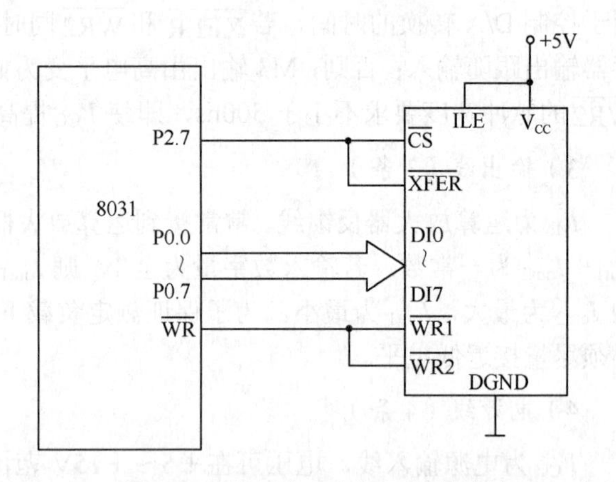

图 5-27　单缓冲方式的 D/A 转换接口

图 5-27 中 ILE 接＋5V，$\overline{WR1}$ 和 $\overline{WR2}$ 都接在单片机的 $\overline{WR}$ 端，$\overline{CS}$ 和 $\overline{XFER}$ 都在地址线 P2.7 上。因此，DAC0832 的接口地址为 7FFFH，CPU 对 DAC0832 进行一次写操作时，即把 8 位数据写入 DAC 寄存器，随即发生 D/A 转换，输出一个模拟量。

【例 5-3】 将一个数字量转换为模拟量。

```
START：MOV  DPTR，#7FFFH      ；取 DAC0832 的口地址
       MOV  A，#data          ；8 位将转换的输入量
       MOVX  @DPTR，A         ；D/A 转换
       SJMP $
```

【例 5-4】 输出一个锯齿波和三角波。

```
        ORG  0000H
START1：MOV  DPTR，#7FFFH      ；锯齿波程序
        CLR  A
LOOP1： MOVX  @DPTR，A
        INC  A
        SJMP  LOOP1
        END
```

```
        ORG  0000H
START2: CLR  A                          ; 以下程序产生三角波
        MOV    DPTR,  #07FFFH
    UP: MOVX  @DPTR, A                  ; 线性上升段
        INC     A
        JNZ     UP                      ; 若未完，则 UP
        MOV    A,  #0FEH
DOWN:   MOVX  @ DPTR, A                 ; 线性下降段
        DEC    A
        JNZ     DOWN                    ; 若未完，则 DOWN
        SJMP    UP                      ; 若已完，则循环
        END
```

（2）双缓冲方式。对于多路 D/A 转换接口，要求同步进行 D/A 转换输出时，必须采用双缓冲方式接法。DAC0832 采用这种接法时，数字量的输入锁存和 D/A 转换输出是分两步完成的。即 CPU 的数据总线分时、地向各路 D/A 转换器输入要转换的数字量并锁存在各自的输入寄存器中，然后 CPU 对所有的 D/A 转换器发出控制信号，使各个 D/A 转换器输入寄存器中的数据输入 DAC 寄存器，实现同步转换输出。

【例 5-5】如图 5-28 所示为一个两路同步输出的 D/A 转换接口电路。P2.5 和 P2.6 分别选择两路 D/A 转换器的输入寄存器，控制输入锁存；P2.7 连到两路 D/A 转换器的 $\overline{\text{XFER}}$ 端控制同步转换输出；8031 的 $\overline{\text{WR}}$ 端与所有的 $\overline{\text{WR1}}$ 和 $\overline{\text{WR2}}$ 端相连，则执行程序完成 D/A 的同步转换输出。

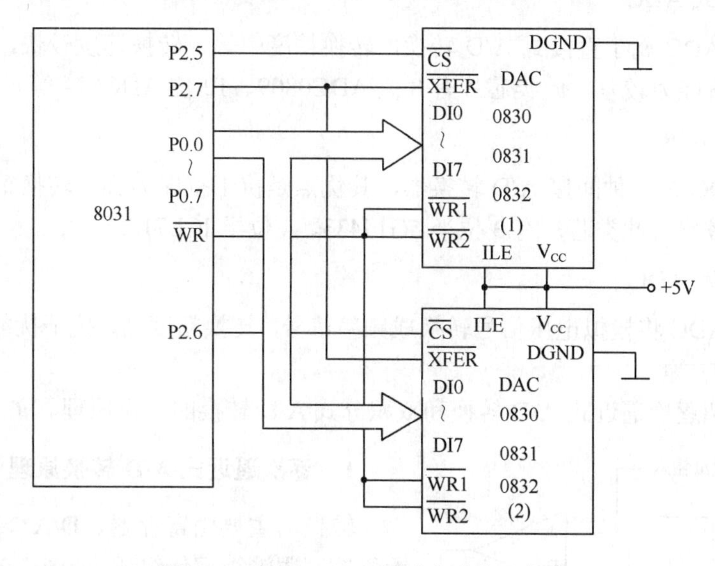

图 5-28　DAC0832 双缓冲方式接口电路

程序如下：

```
ORG  0000H
MOV  DPTR, #0DFFFH        ; 指向 DAC0832（1）
MOV  A, #data1            ; data1 送入 DAC0832（1）中锁存
MOVX  @DPTR, A
MOV  DPTR, #0BFFFH        ; 指向 DAC0832（2）
```

```
MOV  A, #data2      ; data2 送入 DAC0832（2）中锁存
MOVX  @DPTR, A
MOV  DPTR, #7FFFH  ; 给 DAC0832（1）、DAC0832（2）提供信号，同时进行 D/A 转换输出
MOVX  @DPTR, A
SJMP  $
```

5.4.3 A/D 转换器的基本工作原理

在单片机应用系统中，常常需要把检测到的连续变化的模拟信号（如流量、压力、温度、液位等）转换成数字量，以便计算机能够进行加工和处理。这种转换过程称为 A/D 转换，完成这种转换的器件为 A/D 转换器（Analog to Digital Converter），可简称为 ADC。

ADC 的品种繁多，按工作原理，ADC 可分为以下几种。

1）并行式 ADC

并行式 ADC 速度最快，但电路复杂，一般是 8 位以下。除了要求转换速度特别高的场合外，一般很少使用。

2）串行式 ADC

串行式 ADC 电路比较简单，价格也相对低一些，是速度和电路复杂程度两者一个较好的折中，在实际使用中较为广泛。

3）逐次逼近式 ADC

逐次逼近式 ADC 属于直接式 A/D 转换，转换精度中等，转换速度较快，目前应用最为广泛，缺点是抗干扰能力较差。此类芯片有 8 位 ADC0809、12 位 ADC574 等。

4）双积分式 ADC

双积分式 ADC 是一种间接 A/D 转换器，其优点是抗干扰能力强，转换精度高，缺点是转换时间长，速度较慢。此类芯片有 3 位半 5G14433、4 位半 ICL7135。

5）V/F 转换式 ADC

V/F 转换式 ADC 将模拟电压信号转换成频率信号，转换精度高，抗干扰能力强。此类芯片如 AD650、LM331 等。

下面主要介绍逐次逼近式 A/D 转换和双积分式 A/D 转换的工作原理。

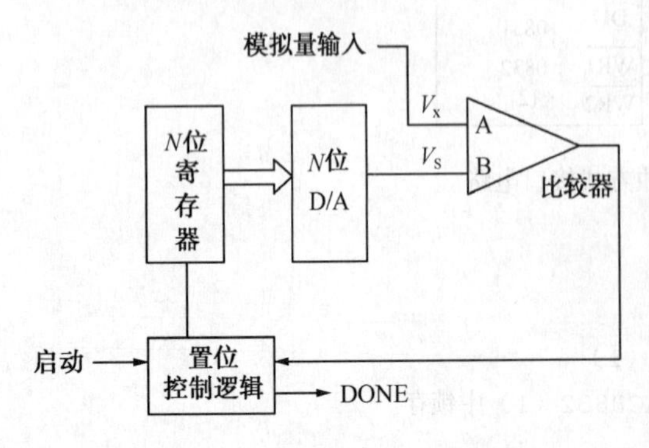

图 5-29 逐次逼近式 A/D 转换器

1. 逐次逼近式 A/D 转换原理

转换器主要由寄存器、D/A 转换器、比较器和置位控制逻辑等部件组成，如图 5-29 所示。这种 A/D 转换采用搜索法逐次比较、逐步逼近的原理，整个转换过程是一个“试探”的过程，与天平称重原理类似。

置位控制逻辑先置 1 给结果寄存器最高位 D_{n-1}，然后经 D/A 转换得到一个占满量程一半的模拟电压 V_s，比较器将此 V_s 和模拟输入量 V_x 比较，若 $V_s > V_x$

则保留此为 D_{n-1}（为 1），否则清 D_{n-1} 位为 0。然后置位控制逻辑 1 给结果寄存器次高位 D_{n-2}，连同 D_{n-1} 一起送 D/A 转换，得到的 V_s 再和 V_x 比较，以决定 D_{n-2} 位保留为 1 还是清 0。以此类推，最后，置位控制逻辑置 1 给结果寄存器最低位 D_0，然后将 D_0 连同前面 D_1，D_2，…，D_{n-1} 一起送 D/A 转换，转换得到的结果和 V_s 比较，决定 D_0 位保留为 1 还是清 0。至此，结果寄存器的状态就是输入模拟量 V_x 对应的数字量。

2．双积分式 A/D 转换原理

双积分 A/D 由电子开关、积分器、比较器和控制逻辑等部件组成，如图 5-30 所示。双积分 A/D 是将未知电压 V_x 转换成时间来间接测量的，所以双积分 A/D 也叫 V−T 型 A/D。

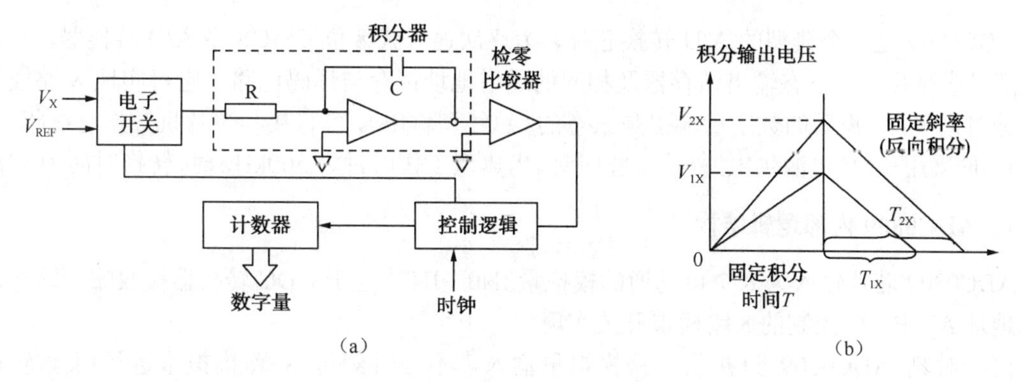

图 5-30　双积分 A/D 工作原理图

在进行一次 A/D 转换时，开关先把 V_x 采样输入到积分器，积分器从 0V 开始进行固定时间 T 的正向积分，到时间 T 后，开关将 V_x 极性相反的基准电压 V_{REF} 输入到积分器进行反向积分，到输出为 0V 时，停止反向积分。

从图 5-30（b）所示的积分器输出波形可以看出，反向积分时积分器的斜率是固定的，V_x 越大，积分器的输出电压越大，反向积分时间越长。计数器在反向积分时间内所计的数值就是与输入电压 V_x 在时间 T 内的平均值对应的数字量。

由于这种 A/D 要经历正、反两次积分，故转换速度较慢。

常用的双积分式 A/D 集成电路有 5G14433（3 位半）、ICL7135（4 位半）。

3．A/D 转换器的性能指标

ADC 是 A/D 转换器的简称。ADC 的性能指标是正确选用 ADC 芯片的基本依据，也是衡量 ADC 的关键问题。ADC 性能指标很多，像前面已经介绍过的分辨率、线性度、偏移量误差等。在此主要介绍以下两个指标。

1）转换时间（Conversion Time）与转换速度（Conversion Rate）

转换时间为完成一次 A/D 转换所需要的时间，即从输入端加入信号到输出端出现相应数字量的时间，转换时间越短，适应输出信号快速变化的能力越强。

转换速度是转换时间的倒数，如转换时间越长，则表示转换速度越低。各种结构类型的 A/D 转换器的转换时间有所不同，转换时间最短的为并行式 A/D 转换器，其转换时间为 5～50ns，其次为逐次逼近式 A/D 转换器，较慢的是双积分式。

2）转换精度（Conversion Accuracy）

ADC 转换精度为一个实际 A/D 转换器与一个理想 A/D 转换器在进行模/数转换时的差值，可用绝对误差或相对误差来表示。ADC 的转换精度由模拟误差和数字误差两部分组成。模拟误差主要是由比较器、解码网络中电阻值及基准电压波动等引起的误差，数字误差主要包括丢失码误差和量化误差，前者属于非固定误差，由器件质量决定，后者和 ADC 输出数字量位数有关，位数越多，误差越小。

5.4.4 ADC0809 的应用

ADC0809 是一个典型的 A/D 转换芯片，为逐次逼近式 8 位 CMOS 型 A/D 转换器，片内有 8 路模拟选通开关、三态输出锁存器及相应的通道地址锁存与译码电路。它可实现 8 路模拟信号的分时采集，转换后的数字量输出是三态的（总线型输出），可直接与单片机数据总线相连接。ADC0809 采用＋5V 电源供电，外接工作时钟。当典型工作时钟为 500kHz 时，转换时间为 128μs。

1．ADC0809 内部逻辑结构

ADC0809 芯片输入为 8 个可选通的模拟量 IN0～IN7，至于 ADC 转换器接收哪一路输入信号由地址 A、B、C 控制的 8 路模拟开关实现。

同一时刻 ADC0809 只接收一路模拟量输入，不同时刻对 8 路模拟量进行模/数转换。ADC0809 内部逻辑结构如图 5-31 所示。

8 位 A/D 转换器可将输入的模拟量转化为 8 位数字信号。模/数转换开启时刻由 START 控制。A/D 转换器转换的数字量锁存在三态输出锁存器中。当模/数转换结束时，同时发出 EOC 信号，由 OE 端控制转换数字量的输出。

2．ADC0809 引脚

ADC0809 芯片为 28 引脚，双列直插式封装，其引脚排列如图 5-31 所示。对 ADC0809 主要信号引脚功能说明如下：

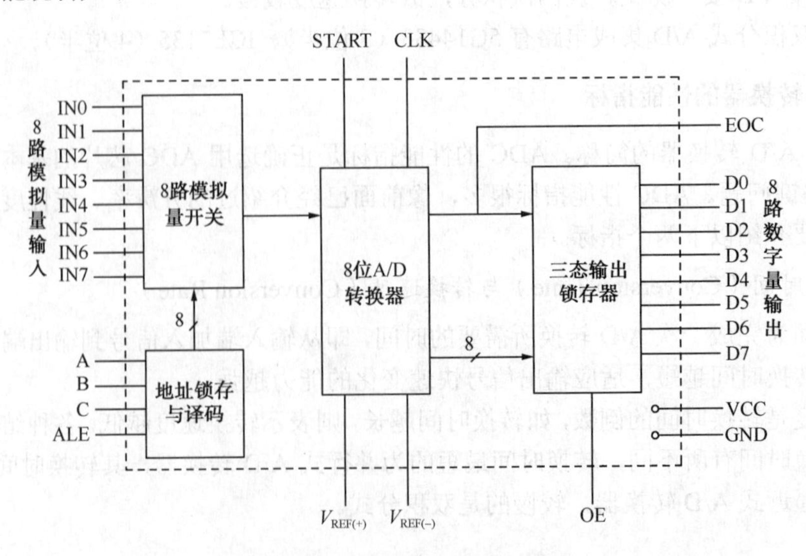

图 5-31 ADC0809 内部逻辑结构图

1）IN0～IN7

IN0～IN7 为模拟量输入通道。ADC0809 对输入模拟量的要求主要有：信号单极性，电压范围 0～5V，若信号过小还需要进行放大。另外，在 A/D 转换过程中，模拟量输入的值不应变化太快，因此，对应变化速度快的模拟量，在输入前应增加采样保持电路。

2）A、B、C 地址线

A 为低位地址，C 为高位地址，用于对模拟通道进行选择。CBA 的值即为通道号，如 CBA=011，则表示选择 IN3 路输入。

3）ALE 地址锁存允许信号

在 ALE 上跳沿，将 A、B、C 锁存到地址锁存器中。

4）START 转换启动信号

START 上升沿时，所有内部寄存器清零；START 下降沿时，开始进行 A/D 转换；在 A/D 转换期间，START 应保持低电平。

5）D0～D7 数据输出线

D0～D7 为数据输出线，具有三态缓冲输出模式，可以和单片机的数据线直接相连。

6）OE 输出允许信号

OE 用于控制三态输出锁存器向单片机输出转换得到的数据。OE=0，输出数据线呈高阻；OE=1，输出转换的数据。

7）CLK 时钟信号

ADC0809 的内部没有时钟电路，所需时钟信号由外界提供，因此有时钟信号引脚，通常使用频率为 500kHz 的时钟信号。频率范围为 10～1 280kHz。

8）EOC 转换结束状态信号

EOC=0，正在进行转换；EOC=1，转换结束。该状态信号可作为查询的状态标志，又可作为中断请求信号使用。

9）VCC＋5V 电源

10）V_{REF} 参考电压

参考电压用来与输入的模拟信号进行比较，作为逐次逼近的基准。典型值为＋5V（$V_{REF(+)}$＝＋5V，$V_{REF(-)}$=0V）。

3．ADC0809 与 MCS-51 系列单片机接口

MCS-51 和 ADC 接口必须弄清及处理好 3 个问题：

① 要给 START 线上发送一个 100ns 宽的启动正脉冲。

② 检查 EOC 线上的状态信息，因为它是 A/D 转换的结束标志。

③ 给“三态输出锁存器”分配一个端口地址，也就是给 OE 线上送一个地址译码器输出信号。

MCS-51 和 ADC 接口通常可以采用定时、查询和中断 3 种方式来工作。

1）定时方式

对于每种 A/D 转换器，转换时间作为一项技术指标，是已知的。如当 ADC0809 外接工作

时钟为500kHz时，其转换时间为128μs。在单片机中可以设计一个延时程序，当启动转换后，CPU调用该延时程序或用定时器定时，延时时间或定时时间稍长于A/D转换所需时间。当定时时间结束，即转换结束，就可以从“三态输出锁存器”读取数据。这种方法电路连接简单，但CPU费时较多。

2）查询方式

在A/D转换过程中，单片机不断对ADC0809的EOC线进行状态查询。若为低电平，表示A/D转换正在进行，则单片机应对它继续查询；若查询到EOC线变为高电平，则单片机应给OE线送一个高电平，以便从D0～D7线上提取A/D转换后的数字量。

【例5-6】 如图5-32所示，对IN0通道的模拟量采集一次，结果存放到30H单元中。

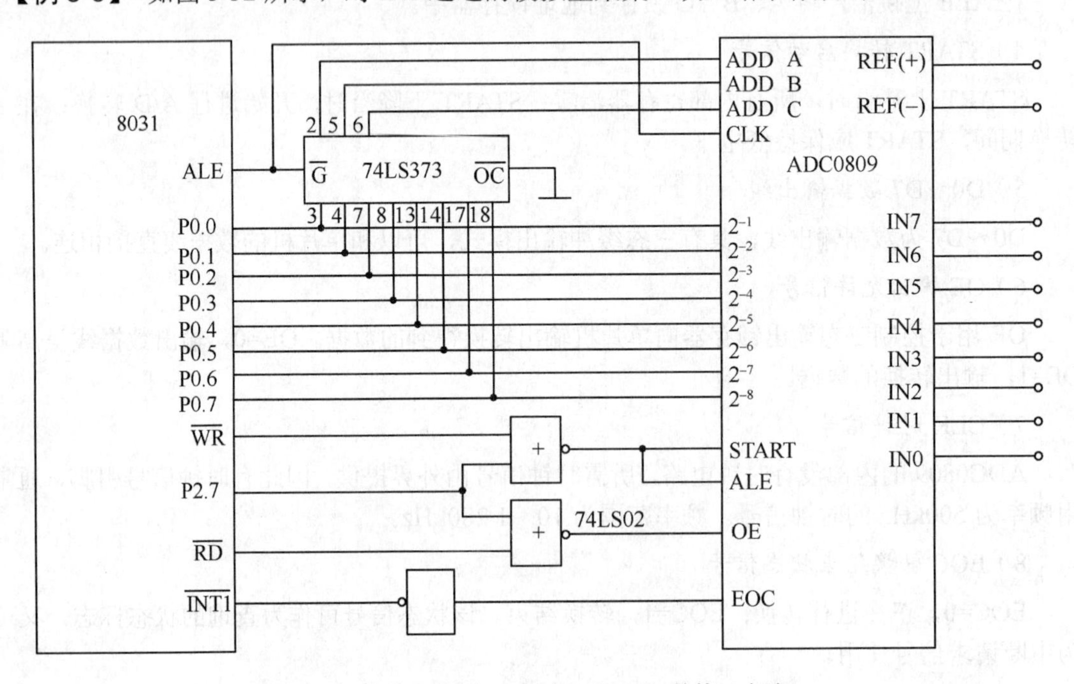

图5-32 查询方式下ADC0809和8031的接口电路

程序如下：

```
        ORG   0000H
START:  MOV  R0,#30H           ；采集数据存放地址
        MOV  R2,  #08H         ；8路通道计数
        MOV  DPTR，#7FF8H      ；IN0通道地址
LOOP:   MOVX  @DPTR,A          ；启动A/D转换
        SETB  P3.3
WW:     JB  P3.3，WW           ；查询转换是否结束
        MOVX  A，@DPTR         ；读取转换结果
        MOV  @R0,A             ；存放结果
        INC    R0              ；数据存放地址指针加1
        DJNZ   R2,LOOP         ；8路未采完，继续
        SJMP  $
        END
```

3）中断方式

在这种数据传送方式中，单片机的中断引脚应与 A/D 转换器的 EOC 线反相后连接。这样当 A/D 转换结束后，EOC 为高电平，经反相器后，到达单片机的中断引脚，使单片机产生中断，在中断服务程序中完成对 A/D 转换数据的读取。

图 5-33 所示为 ADC0809 与单片机的接口电路图，ADC0809 工作在中断方式下。8 路模拟量的变化范围在 0～5V 之间，ADC0809 的 EOC 转换结束信号接在 8031 的外部中断 1 上，8031 通过地址线 P2.0 与读/写信号来控制转换器的模拟量输入通道地址锁存、启动和输出允许。模拟输入通道地址 A、B、C 由 P0.0～P0.2 提供，因为 ADC0809 内部有地址锁存器，所以不需另加锁存器。

【例 5-7】 用图 5-33 所示的接口电路与某一个数据采集控制系统相接，采用中断方式巡回检测一遍 8 路模拟量输入，并将采集的数据依次存入片外数据存储器 A0H～A7H 单元。

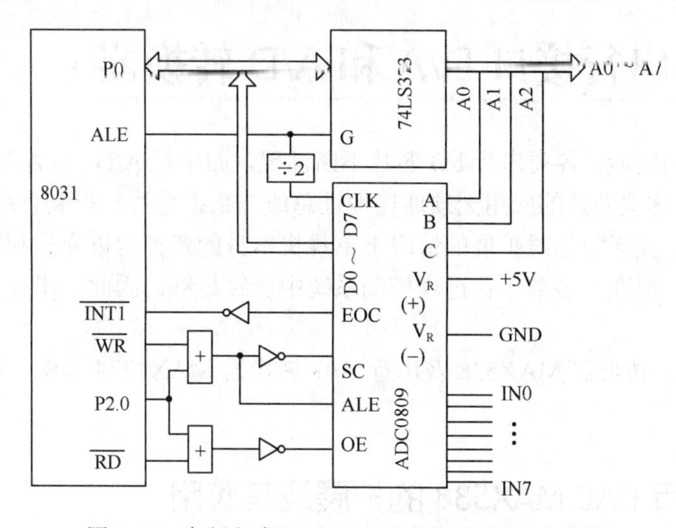

图 5-33　中断方式下 ADC0809 与 8031 接口电路图

其初始化程序和中断服务程序如下：

主程序：

```
        ORG 0000H
        SJMP  START
        ORG  0013H
        AJMP  INTR1
        ORG  0100H
START:  MOV  R0,  #0A0H       ；片外 RAM 的首地址
        MOV  R2,  #08H        ；8 路通道计数
        SETB  IT1             ；INT1 为边沿触发
        SETB  EA              ；CPU 开总中断
        SETB  EX1             ；开外部中断 1
        MOV  DPTR，#0FEF8H    ；指向 IN0 通道
        MOVX  @DPTR,  A       ；启动 A/D
HERE:   SJMP  HERE            ；等待中断
```

中断服务程序：

```
        ORG   1000H
INTR1:  MOVX  A, @DPTR          ; 读取转换数据
MOVX    @R0,  A                 ; 存入片外 RAM
        INC   DPTR              ; 更新通道
        INC   R0                ; 更新 RAM 单元
        DJNZ  R2, INTR2         ; 8 路未采完，继续
        RETI
INTR2:  MOVX  @DPTR, A          ; 启动下一路 A/D 转换
        RETI
        END
```

5.5 常用串行接口 D/A 和 A/D 转换器

随着电子技术的发展，各类串行 I/O 芯片不断涌现，如串行 A/D、D/A 转换器，串行显示，串行 EEPROM 等，这些芯片的应用无须通过地址总线、数据总线、控制总线与 CPU 接口。这使得接口电路简单，在无须总线扩展的情况下单片机本身的资源得以充分利用。虽然串行接口比并行接口速度慢，但在大多数工业过程控制系统中已经足够。因此，串行接口的应用越来越广泛。

下面以串行 D/A 转换器 MAX538 及串行 A/D 转换器 MAX1274 为例，对这类芯片进行原理介绍和使用说明。

5.5.1 12 位串行 DAC MAX538 的扩展及其应用

和并行接口芯片不同，串行 D/A 芯片构成的系统具有接线简单、使用方便、控制灵活的特点。串行 D/A 转换器由于具有接口电路简单、易于远程操作及体积小、功耗低等优点而广泛应用于测控系统中。

1. MAX538 芯片简介

MAX538 是美国 MAXIM 公司生产的 D/A 转换芯片，它是低功耗、电压输出的串行 12 位数/模转换器。MAX538 是单 5V 电源供电、内置输出缓冲的 12 位串行数/模转换器，与 MAX531/MX539 为同一系列产品，MAX538 输出电压范围为 0～2.6V，具有上电复位和串行数据输出功能，便于构建菊花链式结构，其耗电低，适合电池供电或便携式设备。

2. MAX538 内部结构

MAX538 是一个具有 SPI 总线的 12 位电压输出型的 D/A 转换器。其引脚配置和内部结构如图 5-34 所示。

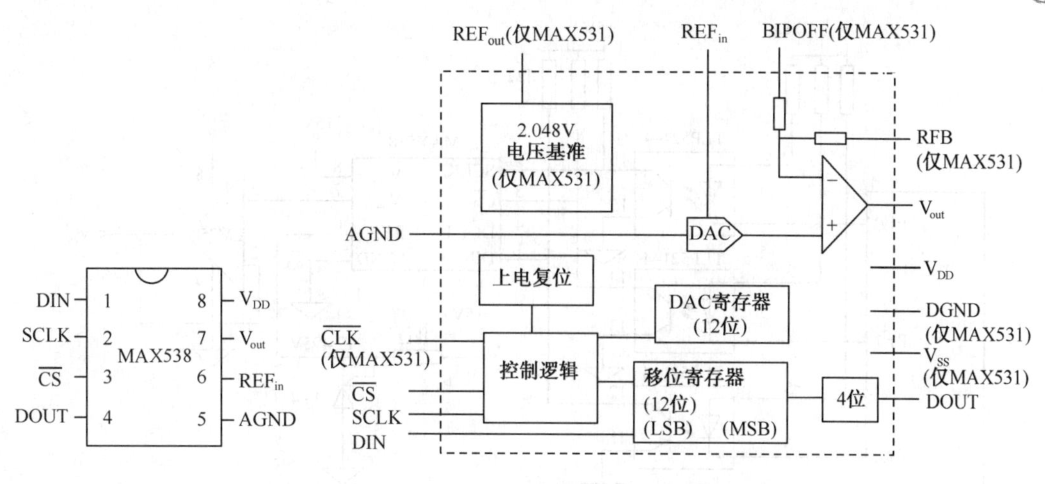

图 5-34　MAX538 内部结构及引脚图

3．MAX538 的引脚功能

芯片引脚如图 5-34 所示。各个引脚功能如下：

DIN：串行数据输入端。

SCLK：串行时钟输入端。

$\overline{CS}$：片选输入端，低电平有效。

DOUT：串行数据输出（当使用菊花链时）。

AGND：模拟地。

REF_{in}：参考电压输入端。

V_{out}：DAC 电压输出端。

V_{DD}：工作电源，+5V。

4．MAX538 工作原理

MAX538 的数据输入是在$\overline{CS}$和 SCLK 信号的配合下完成的。首先，$\overline{CS}$引脚输入低电平时选中 MAX538，SCLK 引脚输入上升沿时，DIN 引脚上的数据被 MAX538 锁入，所以待转换数据必须在 SCLK 为低电平时送到。尽管 MAX538 是 12 位的 D/A 转换器，但由于其符合 SPI 接口标准，在送入数据时必须先送高位再送低位，并且必须送出 2 字节数据（16 位），其中高 4 位不参与 D/A 转换。

5．MAX538 与 8031 的接口和编程

图 5-35 所示为 MAX538 与 8031 的接口电路。

其中，P1.0 经光耦输出 MAX538 所需的串行脉冲，P1.1 经光耦输出片选，P1.2 经光耦输出 D/A 转换数据，REF_{in} 由 TL431 提供 2.5V 外部基准电源，故 MAX538 输出的电压范围为 0～2.5V，该输出电压经运算放大器 LM358 构成的电压跟随器，向控制对象提供模拟电压输出。

TL431 是一种精密可调基准电压源集成电路，其内部具有 2.5V 电压基准，利用其基准电压调压范围为 2.5～36V。

【例 5-8】 现按图 5-35 所示接口电路连接，编写 D/A 转换子程序。待转换数据存放在 ADDR 开始的连续的内部 RAM 单元中，如 31H、30H，ADDR 初值指向 31H（高 8 位）。

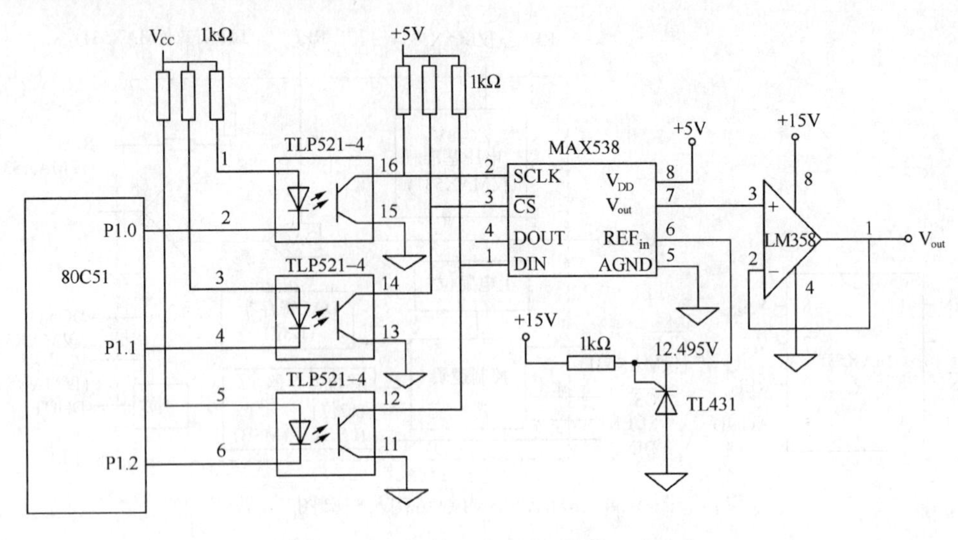

图 5-35　MAX538 与 8031 的接口电路

程序如下：

```
        ORG  0100H
START:  MOV  R0, #ADDR    ; R0 指向待转换数据的高位
        MOV  R7, #2       ; 需连续传送两个字节
        CLR  P1.1         ; 设置 MAX538 片选有效
LL1:    MOV  R6, #8
        MOV  A, @R0
LL2:    CLR  P1.0         ; SCLK 变低
        RLC  A
        MOV  P1.2, C      ; 向 MAX538 的 DIN 引脚送 1 位
        LCALL  DELY       ; 延时
        SETB  P1.0        ; SCLK 上升沿
        LCALL  DELY
        DJNZ  R6, LL2     ; 8 位未完，继续
        DEC  R0           ; 准备取下一个数据（低字节）
        DJNZ  R7, LL1     ; 未完，继续
        SETB  P1.1        ; 令 MAX538 片选无效
        SJMP  $
DELY:   MOV  R5, #10      ; 软件延时
        DJNZ  R5, $
        RET
        END
```

实际上，MAX538 的数据传输速度很快，但在上述系统中采用了速度较低的光耦器件 TLP521-4，所以必须延时。如果希望不延时地传输数据，需换成速度更快的光电耦合器件。

5.5.2　12 位串行 ADC MAX1247 的扩展及其应用

A/D 转换器（ADC）是现代测控中非常重要的环节。它有并行和串行两种数据输出形式。随着转换精度的不断提高，并行 A/D 转换器的位数不断增加，导致并行 A/D 转换器的价格不断攀升，器件成本不断增加。因此，串行 A/D 转换器的使用日趋广泛。串行 A/D 转换器具有引脚少、集成度高、价格低、体积小、功耗低、易于数字隔离等一系列优点，只是由于采用串行传送，而使速度略微降低。

目前，已有许多可以通过串行总线进行扩展的 A/D 转换器产品，串行 A/D 转换芯片的型号很多，比如具有 SPI 总线的 A/D 转换器（如 MAX1247），具有 I^2C 总线的 ADC（如 MAX127）。下面以 MAX1247 为例介绍通过串行总线来扩展 ADC 的原理和方法。

1．MAX1247 芯片简介

MAX1247 是 MAXIM 公司研制的 12 位 4 通道 A/D 转换器，适合在高精度和高速度的采样系统中应用。

它具有以下主要特点：

① 4 通道（单极性）12 位串行 A/D 转换，也可接 2 通道（双极性）。

② 单电源供电（＋5V）。

③ 低功耗。

④ SPI/QSPI 接口（串行接口）。

2．MAX1247 引脚

MAX1247 芯片引脚如图 5-36 所示。各个引脚功能如下：

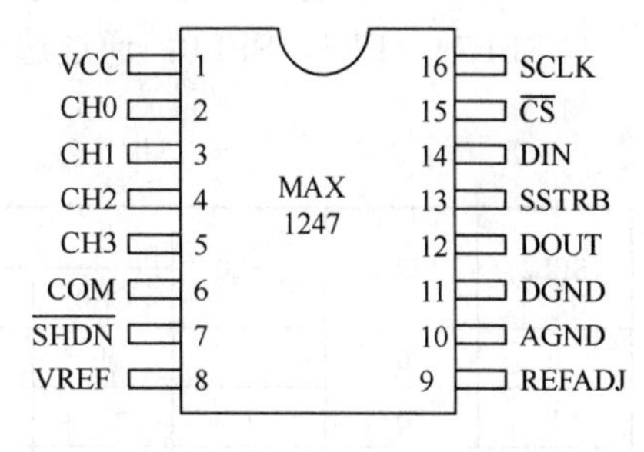

图 5-36　MAX1247 引脚图

VCC：电源＋5V。

CH0、CH1、CH2、CH3：4 通道模拟信号输入端。

COM：模拟输入参考基准端。

VREF：基准电压输入。

$\overline{\text{CS}}$：片选线，低电平有效。

$\overline{\text{SHDN}}$：低电平时，器件将关闭进入掉电节能状态，否则为正常状态。

REFADJ：缓冲放大器输入端，接 VCC 时内部缓冲放大器无效。

AGND：模拟地。

DGND：数字地。

DOUT：串行数据输出端。

SSTRB：转换结束。

DIN：串行数据输入端（控制字，时钟上升沿有效）。

SCLK：串行时钟输入。

3．MAX1247 工作方式

MAX1247 可通过设定控制字的 PD1、PD0 位进行工作模式的选择。

1）外部时钟模式

使用外部时钟模式不仅能将串行数据移进、移出，还可以控制 A/D 转换的速度。

2）内部时钟模式

使用内部时钟转换模式，转换时钟取自内部的时钟发生器，这是一种转换时钟与串行数据移位锁定时钟相分离的模式。

3）软掉电模式

软掉电模式在$\overline{\text{SHDN}}$为高电平或空时，通过设置控制字的 PD1 位和 PD0 位，可选择全掉电和快速掉电的模式，以便在两次转换的闲置时段使器件进入低耗能的掉电状态。在软掉电模式中，串行移位器保留了掉电前的操作数，但不进行 A/D 转换。

4）硬掉电模式

将$\overline{\text{SHDN}}$置于低电平，可以在任何时刻完全关闭转换，并以“0”替换控制字的 PD1 位和 PD0 位，而且不改变此两位的控制。

4．MAX1247 的控制字

MAX1247 控制字格式见表 5-7。

表 5-7　MAX1247 的控制字格式

D7	D6	D5	D4	D3	D2	D1	D0
START	SEL2	SEL1	SEL0	UNL/$\overline{\text{BIP}}$	SGL/$\overline{\text{DIF}}$	PD1	PD0

START：启动位，为“1”时有效。

SEL2、SEL1、SEL0：通道选择端，见表 5-8。

表 5-8　MAX1247 通道选择

SEL2	SEL1	SEL0	SGL/$\overline{\text{DIF}}$ 1 =1（单端输入）					SGL/$\overline{\text{DIF}}$ 0（差动输入）			
			CH0	CH1	CH2	CH3	COM	CH0	CH1	CH2	CH3
0	0	1	+				—	+	—		
1	0	1		+			—	—	+		
0	1	0			+		—			+	—
1	1	0				+	—			—	+

UNL/$\overline{\text{BIP}}$：极性选择位，为“1”时选择单极性，为“0”时选择双极性。

SGL/$\overline{\text{DIF}}$：单端、差动方式选择端。

PD1、PD0：模式选择端，见表 5-9。

表 5-9　MAX1247 模式选择

PD1	PD0	方 式 选 择
0	0	全掉电
0	1	快速掉电
1	0	内时钟模式
1	1	外时钟模式

5．MAX1247 的数据操作时序

MAX1247 的数据操作时序如图 5-37 所示。

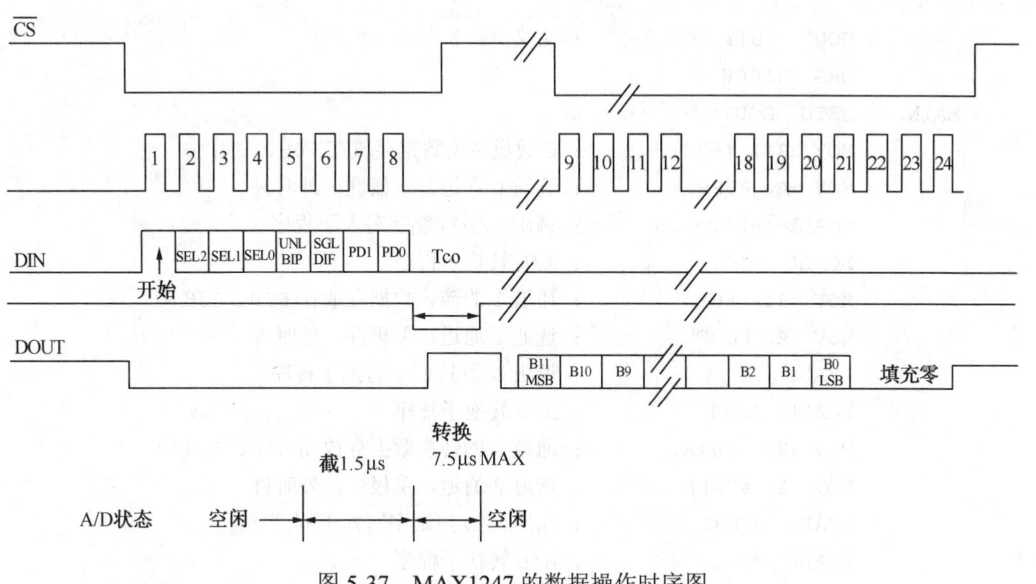

图 5-37 MAX1247 的数据操作时序图

6．MAX1247 与 MCS-51 的接口

以 MAX1247 芯片与 8031 单片机的接口为例，对 MAX1247 芯片的使用进行介绍，如图 5-38 所示。

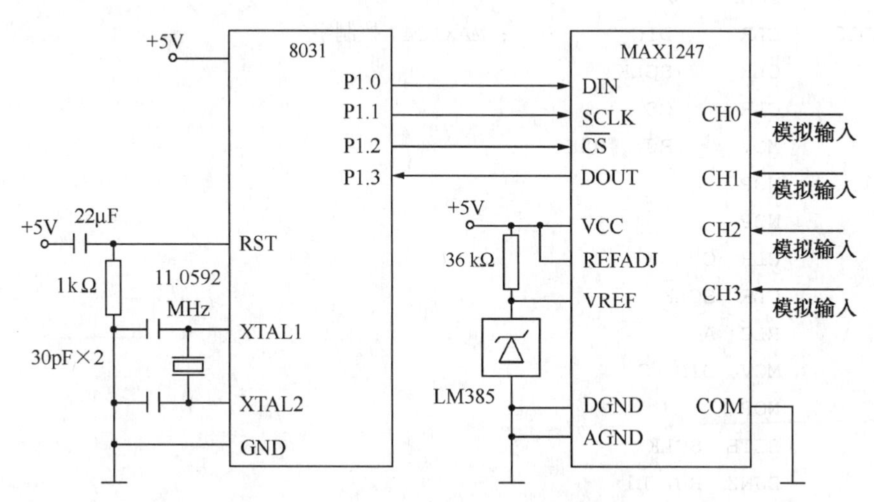

图 5-38 MAX1247 与单片机 8031 的连接图

在连接图中 P1.0 为串行输出控制字，P1.1 为输出串行时钟，P1.2 为片选线，P1.3 为 A/D 转换数字量串行输出端。其中，最后的 4 位数据为无效位。因此，对 MAX1247 的一次操作需要 24 个串行时钟 SCLK。

【例 5-9】 根据图 5-38 所示，编制 A/D 转换程序，采集一次模拟量输入通道 CH0、CH1、CH2 和 CH3 的模拟信号，并分别放在 60H、61H，62H、63H，64H、65H，66H、67H 中。

程序如下：

```
DIN    BIT   P1.0    ；定义 P1.0 为 DIN
SCLK   BIT   P1.1    ；定义 P1.1 为 SCLK
CS     BIT   P1.2    ；定义 P1.2 为 CS
```

```
        DOUT   BIT  P1.3        ; 定义 P1.3 为 DOUT
        ORG  0100H
MAIN:   SETB  DOUT
        MOV  R1, #60H           ; 0 通道转换数据存放在 60H、61H 中
        MOV  A, #9FH            ; 选通 0 通道，单极性，外时钟
        LCALL  AD10             ; 调用 A/D 控制字写入子程序
        LCALL  AD11             ; A/D 转换子程序
        MOV  R1, #62H           ; 通道 1 的转换数据存放在 62H、63H 中
        MOV  A, #0DFH           ; 选通 1 通道，单极性，外时钟
        LCALL  AD10             ; 调用 A/D 控制字写入子程序
        LCALL  AD11             ; A/D 转换子程序
        MOV  R1, #64H           ; 通道 2 的转换数据存放在 64H、65H 中
        MOV  A, #0AFH           ; 选通 2 通道，单极性，外时钟
        LCALL  AD10             ; 调用 A/D 控制字写入子程序
        LCALL  AD11             ; A/D 转换子程序
        MOV  R1, #66H           ; 通道 3 的转换数据存放在 66H、67H 中
        MOV  A, #0EFH           ; 选通 3 通道，单极性，外时钟
        LCALL  AD10             ; 调用 A/D 控制字写入子程序
        LCALL  AD11             ; A/D 转换子程序
        SJMP    $
AD10:   CLR      DIN            ; MAX1247 控制字
        CLR      SCLK
        CLR      CS
        MOV      R0, #08H
L1:     NOP
        NOP
        CLR  C
        CLR  SCLK
        RLC  A
        MOV  DIN, C
        NOP
        SETB  SCLK
        DJNZ  R0, L1
        NOP
        CLR  SCLK
        SETB  CS
        CLR  DIN
        NOP
        NOP
        NOP
        RET
AD11:   CLR  C                  ; A/D 转换子程序
        CLR  CS;
        NOP
```

```
        NOP
        CLR  SCLK
        MOV  R0，#08H
LL3:    NOP
        SETB  SCLK
        NOP
        NOP
        MOV  C， DOUT
        RLC  A
        NOP
        CLR  SCLK
        DJNZ  R0，LL3      ；高8位数据
        MOV  @R1，A
        MOV  R0，#08H      ；低4位数据
LL2:    CLR  C
        NOP
        NOP
        SETB  SCLK
        NOP
        NOP
        MOV  C，DOUT
        RLC  A
        NOP
        CLR  SCLK
        DJNZ  R0，LL2
        INC  R1
        ANL  A，#0F0H
        SWAP  A
        MOV  @R1，A
        SETB  CS
        RET
        END
```

习题五

1．何为单片机三总线？

2．单片机三总线作用是什么？

3．何为线选法译码？

4．对8031单片机进行数据扩展，扩展存储单元为8KB空间，要求地址范围为6000H～7FFFH，不能存在地址重叠，试画出相应的扩展电路。

5．8031的P0口是否可无限多地扩展74LS273芯片？如果不够，如何解决多片扩展问题？

6．简述8155内部结构特点。

7．编制程序对8155进行初始化，使其A口工作在输入状态，B口工作在输出状态，C口工作在通用输入状态。

8．8155有哪几种工作方式？怎样进行选择？

9．试编程对8155进行初始化，使其A口为选通输出，B口为基本输入，C口为控制联络信号端，并启动定时器/计数器，按方式1定时工作，定时时间为10ms，输入时钟频率为500kHz。

10．使用8031外扩一片8155。请画出系统电路原理图，写出地址分布。

11．某一单片机应用系统，需扩展2片8KB的EPROM、2片8KB的RAM，采用地址译码法画出硬件连接图，并指出各芯片的地址范围。

12．在MCS-51扩展系统中，程序存储器和数据存储器共用16位地址线和8位数据线，为什么这两个存储空间不会发生冲突？

13．为什么当P2作为扩展存储器的高8位地址后，不再适宜作为通用I/O接口了？

14．在什么情况下要使用D/A转换器的双缓冲方式？

15．A/D转换器和MCS-51单片机连接时，有哪几种工作方式？

16．DAC0832在与MCS-51单片机连接时，有哪几种工作方式？

17．A/D和D/A转换器的主要技术指标中，“分辨率”和“转换精度”有何不同？

18．单片机用于外界过程控制时，为何要进行A/D和D/A转换？

19．什么是D/A转换器？

20．在与MCS-51单片机相连时，DAC0832有哪些控制信号？其作用是什么？

21．电路图如图5-27所示，试编写程序采用D/A转换器产生频率为100Hz的锯齿波。

第 6 章　键盘、显示器及功率接口

学习要点： 熟悉编码和非编码键盘的概念，掌握独立式和矩阵式键盘接口设计及编程方法；掌握 LED、LCD 显示器的工作原理，与单片机的接口电路及程序设计方法；学习功率器件在工业控制中的应用、功率接口电路及编程方法；重点掌握键检测、键扫描程序及显示程序的设计和功率接口电路设计的方法。

难点： 键扫描程序、显示程序和功率接口电路的设计与编程。

6.1　键盘的接口

键盘是计算机不可缺少的输入设备，是实现人机对话的纽带。按其结构形式，键盘可分为非编码键盘和编码键盘，前者用软件方法产生键码，而后者则用硬件方法产生键码。在单片机中使用的大部分都是非编码键盘，因为非编码键盘结构简单，成本低廉。按键形式有独立式和矩阵式两种。

（1）独立式按键。各按键相互独立，每个按键各接一根输入线，每根输入线上的按键工作状态不会影响其他输入线上的工作状态。因此，通过检测输入线的电平状态可以很容易地判断哪个按键被按下。

（2）矩阵式按键。键盘上的键按行列构成矩阵，在行列的交叉点上都对应一个键。所谓键实际上是一个机械弹性开关，被按下时其交点的行线和列线接通。键盘接口技术的主要内容就是如何确定被按键的行列位置，并据此产生键码。这就是所谓键的识别问题。

6.1.1　键盘输入的抖动问题

键盘实质上是一组按键开关的集合，都利用了机械触点的闭合、断开作用。一个电压信号通过机械触点的断开、闭合过程如图 6-1 所示。

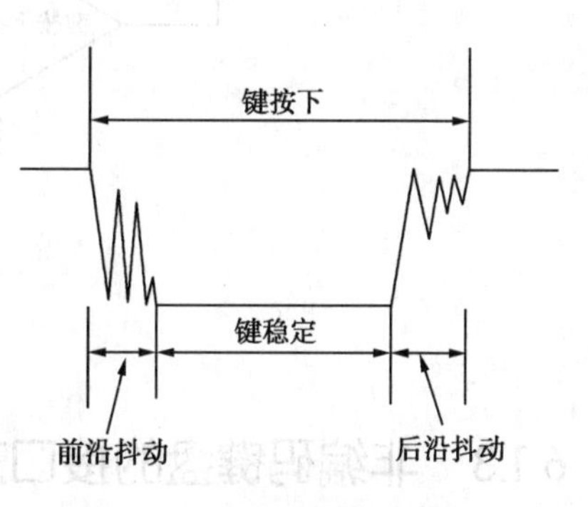

图 6-1　按键抖动信号波形

按键在闭合及断开的瞬间均伴随有一连串的抖动，抖动时间的长短由按键的机械特性决定，一般为 5～10ms。按键稳定闭合期的长短，则由操作人员的按键动作所决定，一般为十分之几秒到几秒。键的闭合与否，反映在电压上就是呈现出高电平或低电平，如果高电平表示断开的话，那低电平则表示闭合，通过电平高低状态的检测，可确定按键按下与否。为了确保 CPU 对一次按键动作只确认一次，必须消除抖动的影响。

6.1.2 消除按键抖动的措施

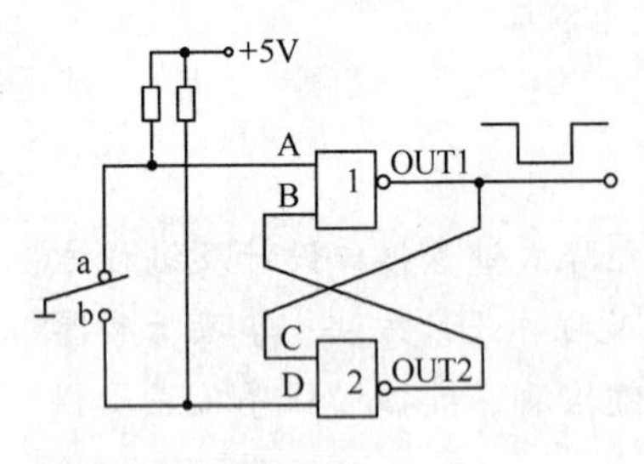

图 6-2　双稳态消抖电路

通常有硬件、软件两种消除抖动的方法。硬件消除抖动方法有一种双稳态消抖电路，如图 6-2 所示，其两个与非门构成一个 RS 触发器。当按键未按下时，输出为 1；当按键按下时，输出为 0。键的机械性能使按键因弹性抖动而产生瞬时不闭合，抖动跳开 b，只要按键不返回原始状态 a，双稳态电路的状态就不改变，输出保持为 0，不会产生抖动的波形。即使 b 点的电压波形是抖动的，经双稳态电路之后，其输出也变为正规的矩形波。

硬件消除抖动法需要增加电子元件，电路复杂，特别是按键较多时，实现起来有困难。而用软件消除抖动法，不需要增加电子元件，只要编写一段延时程序，就可以达到消除抖动的目的。在软件消除抖动方法中，若 CPU 检测到有键按下，先执行一段延时程序后再检测此按键，若仍为按下状态，则 CPU 认为该键确实按下。同样，当键从按下状态到松开状态时，若 CPU 检测到有键松开，并在延时一段时间后仍检测到键在松开状态，则认为键确实松开，这样就消除了抖动的影响，实现了软件消除抖动的目的。图 6-3 所示为软件消除抖动流程图。

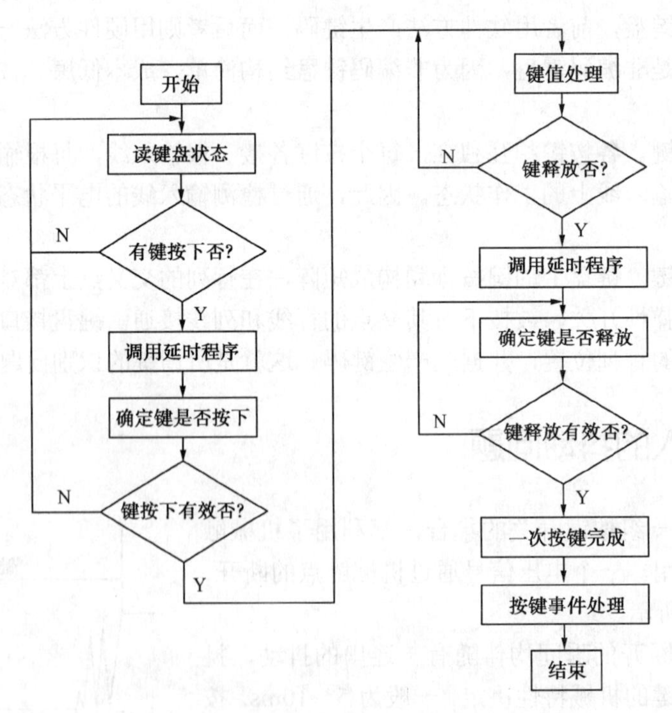

图 6-3　软件消除抖动流程图

6.1.3 非编码键盘的接口方法

非编码键盘分为独立式非编码键盘和矩阵式非编码键盘，下面分别进行介绍。

1．独立式非编码键盘结构

独立式非编码键盘（又称小键盘），是指直接用一条 I/O 接口线对应连接一个按键（一键一线）的键盘电路。由于每个按键单独占有一条 I/O 接口线，所以该接口线的状态只反映该按键是否按下，不会影响其他 I/O 接口线的状态。因此，独立式按键电路配置灵活，软件结构简单，但在按键数量较多时，需要的 I/O 接口线也较多。独立式非编码键盘如图 6-4 所示。当某一按键闭合时，相应的 I/O 接口线变为低电平。

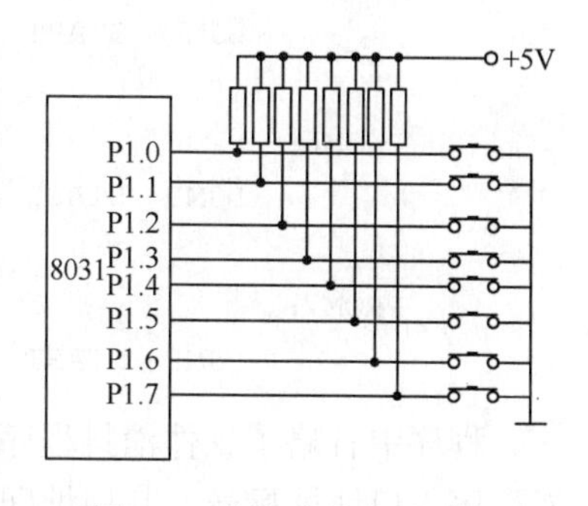

图 6-4　独立式非编码键盘

判断是否有键按下的方法是，查询哪一根接按键的 I/O 接口线为低电平，便知此键按下。例如，对于图 6-4，编写的键处理程序如下。

```
START: MOV  A，#0FFH；输入时先置 P1 口为全 1
       MOV  P1，A
       MOV  A，P1          ；键状态输入
       JNB  ACC.0，P0F     ；0 号键按下转 P0F 标号地址
       JNB  ACC.1，P1F     ；1 号键按下转 P1F 标号地址
       JNB  ACC.2，P2F     ；2 号键按下转 P2F 标号地址
       JNB  ACC.3，P3F     ；3 号键按下转 P3F 标号地址
       JNB  ACC.4，P4F     ；4 号键按下转 P4F 标号地址
       JNB  ACC.5，P5F     ；5 号键按下转 P5F 标号地址
       JNB  ACC.6，P6F     ；6 号键按下转 P6F 标号地址
       JNB  ACC.7，P7F     ；7 号键按下转 P7F 标号地址
       SJMP  START         ；无键按下，返回
P0F:   LJMP  PROM0         ；转至 0 号键功能程序
P1F:   LJMP  PROM1         ；转至 1 号键功能程序
P2F:   LJMP  PROM2         ；转至 2 号键功能程序
P3F:   LJMP  PROM3         ；转至 3 号键功能程序
P4F:   LJMP  PROM4         ；转至 4 号键功能程序
P5F:   LJMP  PROM5         ；转至 5 号键功能程序
P6F:   LJMP  PROM6         ；转至 6 号键功能程序
P7F:   LJMP  PROM7         ；转至 7 号键功能程序
PROM0:                     ；0 号键功能程序
       LJMP  START         ；0 号键执行完，返回
PROM1:                     ；1 号键功能程序
        LJMP  START        ；1 号键执行完，返回

PROM2:                     ；2 号键功能程序
        LJMP  START        ；2 号键执行完，返回

PROM3:                     ；3 号键功能程序
        LJMP  START        ；3 号键执行完，返回

PROM4:                     ；4 号键功能程序
```

```
        LJMP  START      ; 4号键执行完，返回

PROM5:                   ; 5号键功能程序
        LJMP  START      ; 5号键执行完，返回

PROM6:                   ; 6号键功能程序
        LJMP  START      ; 6号键执行完，返回

PROM7:                   ; 7号键功能程序
        LJMP  START      ; 7号键执行完，返回
```

程序中省略了软件消抖程序，只包括键查询、键功能程序转移。其中，P0F～P7F分别为功能程序入口地址标号，其地址间隔应能容纳LJMP指令字节；PROM0～PROM7分别为每个按键的功能程序（省略）。

2．矩阵式非编码键盘结构

矩阵式非编码键盘适用于按键数量较多的场合。

矩阵式键盘由行线和列线组成，按键位于行、列线的交叉点上，一个由3行×8列构成的24个按键的键盘如图6-5所示。

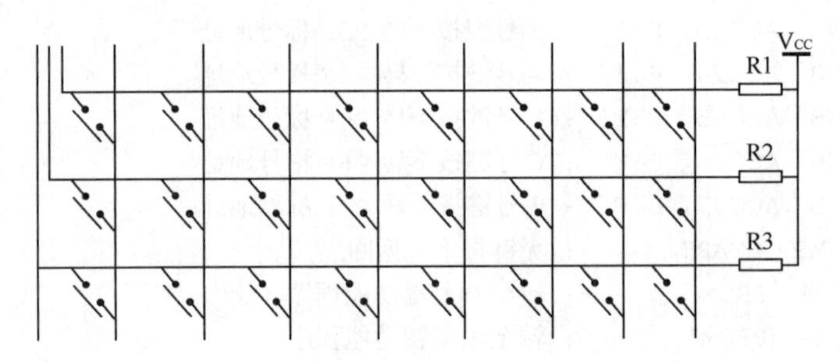

图6-5　矩阵式键盘结构

矩阵键盘的工作原理是：按键设置在行、列线交点上，行、列线分别连接到按键开关的两端。行线通过上拉电阻接到＋5V上。无按键动作时，行线处于高电平状态，当有键按下时，行线电平状态将由与此行线相连的列线电平决定。列线电平为低，则行线电平为低；列线电平为高，则行线电平也为高。这一点是识别矩阵键盘按键是否被按下的关键。由于矩阵键盘中行、列线为多键共用，各按键均影响该键所在行和列的电平。各按键彼此将相互发生影响，所以必须将行、列线信号配合起来并进行适当的处理，才能确定闭合键的位置。

按键的识别方法：有扫描法和线反转法。扫描法是常用的方法，现重点介绍扫描法，此方法分两步进行。

第一步，识别键盘有无键被按下。

第二步，如果有键被按下，识别出具体的按键。

识别键盘有无键被按下的方法是：将所有列线均置为0电平，检查各行线电平是否变化。如果有变化，说明有键被按下；如果没有变化，则说明无键被按下。

识别具体按键的方法（也称为扫描法）是：逐列置为0电平，其他各列置为高电平，检查各行线电平的变化，如果其行电平由高电平变为低电平，则可确定此行此列交叉点的按键被按下。

单片机应用系统中，键盘扫描只是 CPU 的工作内容之一。CPU 在忙于各项工作任务时，如何兼顾键盘的输入，取决于键盘工作方式。

通常键盘工作方式有 3 种，即编程扫描、定时扫描和中断扫描。

下面以 8031 键盘实际矩阵电路分析说明键盘的编程扫描程序。

一是 KEY-SCAN，键检查子程序。

二是 KEY-GET，键扫描取值子程序。

8031 键盘接口电路如图 6-6 所示。

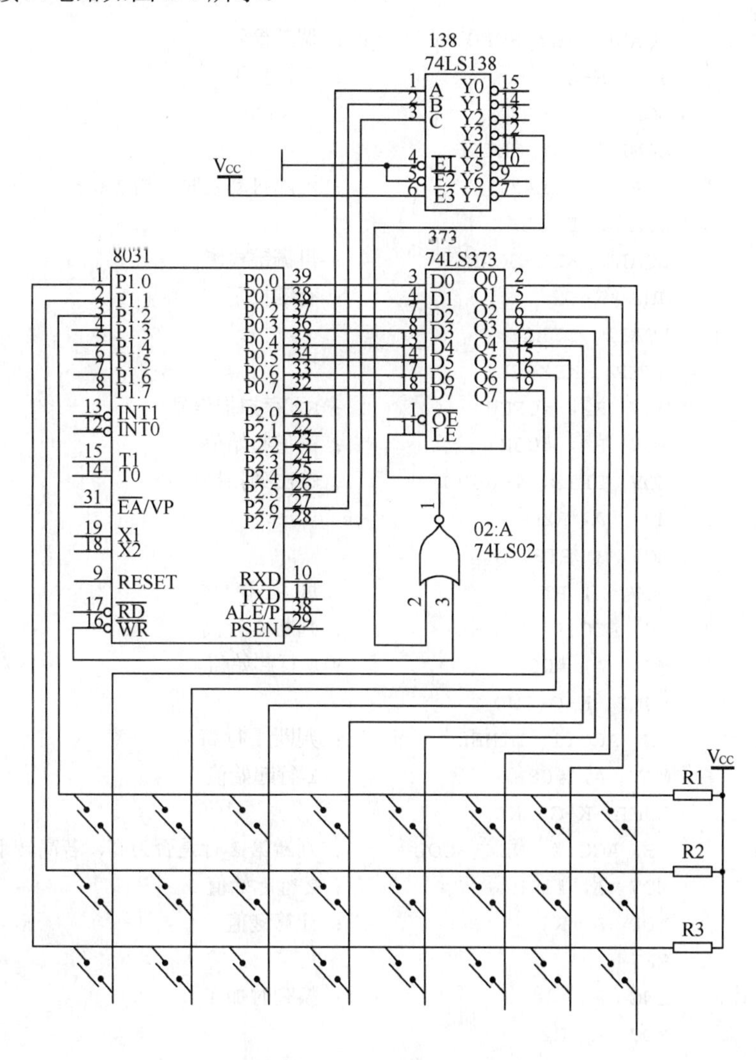

图 6-6　8031 键盘接口电路

在 6000H 接口地址的锁存器 74LS373 锁存低电平，此时读入 P1 口状态，在 P1.0、P1.1、P1.2 三条行线上，只要有一个不是高电平，求反后 A 中就不为 0。此时说明有键按下了，否则无键按下。

键检查子程序：

```
KEY-SCAN: MOV  DPTR，#6000H        ；列口地址送数据指针
          MOV  A，#00H
```

```
        MOVX  @DPTR，A              ；列线送低电平
        MOV  A，P1                  ；读行线电平
        CPL  A                      ；求反
        ANL  A，#07H                ；A＝0 无键按下，A≠0 有键按下
        RET
```

以上检测程序只能判断有无键按下，但在确定有键按下后再分析具体是哪个键按下，则需要用扫描键取值程序。

```
KEY-GET:    ACALL  KEY-SCAN          ；调键检测
            JNZ  K-G1               ；有键按下
            LCALL  DELAY
            AJMP   KEY-GET
K-G1:       LCALL  DELAY            ；消除抖动延时，约 18ms
            LCALL  DELAY
            LCALL  KEY-SCAN         ；再调键检测
            JNZ  K-G2               ；有键按下
            LCALL  DELAY
            AJMP   KEY-GET
K-G2:       MOV  R2，#0FEH          ；R2 存扫描信号
            MOV  R4，#00H           ；键值起始值
K-G3:       MOV  DPTR，#6000H       ；输出列扫描信号
            MOV  A，R2
            MOVX @DPTR，A
            MOV  A，P1              ；读 P1 口
            JB  ACC.0，LINE1        ；判断 0 行高
            MOV  A，#00H            ；0 行起始值
            AJMP  K-G-END
LINE1:      JB  ACC.1  LINE2        ；判断 1 行高
            MOV  A，#08H            ；1 行起始值
            AJMP  K-G-END
LINE2:      JB  ACC.2  NEXT-COL     ；判断第 2 行是否为高，若高转下一列
            MOV  A，#10H            ；2 行起始值
K-G-END:    ADD  A，R4              ；计算键值
            RET
NEXT-COL:   INC  R4                 ；换列时加 1
            MOV  A，R2
            JNB  ACC.7，KEY-NEXT    ；7 列是低
            RL  A                   ；移到下一行
            MOV  R2，A
            AJMP  K-G3              ；返回输出列信号
KEY-NEXT:   RET
```

在调用 KEY-SCAN 程序判明有键按下时，再进入此程序，否则将在此程序中等待按键。这里 R2 用来提供信号的低电平的位置，R4 用来记录位线到哪一位，运行程序出口 A 中得到按键的键值。

其键值表见表6-1，键值标注在键位下面圆括弧内。

表6-1 键位和键值图

WRI (12)	0 (00)	1 (01)	2 (02)	3 (03)
[F] (16)	4 (04)	5 (05)	6 (06)	7 (07)
MOV (10)	8 (08)	9 (09)	A (0A)	B (0B)
USE (17)	C (0C)	D (0D)	E (0E)	F (0F)
RES	MON (11)	EXE (14)	RDS (13)	EXA (15)

除了以上编程扫描工作方式外，定时扫描工作方式是利用单片机内部定时器产生定时中断（如10ms），CPU响应中断后对键盘进行扫描，在有键按下时识别出该键并执行相应键功能程序，定时扫描工作方式的键盘硬件电路与编程扫描工作方式相同。

键盘工作于编程扫描状态时，CPU要不间断地对键盘进行扫描工作，以监视键盘输入情况，直到有键按下为止。其间CPU不能处理任何其他工作，如果CPU工作量较大，这种方式将不能适应。定时扫描前进了一大步，除了定时监视键盘输入情况外，其余时间可进行其他任务的处理，使CPU效率提高。为了进一步提高CPU工作效率，可采用中断扫描工作方式，即只有在键盘有键按下时，才执行键盘扫描并执行该键功能程序。如果无键按下，CPU将不进行键盘扫描。一般来说前两种扫描方式，CPU对键盘的监视是主动进行的，而后一种扫描方式，CPU对键盘的监视是被动进行的。

6.1.4 BCD码拨盘接口

BCD码十进制拨盘是向单片机应用系统输入数据的设备，是一种硬件设置数据的设备。使用拨盘输入的数据具有不可变性，却又易于修改。十进制输入、BCD输出的拨盘是最常使用的一种。图6-7所示为一个4位BCD码拨盘组结构和连接示意图。每位拨盘有0～9十个拨动位置，每个位置由相应的数字表示，分别代表拨盘输入的十进制数。因此，一位拨盘可以代表一位十进制数，可以根据设计的需要，用多位BCD码拨盘组成多位十进制数。

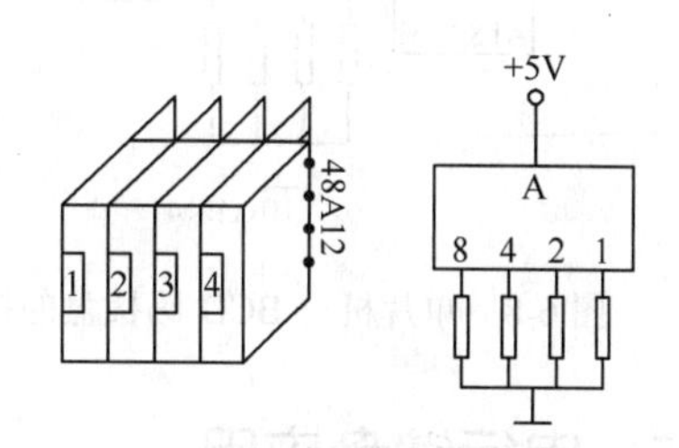

图6-7 4位BCD码拨盘组结构和连接示意图

BCD码盘有1根输入控制线A、4根BCD码输出信号线。在拨盘的各个不同位置，使输入控制线A分别与4根BCD码输出线中的某几根接通，使BCD码输出线的状态与拨盘所显示的值一致，并使该编码信号输入单片机的CPU。BCD码拨盘的输入/输出状态见表6-2。

表 6-2 BCD 码拨盘的输入/输出状态

拨盘输入	控制线 A	输出状态			
		8	4	2	1
0	1	0	0	0	0
1	1	0	0	0	1
2	1	0	0	1	0
3	1	0	0	1	1
4	1	0	1	0	0
5	1		1	0	1
6	1	0	1	1	0
7	1	0	1	1	1
8	1	1	0	0	0
9	1	1	0	0	1

BCD 码拨盘与单片机相连的应用如图 6-8 所示。拨盘的输入控制线 A 接＋5V，4 根输出线通过电阻接地并接单片机 CPU 的 P1 口。由表 6-2 可知，当拨盘在 0～9 的某个位置时，4 根输出线的 8、4、2、1 端有一组相应的电平状态生成，CPU 可以通过读取 P1 口的端口状态得到拨盘设置的数据。在这种情况下，拨盘输出的 BCD 码为正逻辑电平。如果 BCD 码拨盘的输入控制线 A 接地，4 根输入线通过电阻接＋5V，那么拨盘输出的 BCD 码为负逻辑电平，如图 6-9 所示。

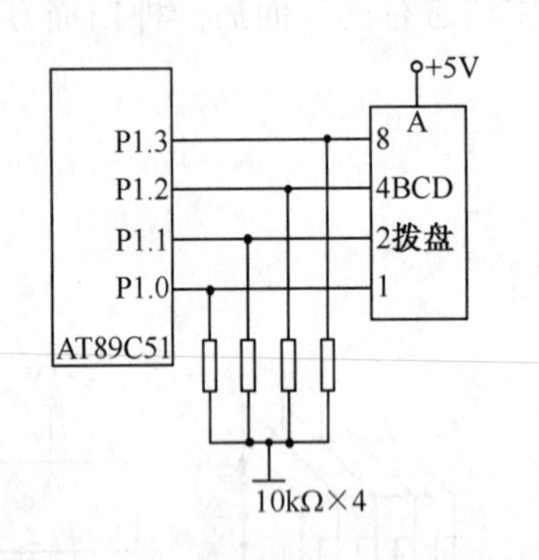

图 6-8 单片机与 BCD 码拨盘的接口

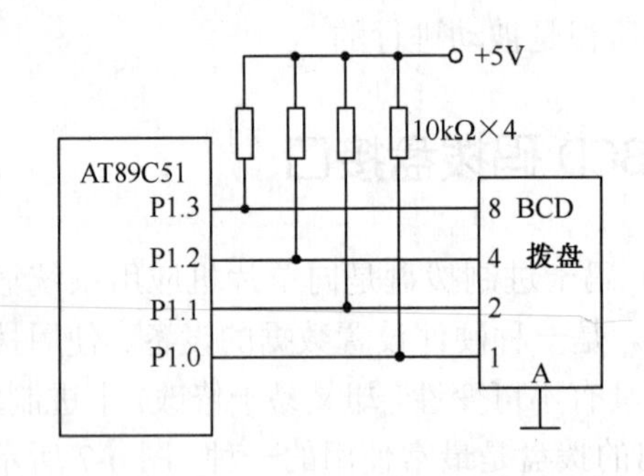

图 6-9 BCD 码拨盘负逻辑接口

6.1.5 串行键盘应用

除了利用并行输入口设计键盘控制电路外，还可以用串行方式设计键盘控制电路。图 6-10 所示为用单片机串行口设计的串行键盘控制电路。

CD4014 是 8 位移位寄存器（同步并入），实现并行输入、串行输出。

如图 6-10 所示，CD4014 的 P1～P8 作为 8 个开关 S1～S8 的输入端，输入的开关量通过 AT89C51 的 TXD 端控制 CD4014 的 CLK 端口，把输入值逐次串行输入 AT89C51 的 RXD 端口，并存入寄存器 A 中。

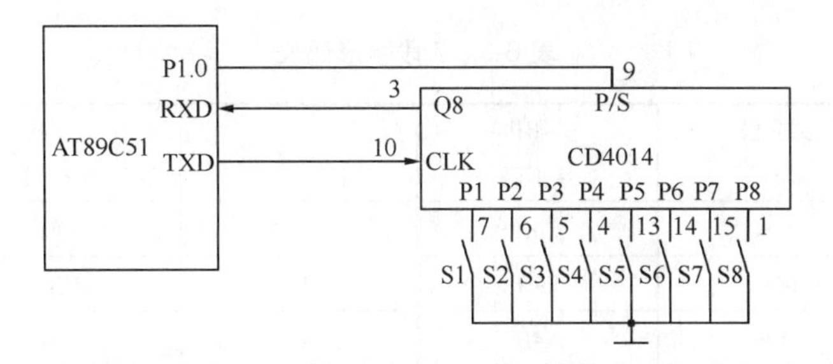

图 6-10　单片机串行口键盘控制电路

键盘电路程序如下：

```
S1:   SETB  P1.0          ；置位 CD4014 的 P/S 端
      CLR  P1.0           ；清 CD4014 的 P/S 端，开始串行移位
      MOV SCON, #10H      ；设置串行方式 0，开始接收
W1:   JNB RI, W1          ；判 RI 状态
      CLR RI              ；一次串行输入完成
      MOV A, SBUF         ；存放输入的数据
      RET
```

除了使用 CD4014 集成电路外，还可以使用 74LS165 等集成电路芯片设计串行键盘控制电路。

6.2 LED 7 段发光显示器接口

发光二极管显示器简称 LED（Light Emitting Diode），LED 有 7 段和 8 段之分，也有共阴极和共阳极之分，如图 6-11 所示。共阴极 LED 显示块的发光二极管的阴极连在一起，通常此公共阴极接地，当某个发光二极管的阳极为高电平时，发光二极管点亮，相应段被显示，如图 6-11（b）所示。同样，共阳极 LED 显示块的发光二极管的阳极连在一起，通常此公共阳极接正电压。当某个发光二极管的阴极接低电平时，发光二极管被点亮，相应的段被显示，如图 6-11（c）所示。两个显示块都有 SP 显示段，用于显示小数点。

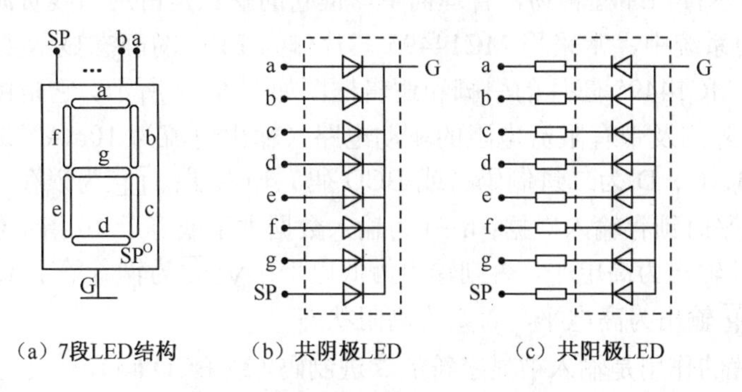

图 6-11　LED 原理及外形引脚图

7 段字形码见表 6-3，由于只有 8（加上小数点）个段，所以字形码为一个字节。“米”字段 LED 字形码由于有 15 个段，所以字形码为两个字节。

表6-3　7段字形码表

显示字符	共阴极字形码	共阳极字形码	显示字符	共阴极字形码	共阳极字形码
0	3FH	C0H	C	39H	C6H
1	06H	F9H	D	5EH	A1H
2	5BH	A4H	E	79H	86H
3	4FH	B0H	F	71H	8EH
4	66H	99H	P	73H	8CH
5	6DH	92H	U	3EH	C1H
6	7DH	82H	Y	6EH	91H
7	07H	F8H	H	76H	89H
8	7FH	80H	L	38H	C7H
9	6FH	90H	亮	FFH	00H
A	77H	88H	灭	00H	FFH
B	7C	83H			

一般由 N 片 LED 显示块可拼接成 N 位 LED 显示器。N 位 LED 显示器有 N 根位选线和 $8\times N$ 根段选线。根据显示方式不同，位选线和段选线的连接方法也各不相同。段选线控制显示字符的字形，而位选线则控制显示位的亮、暗。LED 显示器有静态显示和动态显示两种方式。

6.2.1　静态显示接口及编程

LED 显示器为静态显示方式时，各位的共阴极（或阳极）连接在一起接地（或＋5V）；每位的段选线（a～sp）分别与一个 8 位的锁存器输出相连。静态显示由于显示器中的各位相应独立，而且各位的显示字符一经确定，相应锁存器的输出将维持不变，直到显示另一字符为止。静态显示器的亮度较高。

由于各位分别由一个 8 位输出口控制段选码，所以在同一时间里，每一位显示的字符可以各不相同。这种显示接口编程容易，管理简单，但它的缺点是占用口线资源较多。

在单片机应用系统中，常采用 MC14495 芯片作为 LED 的静态显示接口，它可以和 LED 显示器直接相连。MC14495 芯片的引脚和逻辑框图如图 6-12 所示。它是由 4 位锁存器、地址译码和笔段 ROM 阵列及带有限流电阻的驱动电路（输出电流为 10mA）3 部分电路组成的。图 6-12 中，A、B、C、D 为二进制码（或 BCD 码）输入端；$\overline{LE}$ 为锁存控制端，低电平时可以输入数据，高电平时锁存输入数据；h＋i 为输入数据大于或等于 10 指示位，若输入数据大于或等于 10，则 h＋i 输出为高电平，否则输出为低电平；$\overline{VCR}$ 为输入等于 15 指示位，若输入数据等于 15，则 $\overline{VCR}$ 输出为高电平，否则为高阻状态。

MC14495 芯片的作用是输入被显字符的二进制码（或 BCD 码），并把它自动转换成相应字形码，送给 LED 显示。图 6-13 所示为采用 MC14495 芯片的 4 位静态 LED 显示器接口电路。图中 P1.7～P1.4 用于输出预显示字符的二进制码（或 BCD 码），P1.2＝0 用于控制 2-4 译码器工作，P1.1 和 P1.0 经译码器输出后控制 MC14495 中哪一位接收 P1.7～P1.4 上的代码。

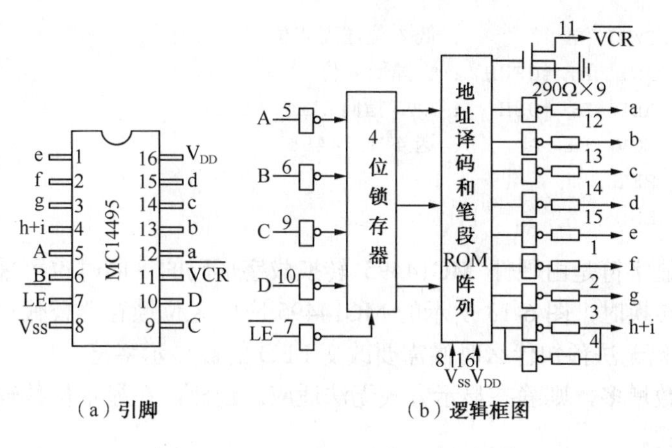

（a）引脚　　（b）逻辑框图

图 6-12　MC14495 引脚和逻辑框图

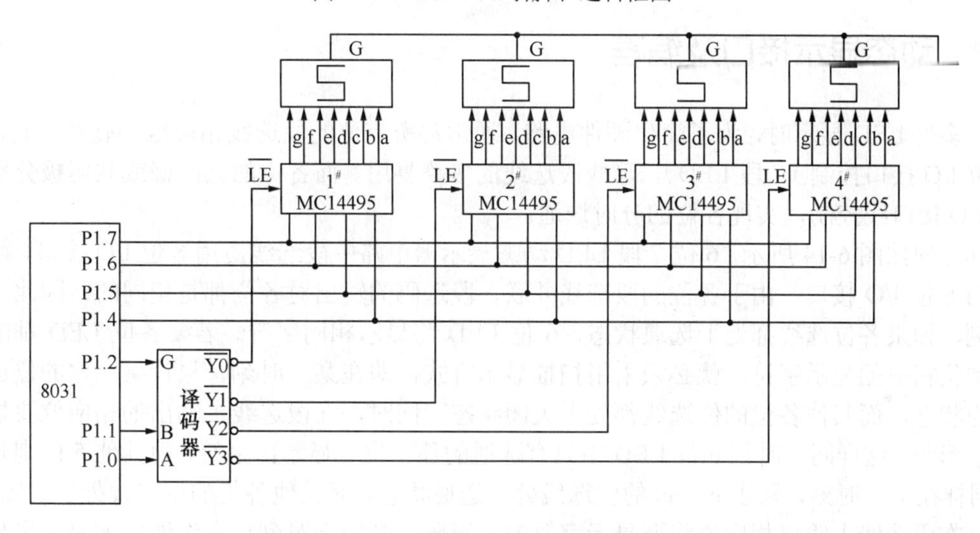

图 6-13　4 位静态 LED 显示器接口电路

下面以静态 LED 显示器接口为例编程，编出能在图 6-13 所示电路中自左到右显示出来的程序。设 8031 单片机内部 RAM 的 20H 和 21H 单元中有 4 位十六进制数（20H 中为高两位）。

相应程序如下：

```
          ORG  1000H
SDISPLAY: MOV  A，20H     ；20H 中数送 A
          ANL  A，#0F0H   ；截取高 4
          MOV  P1，A      ；送 1#MC14495
          MOV  A，20H     ；20H 中数送 A
          SWAP  A         ；低 4 位送高 4 位
          ANL  A，#0F0H   ；去掉低 4 位
          INC  A          ；A1A0 指向 2#MC14495
          MOV  P1，A      ；送 2#MC14495
          MOV  A，21H     ；21H 中数送 A
          ANL  A，#0F0H   ；截取高 4 位
          ADD  A，#02H    ；A1A0 指向 3#MC14495
          MOV  P1，A      ；送 3#MC14495
          MOV  A，21H     ；21H 中数送 A
```

```
SWAP  A          ；低 4 位送高 4 位
ANL   A，#0F0H   ；去掉低 4 位
ADD   A，#03H    ；A1A0 指向 4#MC14495
MOV   P1，A      ；送 4#MC14495
RET
END
```

在本例中，被显字符是由硬件 MC14495 转换成字形码的，同时也可采用软件法转换成字形码。采用软件法转换时，图 6-13 所示的 MC14495 应由 8 位锁存器替代。静态显示所需的硬件成本较高，CPU 也无法预知什么时候需要改变 LED 的被显示字符。

如果显示器位数增多，则静态显示方式无法适应。因此，在显示位数较多的情况下，一般都采用动态显示方式。

6.2.2 动态显示接口及编程

在多位 LED 显示时，为了简化硬件电路，通常将所有位的段选线相应地并联在一起，由一个 8 位 I/O 接口控制（7 段 LED），形成段选线的多路复用。而各位的共阳极或共阴极分别由相应的 I/O 接口线控制，实现各位的分时选通。

其原理如图 6-14 所示，6 位 7 段 LED 动态显示器电路中段选线占用 8 位 I/O 接口，而位选线占用 6 位 I/O 接口，由于各位的段选线并联，段选码的输出对各位都是相同的。因此，在同一时刻，如果各位选线都处于选通状态，6 位 LED 将显示相同字符。若要各位 LED 都能显示出与本位相应的显示字符，就必须采用扫描显示方式，即在某一时刻，只让某一位的位选线处于选通状态，而其他各位的位选线都处于关闭状态。同时，在段选线上输出的相应位要显示字符的字形码。这样同一时刻 6 位 LED 中只有选通的那一位才显示出字符，而其他 5 位则是熄灭的。同样在下一时刻，只让下一位的位选线处于选通状态，而其他各位的位选线处于关闭状态。同时，在段选线上输出相应位将要显示字符的字形码，则同一时刻只有选通位才显示出相应的字符，而其他各位则是熄灭的。如此循环下去，就可以使各位显示出将要显示的字符，虽然这些字符是在不同时刻出现的，而在同一时刻，只要一位显示，其他各位熄灭，但由于人眼有视觉暂留现象，只要每位显示时间足够短，就可造成多位同时亮的假象，达到显示的目的。

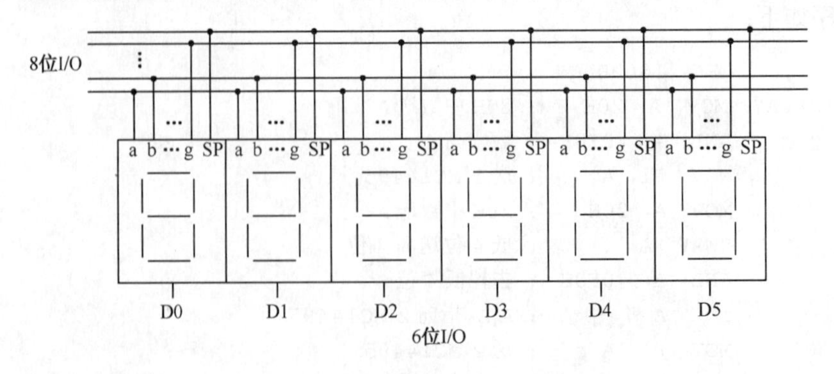

图 6-14　动态显示器电路图

LED 不同位显示的时间间隔可以通过定时中断完成。如对 6 位 LED 显示器，扫描显示频率为 50Hz，若显示一位保持 1ms 时间，则显示完所有 6 位之后只需 6ms。另外，14ms CPU 完全可以处理其他工作。上述保持 1ms 的间隔应根据实际情况而定，不能太小，因为发光二极管

从导通到发光有一定延时，导通时间太短，发光太弱人眼无法看清。但也不能太长，因为要受限于临界闪烁频率，而且时间越长，占用 CPU 时间也越多。另外，显示位增多，也将占用大量 CPU 时间。因此，动态显示实质是以牺牲 CPU 时间来换取元件和能耗的减少的。

下面介绍一个动态显示接口的实例。

要使 LED 显示器显示出字符，必须提供段选码和位选码。段选码（字形码）可以用硬件译码的方法得到，也可以用软件译码的方法得到。以 8031 单片机 6 位 LED 动态显示接口电路为例分析说明显示接口与编程。

图 6-15 中 6 位 LED 显示器的段选线分别并联在一起，由一个 74LS373 锁存器提供段选码，由另一个 74LS373 锁存器提供位选码。这两个锁存器由 1 个 74LS138 译码器的输出 Y4 和 Y3 分别控制，而 74LS138 译码器的选择输入端分别接到 P2.7、P2.6、P2.5 最高的 3 位地址。因此，可以得到段选码锁存器的接口地址是 8000H，位选码锁存器的接口地址是 6000H，在 6 位 LED 显示器动态显示程序中需要 6 个和 LED 相对应的存储单元，用来存储相应位要显示的字符。这 6 个单元称为显示缓冲区。在 8031 单片机开发系统中 7EH、7DH、7CII、7BII、7AH 和 79H 片内数据存储区，与 6 个 LED 显示位由左到右一一对应，如图 6-16 所示。

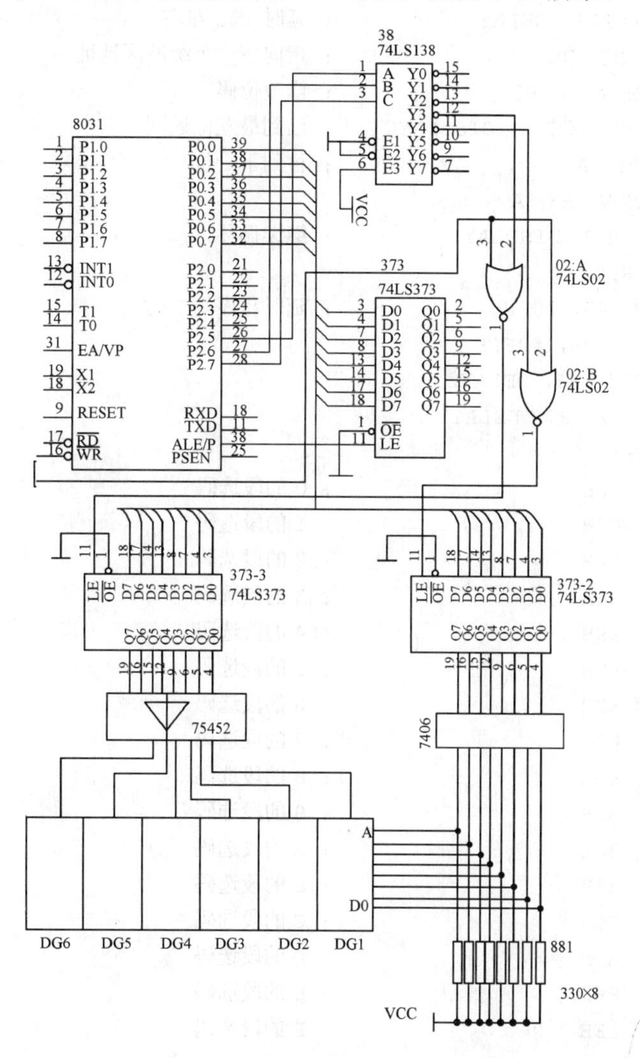

图 6-15 6 位 LED 动态显示接口电路

DG6	DG5	DG4	DG3	DG2	DG1
7EH	7DH	7CH	7BH	7AH	79H

图 6-16 LED 对应显示缓冲区

动态扫描显示程序如下：

```
DISPLAY: MOV  R0，#79H            ；R0 指向显示缓冲区低位
         MOV  R3，#01H            ；R3 指向位码低位
         MOV  A，R3               ；输出位码
DISPLAY1: MOV  DPTR，#6000H       ；DPTR 指向位口地址
          MOVX  @DPTR，A          ；输出位码
          MOV  A，@R0
          ADD  A，#19H            ；加 PC 到 TABLE 偏移量
          MOVC  A，@A+PC          ；查表获得对应的段码
          MOV  DPTP，#8000H       ；DPTR 指向段口地址
          MOVX  @DPTP，A          ；在段口输出段码
          ACALL  DELAY            ；延时 1ms 左右
          INC  R0                 ；指向下一个缓冲区地址
          MOV  A，R3              ；修改位码
          JB  ACC.5，DISPLAY2     ；已到最左位返回
          RL  A                   ；移到下一位
          MOV  R3，A
          AJMP  DISPLAY1          ；继续循环
DISPLAY2: RET
DELAY: MOV  R7，#02H              ；延时程序约 1ms
DELAY1: MOV  R6，#0FFH
DELAY2: DJNZ  R6，DELAY2
        DJNZ  R7，DELAY1
        RET
TABLE: DB  C0H                    ；0 的段选码
       DB  F9H                    ；1 的段选码
       DB  A4H                    ；2 的段选码
       DB  B0H                    ；3 的段选码
       DB  99H                    ；4 的段选码
       DB  92H                    ；5 的段选码
       DB  82H                    ；6 的段选码
       DB  F8H                    ；7 的段选码
       DB  80H                    ；8 的段选码
       DB  90H                    ；9 的段选码
       DB  88H                    ；A 的段选码
       DB  83H                    ；B 的段选码
       DB  C6H                    ；C 的段选码
       DB  A1H                    ；D 的段选码
       DB  86H                    ；E 的段选码
       DB  8EH                    ；F 的段选码
```

以上显示程序是扫描程序，是把6个LED显示块从右到左逐个显示一遍，每个的显示时间约为1ms。如果反复调用此显示程序，循环下去，根据人眼的视觉暂留现象，使人感觉这6个LED好像同时在显示，显示的内容是预先放在对应显示缓冲区的内容。

【例6-1】 在6个LED上显示“CPU-51”。

程序如下：

```
          ORG  2000H
START:    MOV  R0，#79H
          MOV  @ R0，#01H     ；01H ——→ 79H单元
          INC  R0
          MOV  @ R0，#05H     ；05H ——→ 7AH单元
          INC  R0
          MOV  @ R0，#14H     ；14H ——→ 7BH单元
          INC  R0             ；“——”符号
          MOV  @ R0，#1CH     ；1CH ——→ 7CH单元
          INC  R0             ；“U”字符
          MOV  @ R0，#10H     ；10H ——→  7D单
          INC  R0             ；“P”字符
          MOV  @ R0，#0CH     ；0CH ——→ 7E单元
          ACALL  DISPLAY      ；调扫描显示程序
          AJMP  START         ；循环
```

运行以上程序则在6个LED显示块上显示出：

C	P	U	-	5	1

【例6-2】 十六进制数循环显示程序。

```
        ORG  2000H
LOOP:   MOV R1，#00H               ；设R1为查段码表计数器
LOOP0:  MOV R2，#01H               ；设R2为位选通码控制寄存器
        MOV  R3，#10H              ；设R3为十六进制数计数器
LOOP1:  MOV  A，R1
        ACALL TAB                  ；调查段码表子程序
        MOV  DPTR，#8000H          ；送段码口地址
        MOVX  @ DPTR，A            ；输出段码
        INC  R1                    ；修改查表计数器
        CJNE  R1，#10H，LOOP2      ；16个数未显示完继续
        MOV  R1，#00H              ；16个数显示完从头开始
        AJMP  LOOP1
LOOP2:  MOV  DPTR，#6000H          ；送位码口地址
        MOV  A，R2
        MOVX  @DPTR，A             ；输出位码
        MOV  R5，#8                ；延时程序
     I3：MOV  R6，#200
     I2：MOV  R7，#126
```

```
I1: DJNZ  R7, I1
    DJNZ  R6, I2
    DJNZ  R5, I3
    MOV  A, R2
    RL  A                      ; 调整位选码
    MOV  R2, A
    CJNE  R2, #40H, LOOP1      ; 6位显示完否
    AJMP  LOOP0
TAB:    INC  A                 ; 查表子程序
    MOVC  A, @A+PC
    RET
DB: DC0H, 0F9H, 0A4H, 0B0H, 99H, 92H
DB: 82H, 0F8H, 80H, 90H, 88H
DB: 83H, 0C6H, DA1H, 86H, 8EH
```

6.2.3 8155作为LED显示器接口

8155是可编程RAM/IO接口芯片，可与MCS-51单片机直接相连而不需要任何硬件，是单片机系统中最实用、使用最广泛的接口芯片之一。

为了实现LED显示器的动态扫描，除了要给显示器提供段（字形代码）的输入之外，还要对显示器位进行控制。因此，多位LED显示器接口电路需要有两个输出口，其中，一个用于输出8条段控线（有小数点显示），另一个用于输出位控线（位控线的数目等于显示器的位数）。如图6-17所示，使用8155作为6位LED显示器的接口电路。

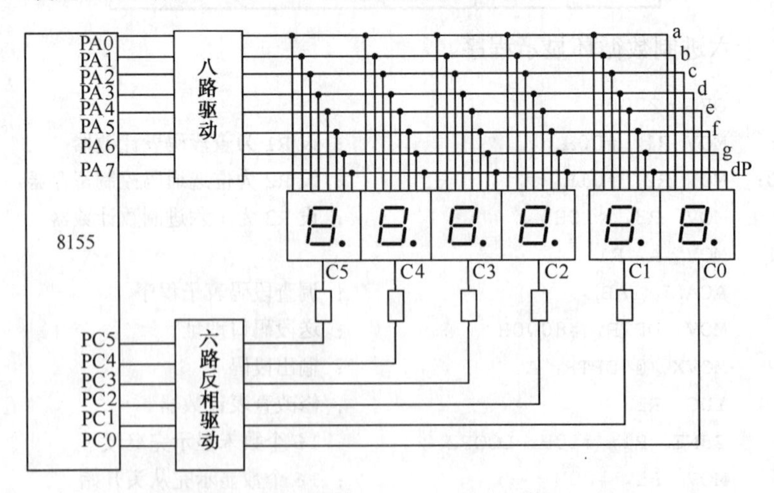

图6-17 8155作为6位LED显示器的接口电路

其中，C口为输出口（位控口），以PC5～PC0输出位控线。由于位控线的驱动电流较大，8段全亮时为40～60mA。因此，PC口输出加74LS06进行反相和提高驱动能力，然后再接各LED显示器的位控端。

A口也为输出口（段控口），以输出8位字形代码（段控线）。段控线的负载电流约为8mA。为提高显示亮度，通常加74LS244进行段控输出驱动。

为了存放显示的数字或字符，通常在内部 RAM 中设置显示缓冲区，如图 6-16 所示，其单元个数与 LED 显示器位数相同。

假定位控口地址为 0103H，段控口地址为 0101H，显示缓冲区为 79H～7EH，以 R3 存放当前位控值，DELAY 为延时子程序。

显示程序如下：

```
DIR:    MOV  R0, #79H        ; 建立显示缓冲区首址
        MOV  R3, #01H        ; 从右数第一位显示器开始
        MOV  A, R3           ; 位控码初值
LD0:    MOV  DPTR, #0103H    ; 位控口地址
        MOVX  @DPTR, A       ; 输出位控码
        MOV  DPTR, #0101H    ; 得段控口地址
        MOV  A, @R0          ; 取出显示数据
DIR0:   ADD  A, #0DH
        MOVC  A, @A+PC       ; 查表取字形代码
DIR1:   MOVX  @DPTR, A       ; 输出段控码
        ACALL  DELAY         ; 延时
        INC  R0              ; 转向下一缓冲单元
        MOV  A, R3
        JB  ACC.5, LD1       ; 判是否到最高位，到则返回
        RL  A                ; 不到，向显示器高位移位
        MOV  R3, A           ; 位控码送 R3 保存
        AJMP  LD0            ; 继续扫描
LD1:    RET
DSEG:   DB  3FH              ; 字形代码
        DB  06H
        DB  5BH
        ⋮    ⋮
```

字形码表详见表 6-3。

程序说明：

在动态扫描过程中，调用延时子程序 DELAY 时，其延迟时间大约为 1ms。这是为了使扫描到的那位显示器稳定地点亮一段时间，犹如扫描过程中在每一位显示器上都有一段驻留时间，以保证其显示亮度。

本例接口电路是软件为主的接口电路，对显示数据以查表方法得到其字形代码，为此在程序中有字形代码表 DSEG。从 0 开始依次写入十六进制数的字形代码。为了进行查表操作，使用查表指令 MOVC　A，@A＋PC，由 PC 提供 16 位基址，由 A 提供变址。MOVC 指令距 DSEG 表的地址间隔为 0DH。因此，显示数据送 A 后，进行 A＝（A）＋0DH 操作，以求得变址值，然后进行查表操作。

在实际的单片机系统中，LED 显示程序都是作为一个子程序供监控程序调用。因此各位显示器都扫过一遍之后，就返回监控程序。返回监控程序后，经过一段时间间隔后，再调用显示扫描程序。通过这种反复调用来实现 LED 显示器的动态扫描。

6.3 LCD 显示器接口

液晶显示器 LCD 以其功耗微，体积小，字形美观等突出的优点，在低功耗的单片机应用系统，特别是一些便携式仪器仪表中，得到日益广泛的使用。

LCD 是利用外部光的反射实现显示作用的，其本身并不发光。当液晶的显示极板与公共极板（COM）之间存在电位差时，该极板便会有显示，但是不能加直流电压，否则会促使液晶物质电解，缩短其使用寿命。COM 极板必须加频率在 30～200Hz，占空比为 1∶1 的方波电压，若被显示的极板上加异相 180° 的电压，这个极板有显示；反之，若为同相波形电压，这个极板便无显示。LCD 显示器响应速度偏慢。

LCD 显示器可分为段位式 LCD 和点阵式 LCD 两种主要类型，段位式 LCD 接口方式和 LED 基本一样，常用段位式 LCD 为 7 段式数字显示符，其专用 BCD 码 7 段译码/LCD 驱动器有 CD4055、CD4056；BCD 码 7 段锁存/译码/LCD 驱动器有 MC14544、MC14543 及 4 线 LCD 驱动器 MC14054 等。下面主要介绍点阵式 LCD。

点阵式 LCD 模块集点阵液晶板、控制芯片和驱动器于一体，具有接口控制字简单，显示内容丰富的优点，其通用性更强。

点阵式 LCD 模块可分为字符型和图形符型两种。下面介绍字符型 LCD 及其与单片机接口技术。

6.3.1 点阵式字符 LCD

点阵式字符 LCD，在液晶显示板上排列着若干个 5×7 或 5×10 点阵组成的字符显示位。整屏显示有 1～4 行，每行有 8～80 位等多种产品。主要特性有：

① 可与 8 位或 4 位微处理器接口。

② 内藏字符发生器。

③ 允许用户自定义 4 个 5×10 或 8 个 5×7 点阵的字符或符号，有 80 位屏幕存储。

④ 共 11 个控制字，可完成显示、移位及地址等功能的设置。

⑤ 单一＋5V 电源供电，功耗约 10～15mW。

6.3.2 字符型 LCD 与单片机接口

8031 与字符型 LCD 模块的电路连接如图 6-18 所示。图中 DB0～DB7 为 8 位数据双向传输总线；RS 为寄存器选择信号，RS＝“0”选择指令寄存器，RS＝“1”选择数据寄存器；R/$\overline{W}$ 为读/写控制信号，高电平为“读”，低电平为“写”；E 为下降沿触发的使能信号；V_{CC} 接 5V 的直流电源；V_{LCD} 为液晶灰度调整电压输入端。字符型 LCD 控制字代码及功能描述见表 6-4。

因为 RS 和 R/$\overline{W}$ 有相同的定时时间，所以分别接至单片机系统的低 8 位地址线中的 A0 和 A1。单片机通过使能端 E 选通 LCD 模块，方法是把 8031 的 $\overline{RD}$ 和 $\overline{WR}$ 两信号相“与”的输出，再和 A4 地址相“与”后产生这个选通信号。因此，8031 对 LCD 模块进行“读”、“写”操作的口地址为：写指令到 LCD 为 10H，写数据到 LCD 为 11H，读 LCD 状态（查询“忙”标志）为

12H，读 LCD 数据为 13H。

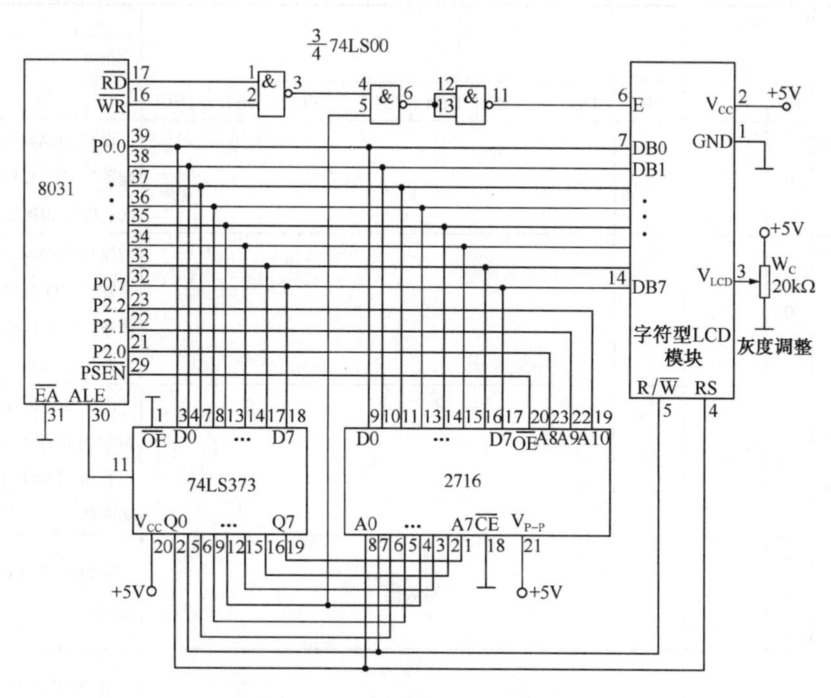

图 6-18　8031 与字符型 LCD 模块接口电路

表 6-4　字符型 LCD 控制字代码表

序号	功　能	状态选择		代　码								注　释	执行周期（f_{cp}=250kHz）
		RS	R/$\overline{W}$	DB7	DB6	DB5	DB4	DB3	DB2	DB1	DB0		
1	清屏	0	0	0	0	0	0	0	0	0	1	清除屏幕，置 AC 为零	1.64s
2	返回	0	0	0	0	0	0	0	0	1	*	设 DD RAM 地址为 80H 显示回原位	1.64ms
3	输入方式设置	0	0	0	0	0	0	0	1	I/D	S	设光标移动方向并指定整体显示是否移动	40μs
4	显示开关控制	0	0	0	0	0	0	1	D	C	B	设整体显示开关（D）、光标开关（C）、光标闪烁开关（B），“1”＝ON，“0”＝OFF	40μs
5	移位	0	0	0	0	0	1	S/C	R/L	*	*	移动光标或整体显示，同时不改变 DD RAM 的内容	40μs
6	系统功能设置	0	0	0	0	1	DL	N	F	*	*	设置接口数据总线宽度（DL），显示行数（L）及字形（F）	40μs

续表

序号	功　能	状态选择		代　　码								注　　释	执行周期（f_{cp}=250kHz）
		RS	R/$\overline{W}$	DB7	DB6	DB5	DB4	DB3	DB2	DB1	DB0		
7	CG RAM 地址设置	0	0	0	1	ACG						设 CG RAM 地址，设置后 CG RAM 数据被发送和接收	40μs
8	DD RAM 地址设置	0	0	1	ADD							设 DD RAM 地址，设置后 DD RAM 数据被发送和接收，起始地址为 80H	40μs
9	读忙信号（BF）及地址计数器	0	1	BF	AC							读忙信号位(BF)，判断内部操作正在执行并读地址计数器内容	0μs
10	写数据 CG/DD RAM	1	0	写数据								写数据到 CG 或 DD RAM	40μs Tadd＝6ns
11	读数据 CG/DD RAM	1	1	读数据								由 CG 或 DD RAM 读数据	40μs Tadd＝6ns
代码中有关位的说明		I/D：“1”，增量方式；“0”，减量方式 S：“1”，显示移位方式；“0”，光标移动方式 S/C：“1”，显示移位；“0”，光标移动 R/L：“1”，右移；“0”，左移 DL：“1”，8 位；“0”，4 位 N：“1”，2 行，“0”，1 行 F：“1”，5×10 字形；“0”，5×7 字形							BF：“1”，内部操作；“0”，接收指令 RS：寄存器选择。H，数据 Reg；L，指令 Reg R/W：读/写。H：读；L：写 DD RAM：显示数据 RAM CG RAM：字符、字形生成 RAM AC：用于 DD 和 CG RAM 地址的地址计数器 *：表示可以为 0 或 1				

6.3.3 软件设计

下面通过实例说明单片机对 LCD 模块的操作。

1．查询“忙”标志位 BF

```
RDBUSY: PUSH  ACC          ；保护现场
        MOV  R1，#12H      ；读“忙”口地址送 R0
RDBS1:  MOVX  A，@R1       ；读 LCD
        RLC  A             ；ACC.7 送 CY
        JC  RDBS1          ；BF=“1”，LCD 内部操作，等待
                           ；BF=“0”，LCD 空闲，可接收指令，恢复现场
        POP  ACC
        RET                ；返回
```

2．LCD 模块上电后初始化程序

```
SYSSET: MOV  R0，#10H          ；写命令口地址
        MOV  A，#38H           ；系统功能设置命令字
        ACALL  RDBUSY          ；查询 LCD“忙”否
        MOVX  @R0，A           ；LCD“闲”，送命令字
        MOV  A，#01H           ；清屏命令字
        ACALL  RDBUSY          ；查询 LCD“忙”否
        MOVX  @R0，A           ；送清屏命令字
        MOV  A，#06H           ；输入方式命令字
        ACALL  RDBUSY          ；查询 LCD“忙”否
        MOVX  @R0，A           ；送输入方式字
        ACALL  RDBUSY
        MOV  A，#02H           ；光标返回命令字
        MOVX  @R0，A
        ACALL  RDBUSY
        MOV  A，#0CH           ；光标关，显示开命令字
        MOVX  @R0，A
        RET
```

执行 LCD 模块初始化程序后，将设置 LCD 接口总线宽度为 8 位，显示双行、5×7 点阵字符，清除整个屏幕，将显示器置为光标移动方式，DD RAM 地址为自动增量方式，光标返回起始位置（屏幕左上角，ADDR＝80H），置整体显示开、光标关。

3．将显示器打开，显示光标并要求光标闪烁，光标返回

```
DSPON:  MOV  R0，#10H
        MOV  A，#0FH      ；显示开关控制字
        ACALL  RDBUSY
        MOVX  @R0，A      ；送命令字
        MOV  A，#02H      ；返回命令字
        ACALL  RDBUSY
        MOVX  @R0，A      ；送命令字
        RET
```

6.4 大功率器件接口电路

在工业控制中，单片机的被控对象大多都是大功率设备，需要高电压、强电流，单片机不能直接驱动，要通过相应的接口电路才能输出一定的功率来驱动大功率设备。常用的功率接口有继电器型、晶闸管型、光电隔离型和功率晶体管型等多种形式。

6.4.1 继电器型驱动接口及编程

继电器是通过线圈的电流来控制触点的开与合，由于继电器的线圈和触点之间没有电气上的联系，因此，可以使用继电器来实现自动控制上的电气隔离。图 6-19 所示为继电器的基本应

用电路。

如图 6-19 所示，KA 为继电器线圈，KA1 和 KA2 是继电器的动合、动断触点，当晶体管VT 的基极输入一个高电平，使 VT 进入饱和状态时，V_{CC}通过继电器的线圈有电流流过，流过电流的线圈产生电磁力吸引触点动作。R 为晶体管基极限流电阻，二极管 VD 用于对晶体管进行保护。在平时，由于二极管为反向串接，没有电流流过，当继电器线圈失电的瞬间会产生很大的反电动势，可能使晶体管被击穿。由于有二极管 VD 的存在，提供了一个通路，使反电动势不会损坏晶体管，从而起到保护作用。在继电器失电状态下，动合触点断开，动断触点闭合，当继电器得电后，动合触点闭合，而动断触点断开，利用继电器的触点开关作用可以控制设备或传送逻辑电平信号。一般继电器带有一组或多组动合、动断触点供使用。不同继电器的线圈所需电压大小不同，触点的接触电流大小不同，耐压值高低也不相同，用户可以根据设计的要求选用相应的继电器。

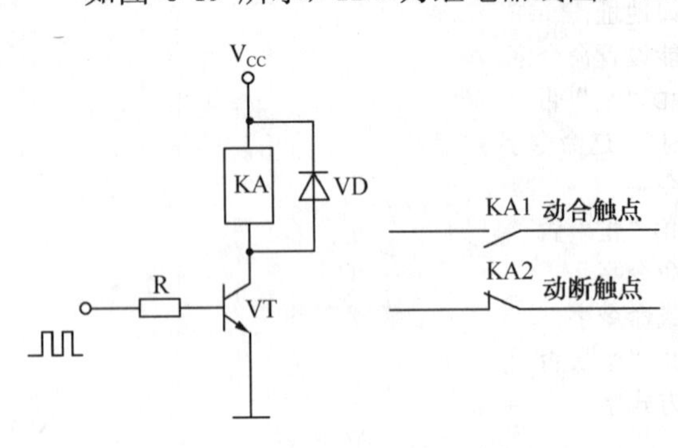

图 6-19　继电器基本应用电路

1．继电器驱动接口及电气参数

在各种控制中，应用场合不同，需要选用的继电器也不同。在设计继电器接口电路时，要了解继电器的一些参数，进行正确的设计，才能获得很好的控制效果。在电路设计时，应根据印制电路板的大小，选用合适的继电器，要考虑它的体积、封装形式。目前，有供印制电路板设计用的微小型继电器，供电电压为 5V。如果继电器不装在印制电路板上，则主要考虑继电器的触点数目和触点功率。为了便于和单片机系统工作电压一致，尽量选用 5V 的低电压继电器。在设计时，要考虑使用继电器后增加的电源功率，在变压器供电的电源设计中，更要充分考虑这一情况。另外，还要考虑单片机接口电路的电流驱动能力，要选择与继电器电流相当的功率元器件，对于功率大的驱动继电器，有必要在中间增加一级继电器，如图 6-20 所示。

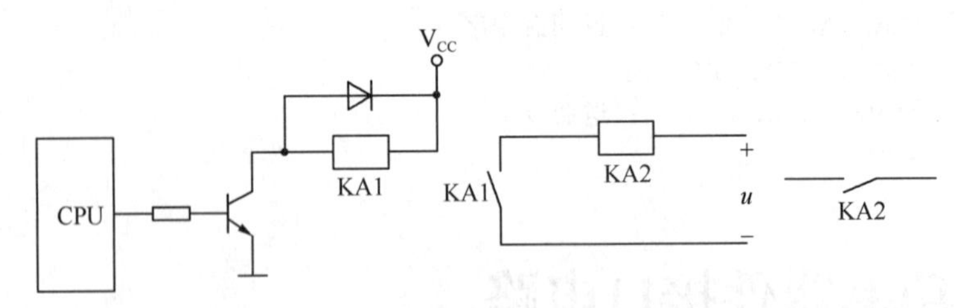

图 6-20　大功率继电器接口电路

计算机 CPU 的 I/O 接口输出一个控制电压，由晶体管驱动中间继电器 KA1，通过继电器KA1 的触点去控制大功率的继电器 KA2，从而实现对大功率继电器的控制。

继电器的触点有多、有少，有动合触点、动断触点，在设计时要充分了解所使用的继电器的产品资料，了解该继电器有几组触点，动合、动断触点如何分配，应充分利用继电器的各组触点来达到简化电路设计的目的。继电器常用电气参数主要有：

1）额定工作电压和电流

指继电器在正常工作状态下，继电器线圈两端所加的电压值或线圈中流过的电流值，是应用于设计的主要参数，是设计的依据。

2）吸合电压和电流

指继电器能产生吸合动作的最小电压值或电流值，一般为额定值的 75%左右。在设计中为保证继电器可靠工作，应使控制电压高于吸合电压，若控制电压在吸合电压左右，就可能造成吸合不可靠或频繁吸合、断开，产生干扰，影响使用。

3）释放电压和电流

指继电器在此电压值以下或在此电流值以下，继电器不吸合。因此，控制电压值或电流值应远远小于释放电压或电流，才能使继电器可靠释放。

4）触点负载

指继电器触点的负载能力，反映了所能控制设备的功率大小。应使所控制设备的功率小于触点负载，才能使继电器工作正常，否则会损坏触点，影响正常工作。常用继电器的一些电气参数见表 6-5。

表 6-5　常用继电器电气参数

型　　号	JZC-36F	JZX-140FF	JRC-19FD
名　　称	超小型中功率继电器	小型大功率继电器	超小型中功率继电器
外形尺寸长×宽×高（mm×mm×mm）	24.5×10.5×24.5	29.0×13.0×25.5	20.8×9.9×12.2
触点形式	1H、1Z	2H、2Z	2Z
触点额定负载	10A 240V AC 10A 30V DC	10A 250V AC 8A　30V DC 5A 250V AC/30V DC	1A 125V AC 2A 30V DC
线圈直流电压（V）	5～48	3～60	3～48
线圈直流功率（W）	0.25、0.53	0.55	0.2、0.36
动作时间（ms）	15	15	6
释放时间（ms）	5	5	4
电器寿命/次	1×10^5	1×10^5	1×10^5
机械寿命	1×10^5	1×10^5	1×10^5
引出端形式	印制电路板式	印制板式	印制电路板式

图 6-21 所示为带光电隔离器的继电器接口电路。当 CPU 使 P1.0＝1 时，光电隔离器的二极管无电流流过，光电晶体管不导通，晶体管 9013 基极电压为 0，继电器无电流流过，不使继电器产生动作。当 CPU 使 P1.0＝0 时，光电晶体管导通，通过 R2、R3 分压后，晶体管 9013 基极得到一个电压，使工作状态从截止到饱和，使继电器线圈得电，驱动继电器的触点动作。二极管用于保护晶体管 9013。也可以使 P1.0 直接驱动晶体管带动继电器，如图 6-22 所示。

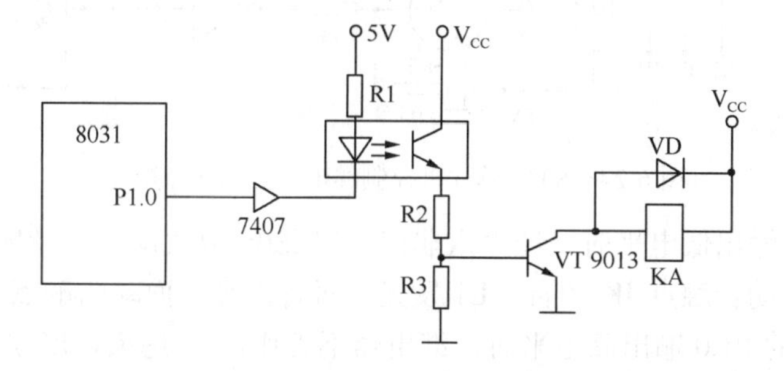

图 6-21　带光电隔离器的继电器接口电路

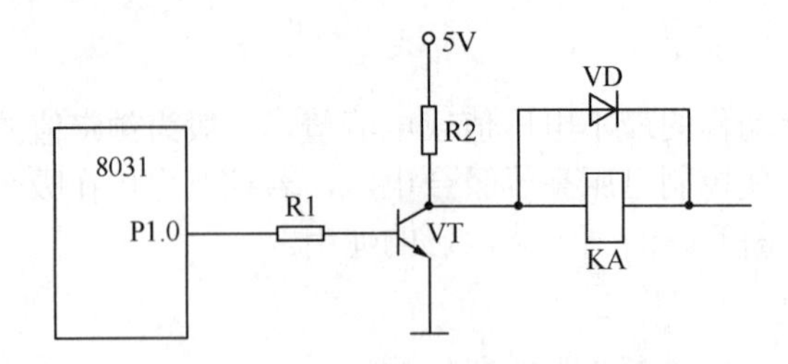

图 6-22　I/O 接口直接驱动继电器

图 6-23 所示为单片机控制一个 220V 交流电动机的电路。前面部分与图 6-21 相同，单片机通过 I/O 接口输出一个高电平使晶体管饱和，继电器得电，动合触点吸合，交流电动机加载 220V 电压开始转动。因此，可以用单片机通过继电器接口直接控制大功率的交流电设备。增加继电器的动合触点，还可以控制其他三相交流电设备。

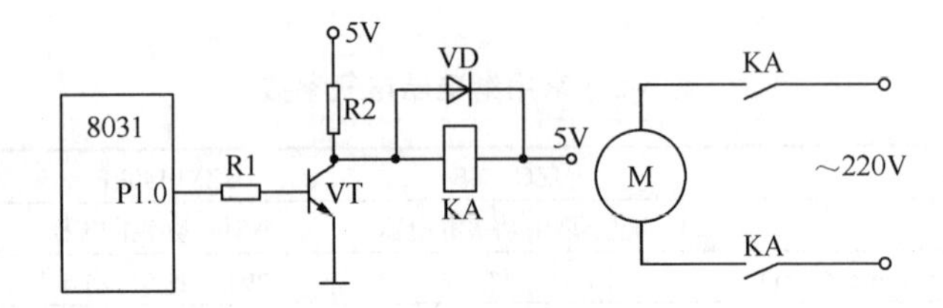

图 6-23　单片机直接驱动交流电动机

在许多控制应用系统中，要求单片机用低电压、弱电流通过电压调节接口，产生高电压、强电流信号去驱动强电设备。这种接口电路除了继电器接口外，还有晶闸管接口。晶闸管简称 SCR，是一种大功率半导体器件，分为单向晶闸管和双向晶闸管。由于可以实现用弱电流、低电压控制强电流、高电压，无机械触点等优点，在工业控制中，晶闸管得到了广泛的应用，在许多场合替代了继电器。晶闸管将在 6.4.2 节中详细介绍。

2．继电器应用及编程

现代自动化控制设备中都存在一个电子与电气电路互相连接的问题，一方面要使电子电路的控制信号能够控制电气电路，另一方面还要为电气电路提供良好的电隔离，以保护电子电路和人身的安全，电子继电器便能完成这一桥梁作用。例如，8032 单片机控制继电器驱动接口电路如图 6-24 所示。

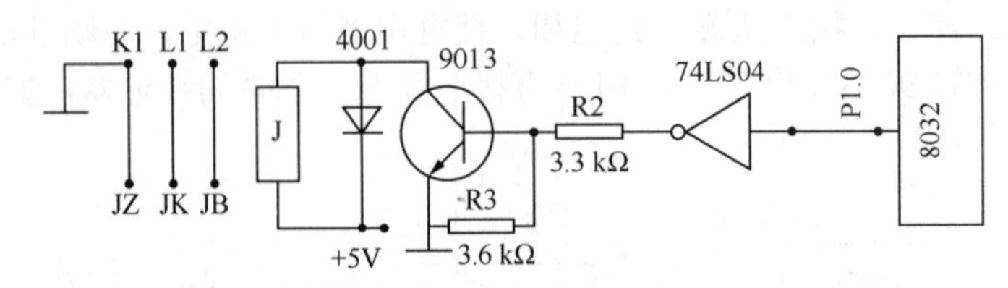

图 6-24　8032 单片机控制继电器驱动接口电路

当 8032 的 P1.0 输出低电平时，经“六非门”74LS04 放大反向，晶体管 9013（NPN 型）饱和，继电器得电，动合触点 JK 闭合，L1 发光二极管点亮。而动断触点 JB 断开，L2 发光二极管熄灭。当 8032 的 P1.0 输出高电平时，继电器不工作，L1 熄灭，L2 点亮。继电器的 JZ 通过开关 K1 接地。驱动该继电器的电流大约需要 100mA，但是 8032 或 8255 I/O 都不能输出这样大的电流，所以要使用一只 9013 晶体管加以放大。另外，继电器的线圈要并联一支二极管，这是为了在继电器断开时，释放所产生的高电压，对电路起保护作用。

利用 P1 口输出高低电平，控制继电器的开合，以实现对外部装置的控制。

控制继电器开合的程序如下：

```
       ORG   0F00H
LOOP： CLR  P1.0          ；P1.0 输出低电平继电器工作
       MOV  R2，#30H      ；送延时常数到 R2
       LCALL  DELY        ；调延时子程序
       SETB  P1.0         ；P1.0 输出高电平继电器不工作
       MOV  R2，#30H      ；送延时常数到 R2
       LCALL  DELY        ；调延时子程序
       SJMP  LOOP         ；返回
       ORG  0213H
DELY： PUSH  02H          ；延时子程序
DEL2： PUSH  02H
DEL3： PUSH  02H
DEL4： DJNZ  R2，DEL4
       POP  02H
       DJNZ  R2，DEL3
       POP  02H
       DJNZ  R2，DEL2
       POP  02H
       RET
```

6.4.2　晶闸管型驱动接口

1．晶闸管及晶闸管常用主要参数

晶闸管是一种功率半导体元件，它具有体积小、重量轻、效率高、使用维护方便等优点，在电动机控制、电磁阀控制、灯光控制、稳压控制、逆变电源等方面有十分普遍的应用。根据结构及用途的不同，晶闸管有很多类型。比较常见的有普通晶闸管、高频晶闸管、双向晶闸管、逆导晶闸管、可关断晶闸管、双控制极晶闸管、光控晶闸管、热敏晶闸管等。

晶闸管的常用参数符号及意义见表 6-6。

表 6-6　晶闸管常用参数符号及意义

参数名称	符号	意义
额定正向平均电流	I_T	在环境温度不大于 40℃、标准散热及晶闸管全导通条件下，允许连续通过的工频正弦半波电流在一周内的平均值称为额定正向平均电流 I_T。通常所说的多少安培的晶闸管，就是指的 I_T
正向阻断峰值电压	U_{FRM}	在控制极开路及正向阻断条件下，可以重复加在器件上的正向电压的峰值
反向阻断峰值电压	U_{RRM}	在控制极断路和额定结温下，可以重复加在器件上的反向电压的峰值
维持电流	I_H	在控制极断开时，器件保持导通状态所必需的最小正向电流
正向平均压降	U_F	在规定的条件下，器件通以额定正向平均电流时，在阳极与阴极之间的电压降的平均值
控制触发电压	U_G	阻断转变为导通状态时控制极上所加的最小直流电压

晶闸管的特点是可以用弱信号控制强信号。从控制的观点看，它的功率放大倍数很大，用几十到一二百 mA 的电流，2～3V 的电压可以控制几十安、千余伏的工作电流、电压，它的功率放大倍数可以达到数十万倍以上。由于元件的功率增益可以做得很大，所以在许多晶体管放大器功率达不到的场合，它可以发挥作用。从电能的变换与调节方面看，它可以实现交流-直流、直流-交流、交流-交流、直流-直流及变频等各种电能的变换和大小的控制。在大多数场合，可取代机械开关、老式的饱和电抗等，获得投资少、占地少、无噪声、运行费用低和效率高等效果。晶闸管由 PNPN 4 层半导体构成，它中间形成 3 个 PN 结，由最外层的 PN 结分别引出两个电极，成为阳极 A 和阴极 K，由中间的 PN 结引出控制极 G。如果控制极不加电压，由阳极到阴极加正向电压时，有一个反向 PN 结阻挡；反向加电压时，有两个反向 PN 结阻挡，所以两个方向都不通，相当于断开状态。如果在阳极加正向电压的同时，在控制极上也加一个正向电压，晶闸管就变成导通状态。导通后控制极不再起作用，只有当通过电流小到某一值或加上反向电压时，才恢复阻断状态。双向晶闸管具有 NPNPN 5 层结构，它的两个方向均能控制导电，且只有一个控制极触发导通。在交流调压或可逆直流调速电路中，可以用来代替两个反向并联的普通晶闸管，因而可以大大简化电路。双向晶闸管也有 3 个电极，分别称为第一电极 T1、第二电极 T2 及控制极 G。

从外形上看单向晶闸管与双向晶闸管很相似，难以区分。

选择晶闸管首先应区分是单向的还是双向的，生产企业对此都会明确标出。晶闸管有两个参数较重要，即允许通过的最大工作电流和最高耐压。因此，选晶闸管时，只要知道单、双向和电压、电流即可。如购买 1A、300V 双向晶闸管，经销商会取给你适当的产品，如果对于品牌和过细参数没有特殊要求的话，则完全可以满足需求。

晶闸管是功率器件，我国自己生产的晶闸管都是大型的，电流上千安培，甚至需要进行水冷却。国外厂家则推出了许多小功率的塑料封装晶闸管，外形像晶体三极管一样，使得晶闸管广泛应用于消费类电子产品中（如彩电电源保护、电子调光灯）。

与晶闸管配套的还有专用的触发二极管，运用该管可以简化触发线路，方便使用。

晶闸管是半导体型功率器件，对超过极限参数运用很敏感，实际运用时应该注意留有较大电压、电流裕量，并应尽量解决好器件的散热问题。

进口晶闸管的生产主要由几家大厂进行（如三菱、摩托罗拉等），一般质量都有保证。进口晶闸管产品多用 TO-220 和 TO-3H（P）封装，由于散热困难，故最大电流不超过 40A，与之配套的单管整流管（不含整流桥）一般也只有 30A。比这个电流大的进口产品均为模块，且已形成规格尺寸，俗称 F18 型模块。表 6-7 所示为常用 3CT、MCR、2N 系列晶闸管主要参数。

表 6-7 常用 3CT、MCR、2N 系列晶闸管主要参数

<table>
<tr><th>型　号</th><th>重复值电压
U_{DRM}、U_{RRM}（V）</th><th>额定正向
平均电流 I_F（A）</th><th>维持电流
I_H（mA）</th><th>通态平均
电压 U_F（V）</th><th>控制触发
电压 U_G（V）</th><th>控制触发
电流 I_G（mA）</th></tr>
<tr><td>3CT021～3CT024</td><td rowspan="5">20～1 000</td><td>0.1</td><td>0.4～20</td><td rowspan="2">≤1.5</td><td rowspan="3">≤1.5</td><td>0.01～10</td></tr>
<tr><td>3CT031～3CT034</td><td>0.2</td><td rowspan="2">0.4～30</td><td>0.01～15</td></tr>
<tr><td>3CT041～3CT044</td><td>0.3</td><td rowspan="3">≤1.2</td><td>0.01～20</td></tr>
<tr><td>3CT051～3CT054</td><td>0.5</td><td>0.5～30</td><td rowspan="2">≤2</td><td>0.05～20</td></tr>
<tr><td>3CT061～3CT064</td><td>1</td><td>0.8～30</td><td>0.01～30</td></tr>
</table>

续表

型　号	重复值电压 U_{DRM}、U_{RRM}（V）	额定正向平均电流 I_F（A）	维持电流 I_H（mA）	通态平均电压 U_F（V）	控制触发电压 U_G（V）	控制触发电流 I_G（mA）
3CT101	50～1 400	1		≤1	≤2.5	3～30
3CT103		5	＜50		≤3.5	5～70
3CT104		10				
3CT105		20	＜100			
3CT107		50	＜200			8～150
MCR102	25	0.8			0.8	0.2
MCR103	50					
MCR100-3～MCR100-8	100～80					
2N1595	50	1.6			3.0	10
2N1596	100					
2N1597	200					
2N1598	300					
2N1599	400					
2N4441	50	8			1.5	30
2N4442	200					
2N4443	400					

3CTS、MAC、2N 系列双向晶闸管的主要参数如表 6-8 所示。

表 6-8　3CTS、MAC、2N 系列双向晶闸管的主要参数

型　号	重复值电压 U_{DRM}、U_{RRM}（V）	额定正向平均电流 I_F（A）	不重复浪涌电流 I_{FSM}（A）	通态平均电压 U_F（V）	触发电压 U_G（V）	触发电流 I_G（mA）
3CTS1	400～1 000	1	≥10	≤2.2	≤3	≤50
3CTS2		2	≥20			
3CTS3		3	≥30			
3CTS4		4	≥33.6			
3CTS5		5	≥42			
MAC97－2	50	0.6	8.0		2～2.5	10
MAC97－3	100					
MAC97－4	200					
MAC97－5	300					
MAC97－6	400					
MAC97－7	500					
MAC97－8	600					
2N6069A	50	4.0	30		2.5	50～10
2N6070A	100					
2N6071A	200					
2N6072A	300					
2N6073A	400					
2N6074A	500					
2N6075A	600					

续表

型　号	重复值电压 U_{DRM}、U_{RRM}（V）	额定正向平均电流 I_F（A）	不重复浪涌电流 I_{FSM}（A）	通态平均电压 U_F（V）	触发电压 U_G（V）	触发电流 I_G（mA）
2N6342	200	8.0	100		2.0～2.5	50～75
2N6343	400					
2N6344	600					
2N6345	800					

2．晶闸管在电压调节中的应用

1）单向晶闸管在交流负载驱动电路中的应用

如图6-25所示是单向晶闸管在交流电压控制中的应用。

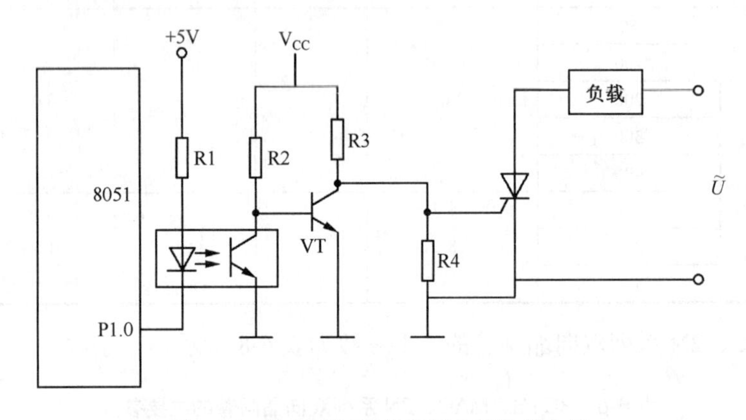

图6-25　单向晶闸管的交流电压控制电路

交流工作电压通过负载加在单向晶闸管两端，当单片机的I/O接口P1.0输出高电平时，光电耦合器的二极管无电流通过，光电晶体管截止，晶体管VT的基极加上一个电压，使VT也导通饱和，在R4上产生一个控制电压加到单向晶闸管上，导致晶闸管导通，使负载有电流。在负载电流过0时晶闸管截止，从而实现可控半波整流。光电耦合器起到单片机系统低电压和负载系统高压直流的光电隔离作用。晶体管VT可以实现功率放大和电平转换。由于是电子开关，没有机械噪声，没有触点接触电阻存在，开关频率高，是继电器不可比拟的。

2）双向晶闸管在交流电压控制电路中的应用

如图6-26所示，是双向晶闸管在交流电压控制电路中的应用。MOC3021是带光电隔离的晶闸管触发元件，当单片机的P1.0口为低电平时，有电流通过MOC3021中的发光二极管，通过内部的触发电路来控制晶闸管的导通，外加220V交流电通过负载。这里双向晶闸管起到了交流大功率开关的作用。

如图6-26所示，还可以实现交流电无级调压的功能。通过对220V交流电压过零信号的检测，得到一个与交流电压过零的同步信号，输入单片机，通过软件的控制，实现对晶闸管的导通角的控制，使负载上交流电压从0～220V无级调压。

同样，也可以把MOC3021换成MOC3063，MOC3063是带光电隔离的过零触发晶闸管触发元件，自动在交流电的过零时刻触发晶闸管。由于是过零触发，减少了晶闸管在使用时产生的干扰。使用MOC3063，同样可以起到交流电开关的作用，也可以进行无级调压控制。通过控制每秒内允许导通的时间来调节交流电压。

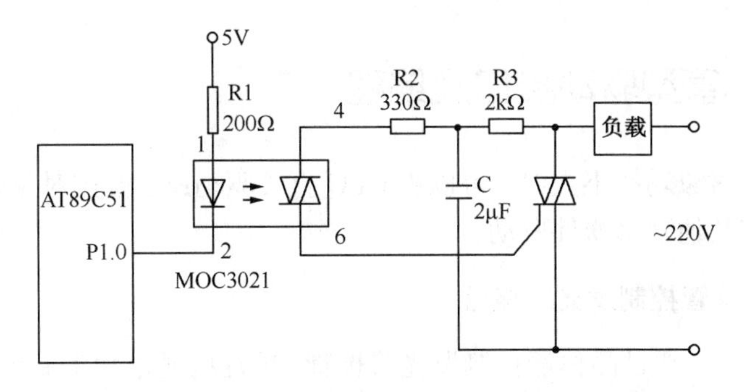

图6-26 双向晶闸管在交流电压控制电路中的应用

3．单片机经光耦直接驱动双向晶闸管

该线路连接如图6-27所示。由于双向晶闸管可对交流负载实现无触点控制，因而获得广泛应用。如图6-27（a）所示，当8031的P1.0为低电平时，光耦导通，触发电压$E+$经光耦驱动晶体管，触发双向晶闸管工作。R_{a1}、R_{a2}限制晶闸管触发电流。图6-27（b）所示为单向晶闸管型光耦驱动双向晶闸管。图6-27（c）所示为双向晶闸管型（不含过零检测电路）光耦驱动双向晶闸管。图6-27（b），（c）均由8031的P1.0位输出低电平控制光耦的导通。需要指出的是，以上各图例中均采用8031的P1.0口某位的低电平来控制光电耦合器的导通，进而控制负载的工作状态。若采用8031的P1.0口输出高电平控制光耦导通，则在单片机系统复位操作时，由于P1.0口呈“1”状态，而使负载进入误工作状态。

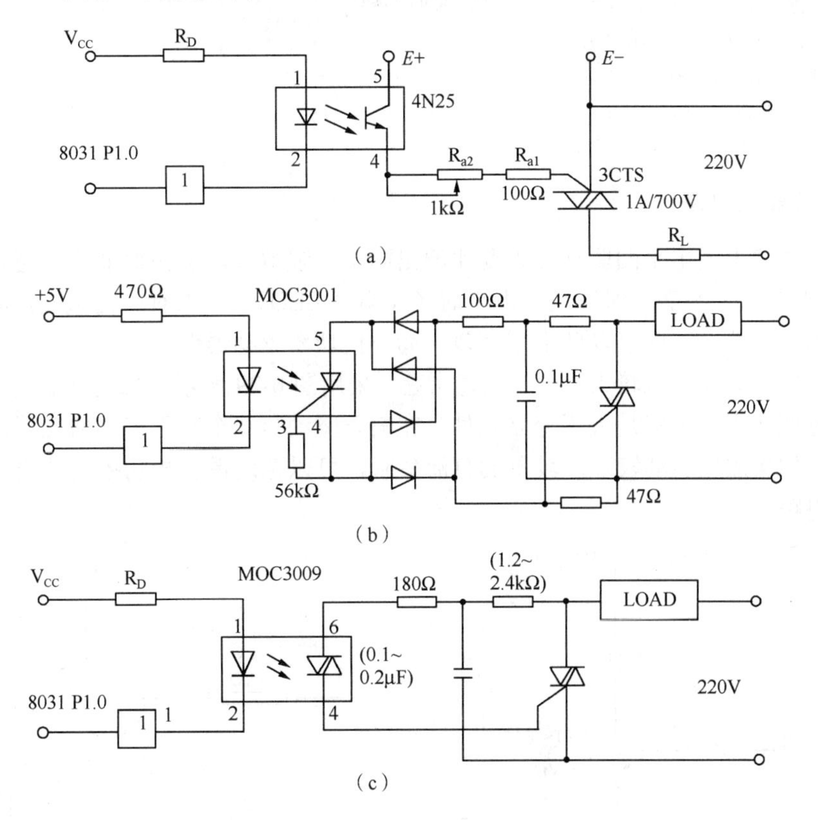

图6-27 单片机经光耦直接驱动双向晶闸管

6.4.3 功率晶体管型驱动接口及编程

当单片机的被控对象功率不大时，可以由 CPU 直接驱动；当被控对象的功率比较大时，需要通过功率晶体管或其他功率器件驱动。

1．CPU 通过晶体管控制发光二极管

图 6-28 所示为 CPU 通过晶体管控制发光二极管，单片机通过功率晶体管来增加驱动功率。图中 CPU 使 P1.0＝1，输出 5V 电压，通过 R1 使晶体管 VT 饱和导通，U_{ces}＝0.2V 左右，发光二极管 VD 通过限流电阻 R3 流过电流，使 VD 发光。当 CPU 使 P1.0＝0，晶体管 U_{be}＝0 时，晶体管截止，U_{ce}＝5V，二极管不导通，不发光。选用大功率的晶体管，可以产生较强的电流，驱动强电流的显示器或大功率负载。单片机通过 P1 口对 P1.0 端口置 1 或清 0 时，就可以控制晶体管的导通与截止来带动负载。控制图 6-28 中发光二极管亮、灭的程序如下。

```
       ORG  2000H
LOOP： SETB  P1.0                   ；点亮发光二极管
       LCALL  DELAY                 ；调延时子程序
       CLR  P1.0                    ；熄灭发光二极管
       LCALL  DELAY                 ；调延时子程序
       SJMP  LOOP
DELAY：MOV  R7，#0FFH         ；延时子程序
  DL2：MOV  R6，#0FEH
  DL1：DJNZ  R6，DL1
       DJNZ  R7，DL2
       RET
```

2．蜂鸣器驱动电路

单片机口线输出低电平的驱动能力要比输出高电平强得多，但在保证符合逻辑电平时，大小也只有 5mA 左右，不需要保证逻辑电平时（如驱动 LED），可以有十几毫安。因此，如果要驱动较大功率的器件：①应该以低电平有效；②外接功率驱动器件。

蜂鸣器需要的驱动电流较大，根据上述考虑，采用图 6-29 所示的蜂鸣器驱动电路。该电路结构简单、方便适用。虽然是采用分立元件，在需要驱动负载个数不多的情况下，这种电路是较为适宜的。如果需要驱动较多和较重的直流负载，可以选用像反相功率驱动器 MC14433 这一类的集成电路。

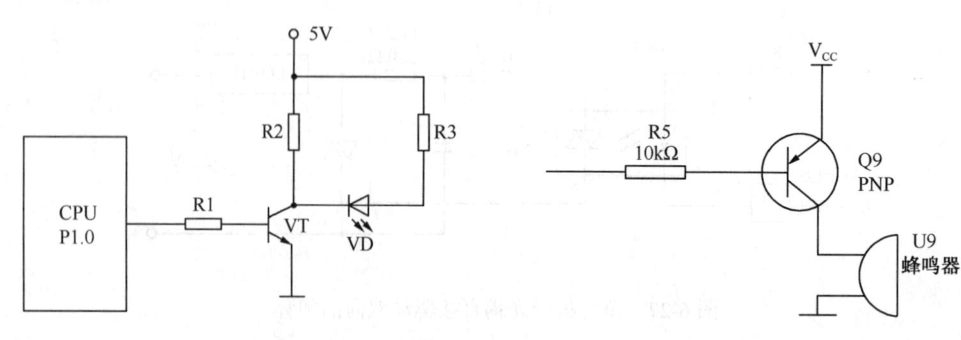

图 6-28 CPU 通过晶体管控制发光二极管

图 6-29 蜂鸣器驱动电路

6.4.4　功率驱动电路应用实例

在现代工业生产中，电动机控制的应用是非常广泛的。如在机械加工工业中，它是各种机床的动力源；在轧钢生产中，它是控制轧钢机的传动装置；而在其他工业生产中，用电动机带动水泵、风机及控制闸门等更是屡见不鲜。因此，在微型机控制系统中，如何控制电动机的转向及速度，成为经常要遇到的问题。下面讲述步进电动机的应用实例。

以单片机通过 8255A 控制两台 BF184075 型步进电动机为例，分别叙述驱动电路、接口电路及程序设计。

1）步进电动机驱动电路

如图 6-30 所示，通过单片机由 8255A 的 PA 口或 PB 口输出，控制 BF184075 型步进电动机的驱动电路。图 6-30 中的绕组分别为步进电动机的三相，每一相由一组放大器驱动，放大器输入端与 8255A 的 PA 口相连。在没有脉冲输入时，达林顿管（IRF620M9103）均为截止，绕组中无电流通过，电动机不转。当 A 相得电时，电动机转动一步。当脉冲依次加到步进电动机的 3 个输入端时，3 组放大器分别驱动不同的绕组，使电动机一步一步地转动。电路中与绕组并联的二极管 VD 分别起断电后的续流作用，即在功率管截止时，使存储在绕组中的能量通过二极管形成续流回路释放，从而保护电路。与绕组 W 串联的 10Ω电阻为限流电阻，限制通过绕组的电流不超过其额定值，以免电动机发热严重甚至被烧坏。*R* 的值一般在 20～50Ω范围内选取。驱动电路的三相输入端各接一个 TIL112 光耦合器，消除回路中的干扰，使输入/输出电路在电气上相互隔离。

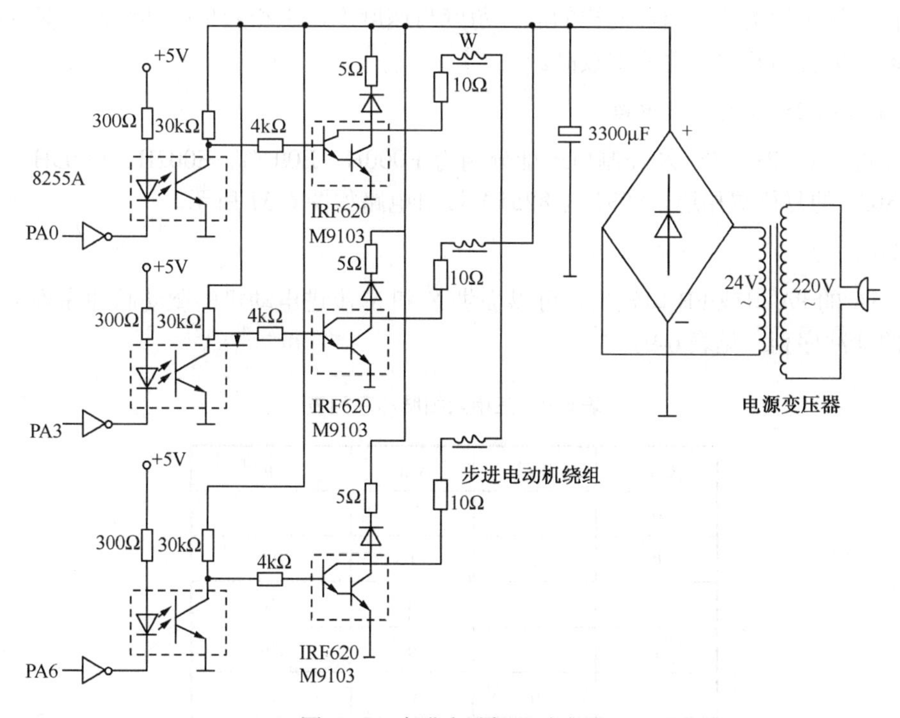

图 6-30　步进电动机驱动电路

通过单片机按顺序给步进电动机绕组施加有序的脉冲电流，就可以控制电动机转动，从而完成数字到角度的转换。转动的角度大小与施加的脉冲数成正比，转动的速度与脉冲的频率成正比，转动的方向则与脉冲的顺序有关。以三相步进电动机为例，电流脉冲的施加共有3种方式。

（1）单相三拍方式——按单相绕组施加电流脉冲。

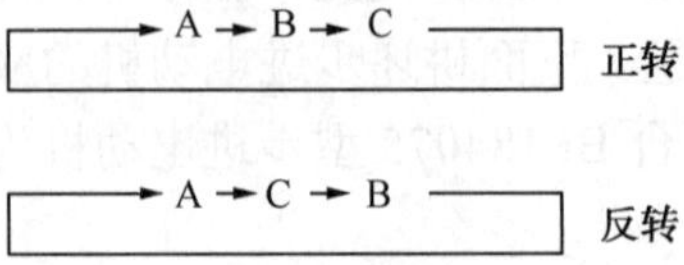

A→B→C 正转

A→C→B 反转

（2）双相三拍方式——按双相绕组施加电流脉冲。

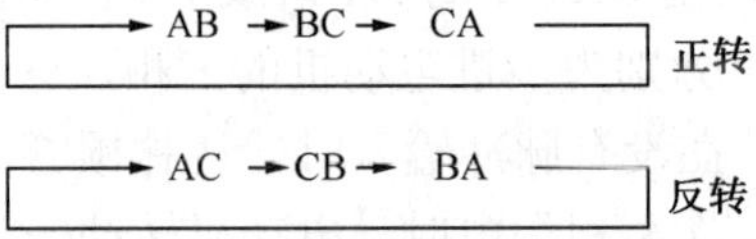

AB→BC→CA 正转

AC→CB→BA 反转

（3）三相六拍方式——单相绕组和双相绕组交替施加电流脉冲。

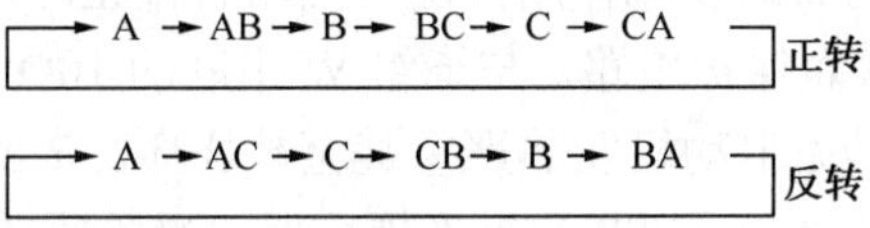

A→AB→B→BC→C→CA 正转

A→AC→C→CB→B→BA 反转

单相三拍方式每一拍的步距角为3°，三相六拍的步距角则为1.5°。因此，在三相六拍下，步进电动机运行平稳柔和，但在同样的运行角度与速度下，三相六拍驱动脉冲的频率须提高一倍，对驱动开关管的开关特性要求较高。

2）8031与8255A的接口电路

8255A的PA、PB、PC及控制口地址分别为E000H、E001H、E002H、E003H。8255A的复位端与8031的复位端相连。8031与8255A接口电路如图6-31所示。

3）程序设计

由8255A的PA口或PB口输出，可以提供X和Y步进电动机的驱动脉冲序列。一般采用三相六拍的脉冲序列，见表6-9。

表6-9 三相六拍脉冲序列表

C相	B相	A相	带电相
0	0	1	A
0	1	1	BA
0	1	0	B
1	1	0	CB
1	0	0	C
1	0	1	AC

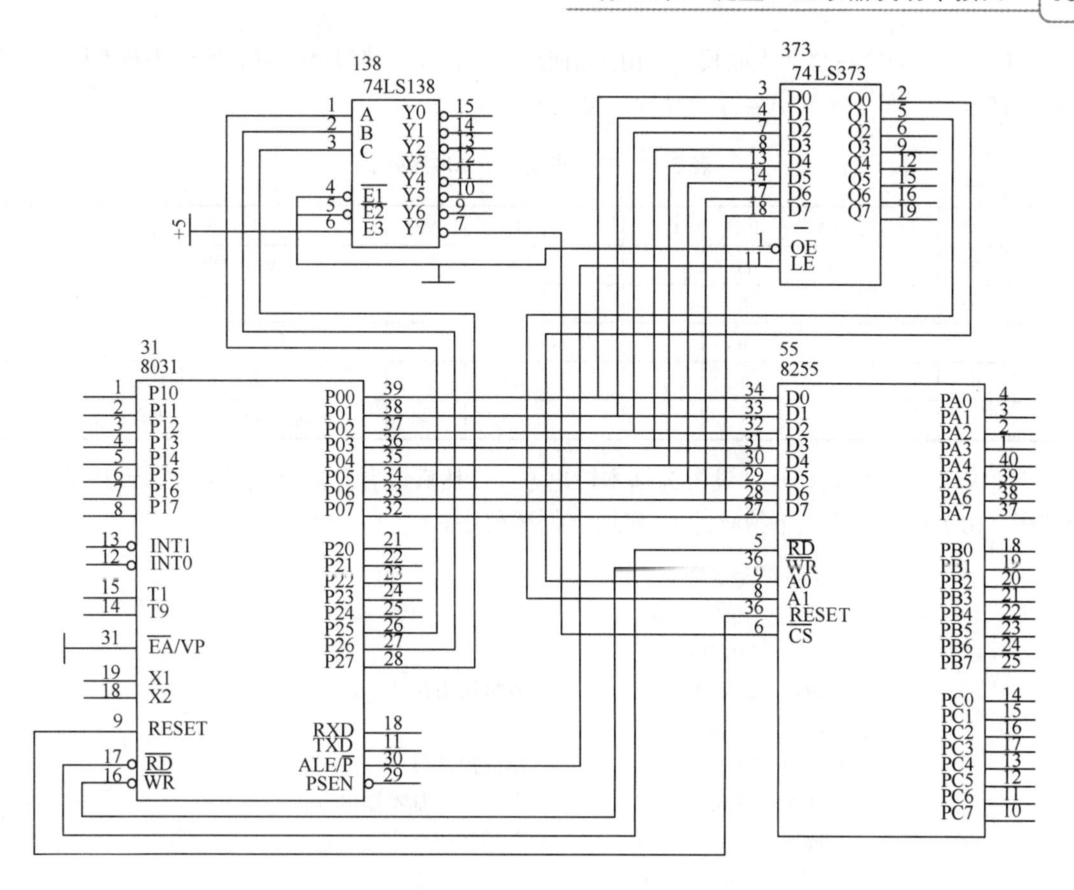

图 6-31　8031 与 8255A 接口电路

对以上脉冲序列分析，可看出下一拍和上一拍的关系，A 相的下拍正是上拍 B 相的反相，B 相的下拍正是上拍 C 相的反相，C 相的下拍正是上拍 A 相的反相。因此，可以把 XA 相放在 PA0 的位置，XB 相放在 PA3 的位置，XC 相放在 PA6 的位置，这样 XA、XB、XC 三相包括进位位 CY 在内，循环相距 3 位，又要把 XA、XB、XC 三相循环右移 3 次，XA 移到 XC 的位置，XB 移到 XA 的位置，XC 移到 XB 的位置。再取反从相应的位置把数据取出由接口送出，则由上一拍脉冲获得下一拍脉冲。

根据以上思路，可编出由上一拍产生下一拍脉冲子程序，两拍间经过相应延时，控制速度，连续循环输出，产生三相六拍脉冲序列，见表 6-10。经功率放大器送步进电动机，即可驱动步进电动机运转。

表 6-10　X 步进电动机脉冲序列表

CY	PA7	PA6	PA5	PA4	PA3	PA2	PA1	PA0	说　明
0		XC			XB			XA	X 步进电动机接线方式
0		0			0			1	脉冲初态
0		1			0			0	右移 3 次
0		0			1			1	取反（不包括 CY）
0		0			1			1	和#49H 相“与”把相应位保留取出

如果有两台步进电动机，可把另一台电动机的三相安排在 PA1、PA4、PA7 的位对应 YA、

YB、YC三相。同理右移3次取反。即由上拍形成下拍脉冲，但取数要和#92H进行“与”运算。左移3次取反，即形成反相运行的脉冲，见表6-11。

表6-11 Y步进电动机脉冲序列表

CY	PA7	PA6	PA5	PA4	PA3	PA2	PA1	PA0	说　明
0	YC			YB			YA		Y步进电动机接线方式
0	0			0			1		脉冲初态
0	1			0			0		右移3次
0	0			1			1		取反（不包括CY）
0	0			1			1		和#92H相“与”把相应位保留取出

下面是8255A的初始化，设置为基本输出方式，然后设置脉冲序列的初态，调用脉冲形成子程序（由上拍脉冲产生下拍脉冲），延时、循环程序。

```
            XBF EQU  48H
            YBF EQU  47H
            ORG  2000H
            MOV  SP，#60H          ；置堆栈指针
            MOV  A，#80H
            MOV  DPTR，#0E003H     ；指向控制口
            MOVX  @DPTR，A         ；置A口为基本输出方式
            MOV  XBF，#01H         ；置脉冲初态
            MOV  YBF，#02H
            MOV  A，XBF
            MOV  DPTR，#0E000H     ；指向A口
            MOVX  @DPTR，A         ；把第一拍脉冲从A口输出
XM:         ACALL  DELAY           ；调延时
            ACALL  YMP             ；调Y步进电动机正转脉冲生成程序
            ACALL  XMP             ；调X步进电动机正转脉冲生成程序
            SJMP  XM               ；循环输出
XMP:        MOV  A，XBF            ；X步进电动机正转脉冲生成程序
            CLR C                  ；清CY
            RRC A                  ；右移3次
            RRC A
            RRC A
XMP1:       CPL A                  ；取反
            ANL A，#49H
            ORL A，YBF
            MOV XBF，A             ；由A口输出
XMP2:       MOV  DPTR，#0E000H
            MOVX  @DPTR，A
            RET
XMM:        MOV A，XBF             ；X步进电动机反转脉冲生成子程序
            CLR C
```

```
            RLC A
            RLC A                ; 左移 3 次
            RLC A
            SJMP    XMP1
YMP:        MOV A, YBF           ; Y 步进电动机正转脉冲生成子程序
            CLR C                ; 清 CY
            RRC  A               ; 右移 3 次
            RRC A
            RRC A
YMP1:       CPL A                ; 取反
            ANL A, #92H
            MOV YBF, A
            RET                  ; 返回
YMM:        MOV A, YBF           ; Y 步进电动机反转脉冲生成子程序
            CLR C
            RLC  A               ; 左移 3 次
            RLC  A
            RLC  A
            SJMP  YMP1           ; 取反输出
DELAY:      MOV  R7, #02H        ; 延时子程序
DELAY1: MOV  R6, #0FFH
DELAY2: DJNZ  R6, DELAY2
            DJNZ  R7, DELAY1
            RET
```

习题六

1．按键形式分为哪两种？两种按键形式的结构有什么不同？

2．为什么对键盘按键进行消抖？消抖的方法有哪几种？

3．简述非编码矩阵式键盘的键检测、键处理和键扫描程序的编写方法。

4．BCD 码拨盘接口的作用是什么？

5．BCD 码拨盘接口和串行键盘接口各有什么特点？

6．LED 7 段发光显示器有哪两种连接方式？各自的原理如何？相应的段如何被点亮？

7．LED 显示器段选线和位选线各控制什么？

8．LED 静态显示器和动态显示器各有什么特点？

9．建立显示缓冲区 DG1～DG6 的作用是什么？显示子程序的功能是什么？

10．静态 LED 显示器接口中 MC14495 芯片的作用是什么？

11．请以图 6-15 所示的 6 位 LED 动态显示接口电路为例，编写一段程序在显示器上显示“6,5,4,3,2,1”。

12．LCD 显示器可分为哪两种主要类型？LCD 显示器的工作原理是什么？

13．常用的功率接口有哪些类型？

14．为什么使用继电器能实现自动控制中的电气隔离？

15．晶闸管有哪些类型？晶闸管有什么作用？

16．简述小功率直流电动机调速的方法。

17．为了提高CPU的工作效率，可以让键盘工作在中断扫描方式，请设计采用中断方式的键盘接口电路。

18．电路图如图6-18所示，试编写显示程序将字符“ABC” 在LCD显示器上从左到右循环移动显示。

第7章　Keil C51简介及编程

学习要点：了解 Keil C51 与标准 C 语言的区别，掌握 C51 常用扩展关键字的用法，了解 C51 数据的存储类型；掌握 C51 函数的定义和声明方法，了解 C51 常用的库函数；掌握 C51 常用的运算符及使用方法；通过编程实例掌握单片机基本 I/O 口、定时器、计数器、中断及串行通信 C51 程序的设计。

7.1　Keil C51 与标准 C 语言

目前 51 系列单片机的 C 语言编程都采用 Keil C51（以下简称 C51），C51 是在标准 C 语言基础上发展起来的。

标准 C 语言是美国国家标准学会（American National Standards Institute）制定的编程语言标准，通常称之为 ANSI C。

Keil C51 是美国 Keil Software 公司出品的 51 系列兼容单片机 C 语言软件开发系统，与汇编语言相比，C51 语言在功能、结构性、可读性、可维护性上有明显的优势，因而易学易用。Keil C51 软件提供丰富的库函数和功能强大的集成开发调试工具，全 Windows 界面。另外，Keil C51 生成的目标代码效率非常高，多数语句生成的汇编代码很紧凑，容易理解。在开发大型软件时更能体现高级语言的优势。C51 语言已经成为公认的高效、简洁又贴近 51 单片机硬件的实用高级编程语言。

Keil C51 与标准 C 语言的主要区别如下：

（1）头文件的差异。51 系列单片机厂家众多，其差异在于内部资源的不同（如 I/O 规模、定时器、中断源等），Keil C51 系列的头文件集中体现了各系列芯片的不同资源及功能。

（2）数据类型的不同。51 系列单片机包含位操作空间和丰富的位操作指令，因此 C51 在 ANSI C 的基础上又扩展了 4 种类型，以便能灵活地进行位操作。

（3）数据存储类型的不同。C 语言只有一个程序和数据统一寻址的内存空间，而 C51 定义了片内、外程序存储区，片内、外数据存储区。同时还定义了大量的特殊功能寄存器。

（4）C51 语言扩展了单片机中断系统，有专门的中断函数。

（5）C51 语言与标准 C 语言的库函数有较大不同。C 语言中的某些库函数在 C51 中没有定义，如字符屏幕和图形函数。另外，有些库函数的用法也不同。

（6）程序结构的差异。因 51 单片机硬件资源有限，编译系统不允许太多的程序嵌套。

（7）C51 与标准 C 语言的输入/输出处理不一样。C51 中的输入/输出是通过 MCS-51 系列单片机串行接口来完成的，输入/输出指令执行前必须先对串行接口进行初始化。

7.1.1 C51程序的结构

与标准C语言相同，C51程序由一个或多个函数构成，其中必须包含一个主函数main( )，并且只能包含一个主函数。程序执行时从main( )主函数开始，最后返回到main( )主函数结束，主函数中可以调用其他函数。被调用的函数如果位于主函数前则可以直接调用，否则要先对被调用的函数进行声明，然后才能调用。

C51程序的一般结构如下：

```
预处理命令段                //用于包含头文件
全局变量声明段              //定义可被本程序所有函数调用的全局变量
函数说明段                  //对主函数后的所有自定义函数进行声明
main( )                     //主函数段
{
    局部变量声明；
    初始化程序；
    执行语句；
    函数调用语句
}
函数1( )                    //自定义函数1程序段
{
    局部变量声明；
    执行语句；
}
……
函数n(形式参数说明)         //自定义函数n程序段
{
    局部变量声明；
    执行语句；
}
```

编写C51程序时需要注意：

① 不管main( )主函数在什么位置，程序执行时总是从main( )主函数开始执行。

② 函数以花括号"{"开始，以花括号"}"结束，包含在花括号内的部分称为函数体。花括号必须成对出现，如果一个函数内有多对花括号，则最外层的花括号为函数体的边界。为增加程序的可读性，便于理解，一般采用缩进方式书写。

③ C51程序没有行号，书写格式自由，一行内可以书写多条语句，一条语句也可分写在多行上，每条语句以分号结束。

④ 变量必须先定义后使用。局部变量只能在定义变量的函数内使用，全局变量可以在整个程序内使用。

⑤ 对程序语句的注释必须放在双斜杠"//"后或"/* "和" */"内。

7.1.2 C51 扩展关键字

C51 V4.0 版本有以下扩展关键字（共 19 个）：

_at_ alien bdata bit code compact data idata interrupt large pdata reentrant sbit sfr sfr16 small _task_ using xdata

C51 扩展关键字及说明如表 7-1 所示。

表 7-1 C51 扩展关键字及说明

_at_	为变量定义存储空间绝对地址
alien	声明与 PL/M51 兼容的函数
bdata	可位寻址的内部 RAM
bit	位类型
code	ROM
compact	使用外部分页 RAM 的存储模式
data	直接寻址的内部 RAM
idata	间接寻址的内部 RAM
interrupt	中断服务函数
large	使用外部 RAM 的存储模式
pdata	分页寻址的外部 RAM
reentrant	可重入函数
sbit	声明可位寻址的特殊功能位
sfr	8 位的特殊功能寄存器
sfr16	16 位的特殊功能寄存器
small	内部 RAM 的存储模式
task	实时任务函数
using	选择工作寄存器组
xdata	外部 RAM

其中 bit、sbit、sfr、sfr16 为扩展的 4 种数据类型，下面对这 4 种扩展数据类型进行简单说明。

（1）位变量 bit。bit 的值可以是 1（True），也可以是 0（False）。

例如，bit flag；该语句定义了一个位变量。

（2）特殊功能位 sbit。sbit 用来定义 51 单片机片内特殊功能寄存器的可寻址位。

例如，sbit F0=0xD5；sbit OV=0xD2；

sbit 用法有以下 3 种：

第一种：sbit 位变量名=地址值；

第二种：sbit 位变量名=SFR 地址值^变量位地址值；

第三种：sbit 位变量名=SFR 名称^变量位地址值。

如定义 PSW 中的 F0 可以采用以下 3 种方法：

sbit F0=0xD5；

说明：0xD5 是 F0 的位地址。

sbit F0=PSW^5;

说明：F0 是 PSW 特殊功能寄存器的第 5 位，PSW 必须先用 sfr 定义好。

sbit F0=0xD0^5;

说明：0xD0 是 PSW 的地址值。

bit 与 sbit 的区别：bit 用来定义普通的位变量；而 sbit 定义的是特殊功能寄存器的可寻址位。

（3）特殊功能寄存器 sfr。51 单片机特殊功能寄存器在片内 RAM 区的 80H～FFH 之间，sfr 数据类型占用一个内存单元。利用它可以访问 51 单片机内部的所有特殊功能寄存器。

例如，sfr P0=0x80，该语句定义 P0 口在片内的寄存器地址为 0x80。

（4）特殊功能寄存器 sfr16。sfr16 和 sfr 一样用于操作特殊功能寄存器。所不同的是它定义的特殊功能寄存器占用两个内存单元。

例如，sfr16 DPTR=0x82，该语句定义了片内 16 位数据指针寄存器 DPTR，其低 8 位字节地址为 82H，高 8 位字节地址为 83H。

7.1.3 C51 数据的存储类型

C51 定义的任何数据类型必须以一定的存储类型定位在 8051 的某一存储区中，否则便没有任何实际意义。

C51 存储类型与 51 单片机的实际存储空间的对应关系见表 7-2。

表 7-2 C51 存储类型与 51 单片机的实际存储空间的对应关系

存 储 类 型	对应的存储区域
data	直接寻址片内 RAM（片内低 128B）
bdata	可位寻址的片内 RAM（片内 20H～2FH 共 16 B），允许位访问与字节访问
idata	片内 RAM 间接寻址区，可访问全部片内 RAM（片内 256B）
pdata	分页寻址片外 RAM，每页 256B
xdata	片外 RAM 全部空间（64KB）
code	程序存储区（64KB）

当没有指定存储类型时，由编译系统的存储模式将其存于默认存储空间。下面简单介绍存储模式。

C51 编译器支持 3 种存储模式：SMALL 模式、COMPACT 模式和 LARGE 模式，不同的存储模式对变量默认的存储器类型不同。

（1）SMALL 模式。SMALL 模式称为小编译模式，在 SMALL 模式下，编译时函数参数和变量被默认在片内 RAM 中，存储器类型为 data。优点是访问速度快，缺点是空间有限，只适用于小程序。

（2）COMPACT 模式。COMPACT 模式称为紧凑编译模式，在 COMPACT 模式下，编译时函数参数和变量被默认在片外 RAM 的一页（256B）中，具体哪一页可由 P2 口指定，存储器类型为 pdata。优点是空间较 SMALL 模式宽裕，速度较 SMALL 模式慢，较 LARGE 模式要快，是一种中间状态。

（3）LARGE 模式。LARGE 模式称为大编译模式，在 LARGE 模式下，编译时函数参数和变量被默认在片外 RAM 的 64KB 空间，存储类型为 xdata。优点是空间大，可存变量多，缺点是速度较慢。

注意：对明确指定存储类型的变量，函数参数等按指定的存储模式进行存储。

7.2 Keil C51 函数

在程序设计过程中，如果程序太大，一般要采用模块化结构，即将一个较大的程序分成若干程序模块，模块由子程序构成，实现一个特定功能。在 C51 语言中，子程序模块是通过函数来实现的。子函数除可以被主函数和其他子函数调用外，也可以被自己调用，通过函数调用可以提高程序的可读性、重用性、易维护性和可移植性。

在 C51 语言中，系统提供了一些常用的功能函数，这些函数分别放到几个标准库函数中，供用户调用，用户只需在程序开始处用预处理伪指令将有关头文件包含，即可调用头文件库函数中的函数。

7.2.1 C51 函数的定义

函数定义的一般形式为：

```
函数类型　函数名（形式参数表） [reentrant] [interrupt  m] [using n]
形式参数说明
{
    局部变量定义
    函数体
}
```

说明：

（1）返回类型可以是基本数据类型（int、char、float、double 等）及指针类型，也可以没有返回值（需要用 void 说明）。若没有指定返回类型，将默认为整型类型。一个函数只能有一个返回值，该返回值通过函数中的 return 语句获得。

（2）函数名必须是个合法的标识符。

（3）形式参数列表包括函数所需的全部参数的定义。函数未调用时形式参数和函数内变量未被分配内存单元。

（4）函数体由函数内部变量和函数体内部语句组成。

（5）函数类型的说明必须处于对它的首次调用之前。

（6）当函数被调用时，形式参数列表中的变量用来接收调用参数的值。

（7）如果函数没有返回值，则可以省略 return 语句。

函数与变量一样，在使用前必须先定义。

reentrant 修饰符

这个修饰符用于把函数定义为可重入函数。所谓可重入函数，就是允许被递归调用的函数。函数的递归调用是指当一个函数正被调用尚未返回时，又直接或间接调用函数本身。一般的函数不能做到递归调用，只有重入函数才允许递归调用。

interrupt m 修饰符

interrupt m 是 C51 函数中非常重要的一个修饰符，这是因为中断函数必须通过它进行修饰。在 C51 程序设计中，当函数定义时用了 interrupt m 修饰符，系统编译时把对应函数转化为中断函数，自动加上程序头段和尾段，并按 MCS-51 系统中断的处理方式自动把它安排在程序存储器中的相应位置。

在该修饰符中，m 的取值为 0～31，对应的中断情况如下：

0——外部中断 0；

1——定时/计数器 T0；

2——外部中断 1；

3——定时/计数器 T1；

4——串行口中断；

5——定时/计数器 T2；

其他值——预留。

【例 7-1】 编写一个用于统计外中断 0 的中断次数的中断服务程序。

```
extern  int  i;
void  int0( )  interrupt 0  using 1
{
  i++;
}
```

using n 修饰符

修饰符 using n 用于指定本函数内部使用的工作寄存器组，其中 n 的取值为 0～3，表示寄存器组号。

对于 using n 修饰符的使用，注意以下几点：

① 加入 using n 后，C51 在编译时自动在函数的开始处和结束处加入以下指令。

```
{
PUSH  PSW       ；标志寄存器入栈
MOV  PSW，#与寄存器组号相关的常量
......
POP  PSW      ；标志寄存器出栈
}
```

② using n 修饰符不能用于有返回值的函数，因为 C51 函数的返回值是放在寄存器中的。如果寄存器组改变了，返回值就会出错。

7.2.2 C51 函数的声明

在 C51 函数中，函数原型一般形式如下：

```
[extern] 函数类型 函数名（形式参数表）;
```

函数的声明是把函数的名字、函数类型及形参的类型、个数和顺序通知编译系统，以便调用函数时系统进行对照检查。函数的声明后面要加分号。

如果声明的函数在文件内部，则声明时不用 extern；如果声明的函数不在文件内部，而在另一个文件中，则声明时须带 extern，并指明使用的函数在另一个文件中。

例如：

```
int  max(int x,  int y);
extern  serial_initial( );     //声明外部函数
void delay();
```

7.2.3 C51 函数的调用

函数调用的一般形式如下：

```
函数名（实参列表）;
```

对于有参数的函数调用，若实参列表包含多个实参，则各个实参之间用逗号隔开。

按照函数调用在主调用函数中出现的位置，函数调用方式有以下 3 种：

（1）函数语句。把被调用函数作为主调用函数的一个语句。

（2）函数表达式。函数被放在一个表达式中，以一个运算对象的方式出现。这时的被调用函数要求带有返回语句，以返回一个明确的数值参加表达式的运算。

（3）函数参数。被调用函数作为另一个函数的参数。

7.2.4 C51 常用库函数

在使用时，只需在源程序的开始处使用预处理命令#include 将有关的头文件包含进来即可。

Keil μVision3 编译环境提供的常用库函数有：字符函数库、字符串函数库、标准输入/输出函数库、数学函数库、标准函数库和内部函数库。

1．字符函数库

字符函数库用于对 C51 各种字符进行分类、转换和判断等操作。

例如，将小写字符转换为大写字符，判断是否为数字或字母等。

在使用字符函数库时，需要添加 ctype.h 头文件。

主要的函数原型和功能如下：

（1）extern bit isalpha(char);

检查参数字符是否为英文字母，是则返回 1，否则返回 0。

（2）extern bit isalnum(char);

检查参数字符是否为英文字母或数字字符，是则返回 1，否则返回 0。

（3）extern bit iscntrl(char);

检查参数字符是否为控制字符，即 ASCII 值为 0x00～0x1f 或 0x7f 的字符，是则返回 1，否则返回 0。

（4）extern bit islower(char);

检查参数字符是否为小写英文字母，是则返回 1，否则返回 0。

（5）extern bit isupper(char);

检查参数字符是否为大写英文字母，是则返回 1，否则返回 0。

（6）extern bit isdigit(char);

检查参数字符是否为数字字符，是则返回 1，否则返回 0。

（7）extern bit isxdigit(char);

检查参数字符是否为十六进制数字字符，是则返回 1，否则返回 0。

（8）extern bit toint(char);

将 ASCII 字符的 0～9、a～f（大小写无关）转换为十六进制数。

（9）extern bit toupper(char);

将小写字母转换为大写字母，如果字符不在 a～z 之间，则不做转换直接返回该字符。

（10）extern bit tolower(char);

将大写字母转换为小写字母，如果字符不在 A～Z 之间，则不做转换直接返回该字符。

2．标准函数库 STDLIB.H

（1）extern float atof (char *s);

将字符串 s 转换成浮点数值并返回。参数字符串必须包含与浮点数规定相符的数。

（2）extern float atol (char *s);

将字符串 s 转换成长整型数值并返回。参数字符串必须包含与长整型数规定相符的数。

（3）extern int atoi (char *s);

将字符串 s 转换成整型数值并返回。参数字符串必须包含与整型数规定相符的数。

（4）void *malloc (unsigned int size);

返回一块大小为 size 个字节的连续内存空间的指针。如果返回值为 NULL，则无足够的内存空间可用。

（5）void free (void *p);

释放由 malloc 函数分配的存储器空间。

（6）void init_mempool (void *p,unsigned int size);

清零由 malloc 函数分配的存储器空间。

3．数学函数库 MATH.H

此库函数定义了一组数学函数。

（1）extern int abs (int val);
extern char abs (char val);
extern float abs (float val);
extern long abs (long val);

计算并返回参数的绝对值。这 4 个函数的区别在于参数和返回值的类型不同。

（2）extern float exp (float x);

返回以 e 为底的 x 的幂。

（3）extern float log (float x);
　　extern float log10 (float x);
log 返回参数 x 的自然对数，log10 返回以 10 为底的参数 x 的对数。
（4）extern float sqrt (float x);
返回参数 x 的正平方根。
（5）extern float sin (float x);
　　extern float cos (float x);
　　extern float tan (float x);
sin 函数返回参数的正弦值，cos 函数返回参数的余弦值，tan 函数返回参数的正切值。
（6）extern float pow (float x, float y);
返回值为 x 的 y 次幂。

4．内部函数库 INTRINS.H

（1）unsigned char_crol_ (unsigned char val, unsigned char n);
　　unsigned int_irol_ (unsigned int val, unsigned char n);
　　unsigned long_lrol_ (unsigned long val, unsigned char n);
将变量 val 循环左移 n 位。
（2）unsigned char_cror_ (unsigned char val, unsigned char n);
　　unsigned int_iror_ (unsigned int val, unsigned char n);
　　unsigned long_lror_ (unsigned long val, unsigned char n);
将变量 val 循环右移 n 位。
（3）void_nop_ (void);
该函数产生一个 8051 单片机的 NOP 指令，用于延时一个机器周期。
（4）bit_testbit_ (bit x);
测试给定的位参数是否为 1，若为 1 返回 1，同时将该位复位为 0；否则返回 0。

5．标准输入/输出函数库 STDIO.H

（1）_getchar();
从单片机串口读入一个字符并输出该字符。
（2）gets();
从单片机串口读入一个字符串。
（3）putchar();
通过单片机串行口输出字符。
（4）printf();
按照一定的格式输出数据或字符串。
（5）scanf();
将字符串和数据按照一定的格式从单片机串口读入。
（6）puts();
将字符串和换行符写入单片机串口。

6．访问 SFR 和 SFR_bit 地址头文件 REGxxx.H

头文件 reg51.h、reg52.h 等文件中定义了 8051 单片机中的 SFR 寄存器名和相应的位变量名。

7．绝对地址访问头文件 ABSACC.H

（1）#define CBYTE((unsigned char volatile code *)0)

#define DBYTE((unsigned char volatile data *)0)

#define PBYTE((unsigned char volatile pdata *)0)

#define XBYTE((unsigned char volatile xdata *)0)

用来对 8051 系列单片机的存储器空间进行绝对地址访问，以字节为单位寻址。

CBYTE 寻址 CODE 区；

DBYTE 寻址 DATA 区；

PBYTE 寻址 XDATA 的 00H～FFH 区域（用汇编指令 MOVX @R0,A）；

XBYTE 寻址 XDATA 的 00H～FFH 区域（用汇编指令 MOVX @R0,A）。

（2）#define CWORD((unsigned char volatile code *)0)

#define DWORD ((unsigned char volatile data *)0)

#define PWORD ((unsigned char volatile pdata *)0)

#define XWORD ((unsigned char volatile xdata *)0)

与前面的宏定义相同，只是数据为双字节。

例如：

rval=CBYTE[0x0002]；　　　　指向程序存储器的 0002h 地址

rval=XWORD[0x0002]；　　　　指向外部 RAM 的 0004h 地址

（包含两个字节 0004H 和 0005H）

上面第二条赋值语句中采用的是 XWORD[0x0002]语句，它对地址“2*0x0002”进行操作，该语句的意义是将字节地址 0x0004 和 0x0005 的内容取出来赋值给整型变量 rval。

7.3 C51 运算符

C51 的运算符主要有：算术运算符、关系运算符、逻辑运算符和位运算符等。下面简单就常用的几种运算符做简单介绍。

1．算术运算符和算术表达式

1）基本算术运算符

＋（加法运算）　　　－（减法运算）

*（乘法运算）　　　/（除法运算）

%（模运算符号或取余运算符）

2）自增、自减运算符

＋＋（自增运算符）　　　－－（自减运算符）

说明：自增/自减运算符只能用于变量，不能用于常量和表达式。

++*i* 与 *i*++是不同的：

++*i* 是先将变量的值加 1（*i*=*i*+1）后再取变量 *i* 的值；

i++是先取变量 *i* 的值，然后再对 *i* 的值加 1。

2．关系运算符和关系表达式

1）关系运算符

C51 提供了 6 种关系运算符：

<（小于）　　　<=（小于等于）

>（大于）　　　>=（大于等于）

==（等于）　　　!=（不等于）

2）关系表达式

用关系运算符将两个表达式连接起来的表达式称为关系表达式。例如：

i>*j*

注意：关系表达式的值为布尔型，即真和假。C51 中用 0 表示假，用 1 表示真。

3．逻辑运算符和逻辑表达式

1）逻辑运算符

&&（逻辑与）　　　||（逻辑或）

!（逻辑非）

注意：!的优先级高于&&，&&的优先级高于||。

2）逻辑表达式

用逻辑运算符将两个表达式或逻辑量连接起来构成的表达式。逻辑表达式的值是布尔型，即真和假。

4．位运算符及其表达式

C51 提供了 6 种位运算符：

按位与&　　　按位或|

按位异或^　　　按位取反～

按位左移<<　　　按位右移>>

注意：

对一个数按位左移若干位时，高位移出舍弃不用，低位依次补 0；

对一个数按位右移若干位时，低位移出舍弃不用，对无符号数高位补充 0，对有符号数高位补符号位。

5．赋值、指针和取值运算符

赋值运算符　=　　　指向运算符　*

取地址运算符　&

7.4 C51编程举例

本节将介绍基本I/O口、定时器/计数器、中断和串行通信的C51程序的设计方法及实例。通过给出的编程实例掌握C51语言编程的方法及特点。

7.4.1 简单I/O口编程举例

输入/输出（I/O）是单片机的最基本功能。51系列单片机共有4组I/O端口，共32个I/O引脚。每个引脚都可以分别设置用于输入还是输出。在单片机程序中，只要往某个I/O寄存器写“1”，那么相对应的引脚就会输出高电平；反之，只要往某个I/O寄存器写“0”，那么相对应的引脚就会输出低电平。特别注意当单片机的I/O端口用于输入时，要先往相对应的I/O寄存器写“1”。这时在单片机程序中，就可以通过读相对应的I/O寄存器的值得知该引脚处于高电平状态（“1”）还是低电平状态（“0”）。

【例7-2】 在AT89C51的P1.0脚接一个发光二极管的阴极，二极管的阳极通过限流电阻接+5V，编写程序让发光二极管间隔500ms闪烁，占空比为50%。已知单片机的时钟晶振为12MHz。

```
#include<reg51.h>
sbit P10=P1^0;
void delay(void)                        //延时子程序，延时500ms
 {
    unsigned char a,b,c;
    for(c=23; c>0; c--)
        for(b=152; b>0; b--)
            for(a=70; a>0; a--);
}
void main(void)
{
    while(1)
    {
    P10=1;                          //P1.0输出高电平，发光二极管不发光
    delay( );                       //调用延时程序，延时500ms
    P10=0;                          //P1.0输出低电平，发光二极管发光
    delay( );                       //调用延时程序，延时500ms
    }
}
```

下面对程序进行简单说明：

程序第一行是“文件包含”，将程序需要的头文件包含进来。此头文件的目的是将51单片机全部的特殊功能寄存器的字节地址及可寻址位的位地址进行定义。本例中要使用P1口对应的特殊功能寄存器地址，在reg51.h文件中可以看到对P1口对应的特殊功能寄存器的定义语句“sfr P1=0x90;”，即定义符号P1与地址0x90对应。

程序的第二行用关键字sbit定义一个特殊功能位，即用P10表示P1口的最低位。

程序的第三到九行定义了延时子程序 delay( )，只有这样才能在后面的主程序中调用该延时子程序。

第十行开始是 main( )主函数，每个 C 语言程序只能有一个主函数，主函数后面有一对花括号“{ }”，在括号里是主函数的语句。

注意：如果 delay( )函数定义在 main( )主函数后面，则需要先对 delay( )函数声明。如下面的程序，delay( )函数放在 main( )主函数后，则在 main( )主函数前要对 delay( )函数进行声明。

```
#include<reg51.h>
sbit P10=P1^0;
void delay(void);              //此处对 delay( )函数进行声明
void main(void)
{
while(1)
{
P10=1;                         //P1.0 输出高电平，发光二极管不发光
delay();                       //调用延时程序，延时 500ms
P10=0;                         //P1.0 输出低电平，发光二极管发光
delay();                       //调用延时程序，延时 500ms
}
}
void delay(void)               //延时子程序，延时 500ms
 {
    unsigned char a,b,c;
    for(c=23; c>0; c--)
        for(b=152; b>0; b--)
            for(a=70; a>0; a--);
}
```

注意：延时子程序的延时时间不是确定的值，而是与变量 a、b、c 的数据类型及编译器有关的。因此，这个循环的执行时间是不能直接确定的。所以通过 for 循环编写的延时程序的延时时间是不准确的。需要准确定时的话可以使用定时器实现。

【例 7-3】 单片机的 P1.0～P1.3 接 4 个按键，按键的另一端接地；单片机的 P1.4～P1.7 接 4 个 LED 灯，如图 7-1 所示。编写程序使某个按键按下时，与之对应的 LED 灯亮。

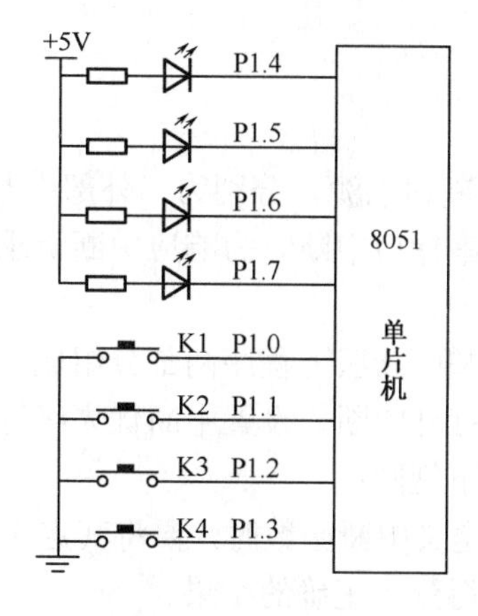

图 7-1　例 7-3 用图

源程序如下：

```
#include<reg51.h>
sbit P1_0 =P1^0;
sbit P1_1 =P1^1;
sbit P1_2 =P1^2;
sbit P1_3 =P1^3;
sbit P1_4 =P1^4;
sbit P1_5 =P1^5;
sbit P1_6 =P1^6;
sbit P1_7 =P1^7;
void main(void)
{
  while(1)
    {
      if(P1_0==0)                          //如果P1.0连接的按键按下
      P1_4=0;                              //使P1.4连接的LED灯亮
      else                                 //如果P1.0连接的按键按下
      P1_4=1;                              //使P1.4连接的LED灯灭
      if(P1_1==0)                          //如果P1.1连接的按键按下
      P1_5=0;                              //使P1.5连接的LED灯亮
      else                                 //如果P1.1连接的按键按下
      P1_5=1;                              //使P1.5连接的LED灯灭
      if(P1_2==0)                          //如果P1.2连接的按键按下
      P1_6=0;                              //使P1.6连接的LED灯亮
      else                                 //如果P1.2连接的按键按下
      P1_6=1;                              //使P1.6连接的LED灯灭
      if(P1_3==0)                          //如果P1.3连接的按键按下
      P1_7=0;                              //使P1.7连接的LED灯亮
      else                                 //如果P1.3连接的按键按下
      P1_7=1;                              //使P1.7连接的LED灯灭
    }
}
```

7.4.2 中断程序编写

51系列单片机内部有5个中断请求源，分别为：外部中断0、定时器/计数器中断0、外部中断1、定时器/计数器中断1、串行口中断。为响应中断请求而进行中断处理的程序称为中断程序。

中断程序由中断初始化程序和中断服务程序两部分组成。中断初始化程序放在主程序中，主要包括设置中断的触发方式、打开中断、设置中断优先级等。

编写中断函数时，应遵循以下规则：

（1）中断函数没有返回值。定义中断函数时，要将其定义为void类型，以明确说明没有返回值。如果定义了返回值，将会得到不正确的结果。

（2）中断函数不能进行参数传递。如果中断函数中包含任何参数声明都将无法通过编译。

（3）不能直接调用中断函数。

（4）如果在中断函数中调用其他函数，则被调用的函数所使用的寄存器区必须与中断函数使用的寄存器区不同。

下面通过实例讲解利用 C51 语言编写中断程序。

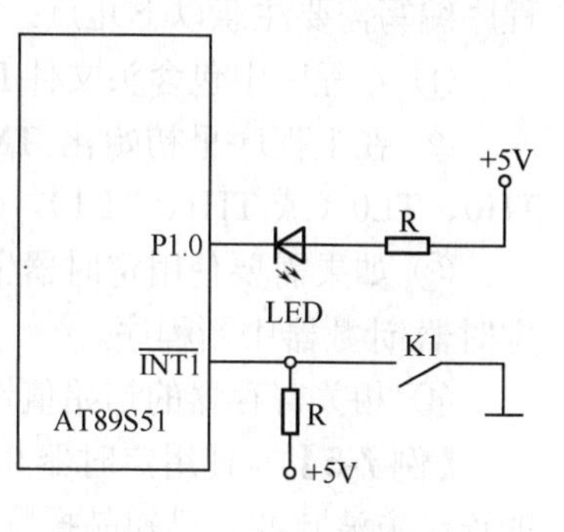

图 7-2 例 7-4 用图

【例 7-4】 单片机的 $\overline{\text{INT1}}$ 端口接一个开关，单片机 P1.0 口接发光二极管，如图 7-2 所示。编写程序实现：开关每闭合一次，发光二极管的状态发生一次改变。

采用中断方式实现的程序如下：

```
#include<reg51.h>
#include<intrins.h>
sbit P10=P1^0;
sbit INT1=P3^3;
void delay(void)
{
 int i=5000;
 while(i--)
  { _nop_;  }                    //_nop_为 intrins.h 中的一个空操作函数
}
void int1( ) interrupt 1 using 0         //外部中断 1 的中断服务函数
{
   EX1=0;
   delay( );
   if(INT1==0)
   {
   P10= ～P10;
   while(INT0==0);
   }
   EX1=1;
}
void main(void)
{
P10=0;
EA=1;        //开总中断
EX1=1;       //开外部中断 1
IT1=1;       //设置外部中断 1 为边沿触发方式
while(1);
}
```

7.4.3 定时器/计数器程序编写

51 系列单片机内部提供了两个 16 位定时器/计数器。定时器 T0 可工作于方式 0～方式 3 四种工作方式，定时器 T1 只能工作于方式 0～方式 2 三种方式。利用 C51 对定时器/计数器进行程序编写需要注意以下几点：

① 在程序中包含头文件REG51.H。

② 在主程序里初始化 TMOD 寄存器，指定工作模式和方式。初始化定时器/计数器初值TH0、TL0（或TH1、TL1）。

③ 如果需要使用定时器/计数器中断，要在主程序中打开定时器/计数器中断，并且要编写定时器/计数器中断程序。

④ 相关寄存器的初始值设置完后要置位TR0或TR1，启动相应的定时器/计数器。

【例7-5】 使用定时器0以方式2产生100μs定时，在单片机P1.0口上输出周期为200μs的连续方波脉冲。已知晶振频率为f_{osc}=12MHz。

```
#include <reg51.h>
sbit P10=P1^0;
void InitTimer0(void)                //定时器初始化程序
{
    TMOD = 0x02;
    TH0 = 0x9C;
    TL0 = 0x9C;
    TR0 = 1;
}
void main(void)                      //主程序
{
  InitTimer0();
  while(1)
  {
   if(TF0==1)
    {
    TF0=0;
    P10= ~P10;
    }
  }
}
```

【例7-6】 采用定时器T0在单片机的P1.0口上输出周期为2ms的方波，已知晶振频率为f_{osc}=12MHz，要求采用定时器工作方式1实现。

```
#include <reg51.h>
sbit P10=P1^0;
void InitTimer0(void)                    //定时器初始化程序
{
    TMOD = 0x01;
    TH0 = 0x0FC;
    TL0 = 0x18;
    EA = 1;
    ET0 = 1;
    TR0 = 1;
```

```
}
void Timer0Interrupt(void) interrupt 1 using 0     //中断程序
{
   TH0 = 0x0FC;
   TL0 = 0x18;
   P10= ～P10;
}
void main(void)                                    //主程序
{
   InitTimer0();
   while(1);
}
```

7.4.4　串行通信接口编程

串行通信程序的编写应注意以下几点：

① 在程序中包含头文件REG51.H。

② 选择工作方式及波特率，初始化SCON、TMOD、TH1、TL1等寄存器。

③ 选择通信方式：查询方式或中断方式，如选择中断方式要在主程序中打开串行中断，并且要编写串行中断程序。若使用查询方式，需要对TI、RI的值进行查询。两种方式都需要编程清除标志位RI和TI。

④ 相关寄存器的初始值设置完后要置位TR1，启动波特率发生器。

【例7-7】　通过串行口发送字符串“Serial Communication”，设波特率为9 600bps，串行口工作在方式1，f_{osc}=11.059 2MHz。

源程序如下：

```
#include <reg51.h>
#include <string.h>
char s[ ]=“Serial Communication”;  //定义字符串
unsigned char i, j=0;
void main(void)
{
  SCON = 0x40;                      //串口方式1
  PCON = 0x00;                      //波特率不加倍
  TMOD = 0x20;                      //定时器T1工作在方式2，作为波特率发生器
  TH1 = 0xfd;                       //定时初值
  TL1 = 0xfd;                       //定时初值
  ES=0;                             //禁止串口中断
  TR1=1;                            //启动定时器T1

  while(s[i]!='\0')
    {
    SBUF=s[i];
```

```
    while(TI==0);                    //等待发送结束
    TI=0;                            //清除发送标志
    i++;
    }
    while(1);
}
```

思考：本例中串行通信采用查询方式，也可用中断方式实现，试编写中断方式的C51程序。

【例7-8】 编写程序将甲机的片内RAM中的30H～3FH单元中的内容发送到乙机的片内RAM的40H～4FH单元中（用串口工作方式1，波特率为1 200bps）。

甲机发送程序：

```
#include <reg51.h>
#define uchar  unsigned char
data uchar buf[16] _at_ 0x30;   //在data区定义发送数据数组
void main(void)
{
 uchar *ptr, i;
 SCON = 0x40;                    //串口方式1
 PCON = 0x00;                    //波特率不加倍
 TMOD = 0x20;                    //定时器T1工作在方式2，作为波特率发生器
 TH1 = 0xe6;                     //定时初值
 TL1 = 0xe6;                     //定时初值
 TR1=1;
 ptr=buf;
 while (1)
 {
    for(i=0; i<16; i++)
    {
        SBUF = *ptr++;
        while(!TI);
        TI=0;
    }
    while (1);
 }
}
```

乙机接收程序：

```
#include <reg51.h>
#define uchar  unsigned char
data uchar buf[16] _at_ 0x40;        //在data区定义接收数据数组
void main(void)
{
 uchar *ptr;
 SCON = 0x50;                        //允许接收
```

```
    PCON = 0x00;          //波特率不加倍
    TMOD = 0x20;          //定时器 T1 工作在方式 2，作为波特率发生器
    TH1 = 0xe6;           //定时初值
    TL1 = 0xe6;           //定时初值
    TR1=1;
    ptr=buf;
    while (1)
    {
      while(!RI);
      *ptr++=SBUF;
      RI=0;
    }
  }
```

习题七

1．Keil C51 与标准 C 语言有哪些区别？

2．Keil C51 扩展关键字有哪些？

3．C51 数据的存储类型有哪几种？各有什么特点？

4．C51 的中断函数是如何定义的？常用的库函数有哪几个？

5．实现流水灯的方法是，先灭掉前一个灯，然后点亮后一个灯，延时一段时间，再灭掉下一个灯，不断循环，就可以看到流水灯流动了；使用 P1 口连接 8 个 LED 灯，编写实现流水灯控制的 C51 程序。

6. 编写程序实现单片机对外部计数脉冲值的显示。定时器/计数器 T0 采用工作方式 1 计数，P3.4 引脚接外部计数脉冲，用 P0 口和 P1 口分别连接两个共阴极数码管的段选端，分别显示计数值的高低位。

7．设计一个双机通信程序，甲机以串行方式 2（SMOD=1），将片内 RAM 50H～5FH 中的数据串行发送给乙机，第九位作为偶校验位。乙机接收到 1 个数据后进行核对，满足偶校验就向甲机回复一个应答信号 FFH，否则回复其他数据；甲机接到接收方核对正确回复信号（用 FFH 表示）后，再发送下一字节数据，否则再重发一遍。

8．单片机采用串口通信模式 1，SMOD=1，晶振频率为 11.0592MHz，波特率为 9 600bps；PC 上运行串口调试助手向单片机发送数据，然后单片机将接收到的数据发送给 PC，试编写程序实现之。假设单片机的串口已通过 RS-232 转换芯片电平转换后接到 PC 的串口。

第 8 章　RTX51 实时操作系统

学习要点： 本章主要介绍基于 51 系列单片机的实时操作系统，要求了解 RTX51 Tiny 的工作原理，掌握 RTX51 Tiny 系统函数的功能和使用方法，学会任务创建的方法。通过例题的方式，使读者了解基于实时操作系统的编程方法。

8.1 RTX51 实时操作系统概述

实时操作系统（Real Time Operating System，RTOS）是指当外界事件或数据产生时，能够接收并以足够快的速度予以处理，其处理的结果又能在规定的时间之内来控制生产过程或对处理系统做出快速响应，并控制所有实时任务协调一致运行的操作系统。

用户的应用程序是运行于 RTOS 之上的各个任务，RTOS 根据各个任务的要求，进行资源（包括存储器、外设等）管理、消息管理、任务调度和异常处理等工作。

RTX51 是德国 Keil 公司开发的单片机 μVision 软件自带的、运行于 8051 系列单片机上的小型多任务实时操作系统，可用来设计具有实时性要求的多任务软件。RTX51 有两个版本：RTX51 Tiny 和 RTX51 Full。RTX51 Full 版称为 RTX51 的标准版，既可以以循环（Round-Robin）方式执行任务，也可以按 4 级任务优先级的方式切换不同优先级的任务。标准版以并行方式工作，支持中断管理，信号和消息可以通过邮箱系统在不同任务之间传递。

RTX51 Tiny 是 RTX51 Full 的子集。RTX51 Tiny 自身仅占用 900B 左右的程序存储空间，可以很容易地运行在没有外部扩展存储器的 8051 单片机系统上。它通用性强，系统需求低，但功能上受到限制。它只支持循环方式和信号方式的任务切换，而不支持优先级方式的任务切换。

由于 Keil C 中自带了 RTX51 的精简版 RTX51 Tiny，事实上精简版也能够满足绝大部分场合的应用要求，目前在 8051 系列单片机上使用多任务实时操作系统，绝大多数应用都选择了 RTX51 Tiny，所以以下只讲解 RTX51 Tiny 的内容，出现 RTX51 的地方默认为其精简版 RTX51 Tiny。

选用 RTX51 Tiny 微操作系统，可以使用户把更多的精力关注在应用本身而无须考虑复杂的底层驱动。并且整个应用软件系统结构清晰，维护方便，可节省大量的时间和人力。当程序比较复杂时，它的优点就体现得更明显。然而，由于硬件资源及其自身的限制，对于功能复杂、要求较高的应用来说，就显得有些吃力了，用户需要自己编写功能扩展程序。无论如何，它仍然是 8 位单片机应用中操作系统的首选。

1．RTX51 运行环境

RTX51 Tiny 是一种实时操作系统（RTOS），可以用它来建立多个任务（函数）同时执行的应用。RTX51 Tiny 是一个功能强大的 RTOS，且易于使用，它用于 8051 系列的微控制器。

RTX51 Tiny 的程序用标准的 C 语言构造，由 Keil C51 C 编译器编译。用户可以很容易地定义任务函数，而不需要进行复杂的栈和变量结构配置，只需包含一个指定的头文件（RTX51TNY.H）。

2．RTX51 工具需求

以下为使用 RTX51 Tiny 需要的应用软件：

C51 编译器；

A51 宏汇编器；

BL51 连接器或 LX51 连接器；

RTX51TNY.LIB 和 RTX51BT.LIB 库文件。

这两个库文件必须保存于库路径下，通常，该路径是 KEIL/C51/LIB 文件夹。RTX51TNY.H 必须保存在包含路径下，通常是 KEIL/C51/ INC 文件夹。

3．RTX51 目标需求

RTX51 Tiny 运行于大多数 8051 兼容的器件及其变种上。RTX51 Tiny 应用程序可以访问外部数据存储器，但内核并无此需求。它支持 Keil C51 编译器全部的存储模式。而存储模式的选择只影响应用程序对象的位置，RTX51 Tiny 系统变量和应用程序栈空间总是位于 8051 的内部存储区（DATA 或 IDATA 区），因此一般情况下，应用程序应使用小（SMALL）模式。

有关 RTX51 Tiny 本身的参数及性能如表 8-1 所示。

表 8-1　RTX51 的性能参数表

描　述	RTX51 Tiny 版本
任务数	16
RAM 需求	7B DATA、3×（任务数）B IDATA
代码要求	900B
硬件要求	定时器 0
系统时钟	1 000～65 535 周期
中断响应时间	<20 周期
任务切换时间	100～700 周期依赖于堆栈装载

综上所述，在设计 RTX51 程序时需要包含实时运行头文件和必要的库文件，并且要用 BL51 连接/定位器来实现连接。在 Keil 中，需要在目标选项的 Target 标签中的 Operating 中选择 RTX51 Tiny，在头文件中加上#include <rtx51tny.h>。

8.2　基于 RTX51 Tiny 工作机制

RTX51 Tiny 本质上是一个任务切换器，建立一个 RTX51 Tiny 程序，就是建立一个或多个任务函数的应用程序。RTX51 Tiny 通过循环（Round-Robin）方式来实现多任务，以达到多个无限循环或任务的准并行执行。这里的多任务并不是真正同时执行的，而是使用不同的时间片来执行，即只是宏观上的同时执行。它将可用的 CPU 周期分成多个时间片，由 RTX51 把这些时间片分配给每一个任务使用。每个任务只能在预定的时间片里运行。然后，RTX51 再切换到另一个已经准备就绪的任务，让它再执行一定的时间片。时间片一般是比较短促的，一个时间片大约只有毫秒级的时间。正是由于这个原因，在用户看来，多个任务似乎是在同时执行的。

RTX51 Tiny 用标准 8051 的定时器 0（模式 1）产生一个周期性的中断。该中断就是 RTX51 Tiny 的定时滴答（Timer Tick），用于驱动 RTX51 时钟，库函数中的超时和时间间隔就是基于该定时滴答来测量的。

在默认情况下，RTX51 每 10 000 个机器周期产生一个滴答中断，因此，对于运行于 12MHz 的标准 8051 来说，滴答的周期是 0.01s，即频率是 100Hz（12MHz/12/10 000）。该值可以在 CONF_TNY.A51 配置文件中修改。

RTX51 Tiny 版本使用了 8051 的定时器 0 和定时器 0 的中断信号。SFR 中的全局中断允许位或定时器 0 中断屏蔽位都可能使 RTX51 Tiny 停止运行。因此，除非有特殊的应用目的，应该使定时器 0 的中断始终开启，以保证 RTX51 Tiny 的正常运行。

8.2.1 RTX51 程序结构

RTX51 应用程序由一个或多个完成具体操作的任务组成，RTX51 Tiny 最多允许 16 个任务。一般的 C 语言程序都包含一个 main( )函数，而 RTX51 与用户程序中的 main( )函数是无关的。所以一般在用户程序中没有 main( )程序，操作系统会自动从设定的任务 0 开始执行。其任务是返回类型和参数列表为空的 C 语言函数，使用下面的格式定义：

```
void func (void) _task_ num
```

num 是一个 0～15 的任务标识号。

如果定义函数 job0 为任务号 0，则这个任务所做的是增加一个计数器的计数值并重复，在这种方式下全部的任务是用无限循环实现的。

```
void job0 (void) _task_ 0
    {
    while (1)
    {
        counter0++; /* increment counter */
    }
}
```

【例 8-1】 使用 RTX51 Tiny 循环法多任务处理方式实现两个任务交替执行，程序中的两个任务是计数器循环。

实现该工作的 RTX51 程序如下：

```
#include < rtx51tny.h >
int counter0;
int counter1;
void job0(void)_task_ 0
{
```

```
os_create(1);                            /*标记任务 1 为就绪*/
while(1)
    {                                    /*无限循环*/
        counter0++;                      /*更新计数器*/
    }
}
void job1(void) _task_1
{
    while(1)
    {                                    /*无限循环*/
        counter++;                       /*更新计数器*/
    }
}
```

在上述程序中，RTX51 Tiny 在启动时首先执行函数名为 job0 的任务 0，在该函数中创建了另一个任务 job1，在 job0 执行完它的时间片后，RTX51 Tiny 切换到 job1；在 job1 执行完它的时间片后，RTX51 Tiny 又切换到 job0，如此无限重复。

8.2.2 任务管理

在 RTX51 程序中的任务可能处于运行态（Running）、就绪态（Ready）、等待态（Waiting）、删除态（Deleted）或超时态（Time-Out）中的一个状态，但在某个时刻只有一个任务处于运行态。

（1）运行（RUNNING）。当前正在运行的任务处于 RUNNING 状态，同一时间只有一个任务可以运行。

（2）就绪（READY）。等待运行的任务处于 READY 状态，在当前运行的任务处理完成后 RTX51 Tiny 开始下一个处于 READY 状态的任务。

（3）等待（WAITING）。等待一个事件的任务处于 WAITING 状态，如果事件发生的话任务进入 READY 状态。

（4）删除（DELETED）。没有开始的任务处于删除状态。

（5）超时（TIME-OUT）。被时间片轮转超时终端的任务处于 TIME-OUT 状态，这个状态与 READY 状态相同。

（6）空闲任务（Idle_Task）总是处于就绪态，当定义的所有任务处于阻塞状态时，运行该任务。

8.2.3 RTX51 任务调度

如前所述，RTX51 Tiny 允许准并行执行多个无限循环任务，实际任务并不是并行执行的，而是按时间片执行（CPU 时间分成时间片，RTX51 Tiny 给每个任务分配一个时间片），任务在它的时间片内持续执行（除非任务的时间片用完或执行 os_wait 系统函数）。然后，RTX51 Tiny 切换到下一个就绪的任务运行。时间片的持续时间可以通过 RTX51 Tiny 配置。RTX51 Tiny 将处理器分配到一个任务的过程叫做调度程序(scheduler)，任务调度程序负责给任务分配处理器，RTX51 Tiny 调度程序用下列规则确定哪个任务要被运行：

如果有下列情形之一当前任务被中断：

（1）任务调用了 os_switch_task 且另一个任务正准备运行；

（2）任务调用了 os_wait 且指定的事件没有发生；

（3）任务执行了比轮转时间片更长的时间。

另一个任务启动条件：

（1）无其他任务运行；

（2）要启动的任务处于就绪态或超时态。

RTX51 Tiny 的 os_wait 函数支持以下事件类型：

信号事件 SIGNAL：是任务之间相互通信的形式，一个任务可以等待另外一个任务给它发信号（通过内核函数 os_send_signal 和 isr_send_signal）。

时间超时事件 TIME-OUT：一个从 os_wait 函数开始的时间延迟。延迟的持续时间为指定的时钟报时信号，使用一个超时值调用 os_wait 函数的任务将中止到时间延迟结束，任务返回到 READY 状态而且可以开始执行。当一个任务在等待超时事件时，其他的任务将继续运行。一旦需要等待的内核时钟滴答数已经耗尽，那么这个等待的任务则继续运行。

时间间隔事件 INTERVAL：一个从 os_wait 函数开始的间隔延迟。延迟的间隔为指定的时钟报时信号。与超时延迟的区别是：RTX51 计时器没有复位。时间间隔事件通常用来产生一个规则而且是同步运行的任务（例如，1s 运行一次的任务），而不管任务运行和 os_wait 之间的时间是多长。如果所设定的时钟滴答数已经耗尽（时间从内核函数 os_wait 的上一次调用开始算起），任务将立即运行（在没有其他任务运行的条件下）。

8.2.4 RTX51 参数的设置

在\c51\lib\子目录下有一个对 RTX51 Tiny 进行配置的文件：conf_tny.a51。通过改变这个配置文可以实现：

（1）用于系统时钟报时中断的寄存器组；

（2）系统计时器的间隔时间；

（3）时间片轮转超时值；

（4）定义最小堆栈需求等。

常用的参数配置变量如下（具体 conf_tny.a51 程序可参见 RTX51 Tiny 用户手册）：

INT_REGBANK：指示哪些寄存器组将用于 RTX51 Tiny 的系统中断，默认设置是 1（也就是寄存器组 1）。

INT_CLOCK：定义定时器在产生中断前的时钟周期数，这个值的范围是 1 000～65 535，小的数值将产生快速的中断，那么初始化和重装到定时器的值就是：65 536～INT_CLOCK。这个参数的默认值是 10 000。

TIMESHARING：设定在进行时间轮转的任务切换前需要消耗多少个 RTX51 Tiny 的内核时钟滴答数。如果这个值为 0，那么将禁止进行时间轮转的任务切换，默认的设置是 5。

RAMTOP：表明 8051 派生系列内存储器存储单元的最大尺寸，用于 8051 这个值应设定为 7Fh，用于 8052 这个值应设定为 0FFh。

FREE_STACK：按字节定义自由堆栈区的大小，默认值是 20，允许值为 0-0ffh。当切换任务时 RTX51 Tiny 检验堆栈区指定数量的有效字节，如果堆栈区设定值太小将激活 STACK_ERROR。

STACK_ERROR：一个指令宏，在发生堆栈错误时（CPU 堆栈不能提供 FREE_STACK 所要求的最小堆栈空间）被运行。你可以把这个宏改为你的应用程序需要完成的任何操作。

8.3　RTX51 的参考函数

RTX51 Tiny 库文件 RTX51TNY.LIB 中有许多函数，这些函数能够实现建立和解除任务，从一个任务向另一个任务发送和接收信号或延迟一个任务一定数量的报时信号，以下部分对 RTX51 Tiny 的系统函数进行介绍。

RTX51 Tiny 主要系统函数说明如表 8-2 所示。

表 8-2　RTX51Tiny 主要系统函数说明

系统函数	功能说明
isr_send_signal	从一个中断发送一个信号到一个任务
os_create_task	移动一个任务到运行队列
os_clear_signal	删除一个发送的信号
os_delete_task	从运行队列中删除一个任务
os_running_task_id	返回当前运行任务的任务标识符（task ID）
os_send_signal	从一个任务发送一个信号到另一个任务
os_set_ready	将一个任务置为就绪态
os_switch_task	停止一个任务的执行并运行另一个任务
os_wait	等待一个事件

上述函数是 RTX51 Tiny 实时操作系统的一部分，其包含文件均为#include<rtx51tny.h>，因此在以后的介绍中不再单独指出。在函数名中以 os_开头的函数可以由任务调用，但不能由中断服务程序调用；以 isr_开头的函数可以由中断服务程序调用，但不能由任务调用。

1．isr_send_signal

概要：char isr_send_signal (unsigned char task_id);

描述：isr_send_signal 函数给任务 task_id 发送一个信号。如果指定的任务正在等待一个信号，则该函数使该任务就绪，但不启动它，信号存储在任务的信号标志中。

附注：该函数仅被中断函数调用。

返回值：成功调用后返回 0，如果指定任务不存在，则返回−1。

2．isr_set_ready

概要：char isr_set_ready（unsigned char task_id）;

描述：将由 task_id 指定的任务置为就绪态。该函数仅用于中断函数。

返回值：无。

3．os_clear_signal

概要：char os_clear_signal(unsigned char task_id);

描述：清除由 task_id 指定的任务信号标志。

返回值：信号成功清除后返回 0，指定的任务不存在时返回−1。

4．os_create_task

概要：char os_create_task(unsigned char task_id);

描述：启动任务 task_id，该任务被标记为就绪，并在下一个时间点开始执行。

返回值：任务成功启动后返回 0，如果任务不能启动或任务已在运行，或没有以 task_id 定义的任务，返回−1。

5．os_delete_task

概要：char os_delete_task(unsigned char task_id);

描述：函数将以 task_id 指定的任务停止，并从任务列表中将其删除。如果任务删除自己，将立即发生任务切换。

返回值：任务成功停止并删除后返回 0，指定任务不存在或未启动时返回−1。

6．os_reset_interval

概要：void os_reset_interval(unsigned char ticks);

描述：用于纠正由于 os_wait 函数同时等待 K_IVL 和 K_SIG 事件而产生的时间问题。如果一个信号事件（K_SIG）引起 os_wait 退出，时间间隔定时器并不调整，这样会导致后续的 os_wait 调用（等待一个时间间隔）延迟的不是预期的时间周期。该函数将时间间隔定时器复位，这样后续对 os_wait 的调用就会按预期的操作进行。

返回值：无

7．os_running_task_id

概要：char os_running_task_id(void);

描述：函数确认当前正在执行的任务的任务 ID。

返回值：返回当前正在执行的任务的任务号，该值为 0~15 之间的一个数。

8．os_send_signal

概要：char os_send_signal(char task_id);

描述：函数向任务 task_id 发送一个信号。如果指定的任务已经在等待一个信号，则该函数使任务准备执行但不启动它。信号存储在任务的信号标志中。

返回值：成功调用后返回 0，指定任务不存在时返回−1。

9．os_set_ready

概要：char os_set_ready(unsigned char task_id);

描述：将以 task_id 指定的任务置为就绪状态。

返回值：无。

10．os_switch_task

概要：char os_switch_task(void)；

描述：该函数使得一个任务停止执行，并运行另一个任务。当调用 os_switch_task 的任务是唯一的就绪任务时，它将立即恢复运行。

返回值：无。

11．os_wait

概要：#include<rtx51tny.h>

char os_wait(unsigned char event_sel，unsigned char ticks，unsigned int dammy)

unsigned char event_sel，　　要等待的事件；

unsigned char ticks，　　要等待的滴答数；

unsigned int dammy;　　无用参数，该参数适用于 RTX51 Full 版本

描述：该函数挂起当前任务，并等待一个或几个事件，如时间间隔、超时，或从其他任务和中断发来的信号。参数 event_sel 指定要等待的事件，可以是表 8-3 中常数的一些组合。

表 8-3　事件及其说明

事　件	说　明
K_IVL	等待以滴答值为单位的时间间隔
K_SIG	等待一个信号
K_TMO	等待一个以滴答值为单位的超时

事件可以用竖线符（“|”）进行逻辑或。ticks 参数指定要等待的时间间隔事件（K_IVL）或超时事件（K_TMO）的定时器滴答数。dammy 参数是为了提供与 RTX51 Full 兼容性而设置的，在这里不使用。

返回值：当有一个指定的事件发生时，任务进入就绪态。表 8-4 列出由返回的常数确定的使任务重新启动的事件。

表 8-4　返回值及其说明

返 回 值	说　明
RDY_EVENT	表示任务的就绪标志是被或函数置位的
SIG_EVENT	收到一个信号
TMO_EVENT	超时完成，或时间间隔到
NOT_OK	event_sel 参数的值无效

12．os_wait1

概要：char os_wait1(unsigned　char　event_set)；

描述：该函数挂起当前的任务，等待一个事件发生。os_wait1 是 os_wait 的一个子集，它不支持 os_wait 提供的全部事件。参数 event_set 指定要等待的事件，该函数只能是 K_SIG。

返回值：当指定的事件发生时，任务进入就绪态；任务恢复运行时，os_wait1 返回的值表明启动任务的事件。返回值如下。

RDY_EVENT：任务的就绪标志位是被 os_set_ready 或 isr_set_ready 置位的

SIG_EVENT：收到一个信号

NOT_OK：Event_sel 参数的值无效

13．os_wait2

概要：char os_wait2(unsigned char event_sel，unsigned char ticks)；

描述：函数挂起当前任务等待一个或几个事件发生，如时间间隔、超时或一个从其他任务或中断来的信号。参数 event_sel 指定的事件可以是下列常数的组合：

K_IVL、K_SIG、K_TMO。

事件可以用“|”进行逻辑或。

参数 ticks 指定等待时间间隔（K_IVL）或超时（K_TMO）事件时的滴答数。

返回值：当一个或几个事件产生时，任务进入就绪态；任务恢复执行时，os_wait2 的返回值表明启动任务的事件，返回值同 os_wait 函数。

8.4 基于 RTX51 实时操作系统的程序设计

RTX51 可以在所有的 8051 系列芯片上运行。用户只需要用标准的 C 语言编写 RTX51 程序，然后用 C51 编译器编译即可生成代码。其中，仅有少数内容和标准 C 语言有差异，这些内容是为了实现任务标识和优先级而设置的。本节给出了在使用 RTX51 时应注意的事项。

8.4.1 RTX51 实时操作系统程序设计的结构特点

1．包含文件

RTX51 Tiny 仅需要包含一个文件：RTX51TNY.H。所有的库函数和常数都在该头文件中定义。在源文件中包含：＃include<rtx51tny.h>语句。

2．编程原则

建立 RTX51 Tiny 程序时必须遵守以下原则：

① 包含头文件 rtx51tny.h。

② 不需要建立 main( )函数。

③ 程序必须至少包含一个任务函数。

④ 程序中应尽量避免复位中断允许总控制位，中断必须有效（EA=1），如果要在临界区禁止中断，则一定要小心。

⑤ 程序必须至少调用一个 RTX51 Tiny 库函数（像 os_wait）。否则，连接后将不包含 RTX51 Tiny 库。

⑥ Task 0 是程序中首先要执行的函数，必须在任务 0 中调用 os_create_task 函数以运行其余任务。

⑦ 任务函数必须是从不退出或返回的。任务必须用一个 while(1)或类似的结构重复。用 os_delete_task 函数停止运行的任务。

⑧ 必须在μVison 中指定 RTX51 Tiny，或者在连接器命令行中指定。

3．定义任务

任务就是一个简单的 C 函数，返回类型为 void，参数列表为 void，并且用_task_声明函数属性。例如：

```
void func (void)_task_id
```

这里，func 是任务函数的名字，id 是任务的编号，RTX51 Tiny 最多支持 16 个任务，因而 id 是 0～15 的一个任务号。

在定义任务时应注意：

① 每个任务的 ID 必须是一个唯一编号。

② 所有的任务都应该无限循环。

③ 任务的形参必须是 void，不能对一个任务传递参数。

④ 它们的返回类型必须是 void。

⑤ 为了最小化 RTX51 Tiny 的存储器需求，从 0 开始对任务进行顺序编号。

例如，定义任务 0：

```
void taskname(void) _task_1
{
    while(1)
    {
      /*任务 1 的命令 */
     }
}
```

4．编译和连接

在采用 μVision 创建 RTX51 Tiny 程序时，除正常设置外还要对操作系统进行选项，其步骤如下：

① 打开 Options for Target 对话框（通过 Project 菜单选择 Options for Target 选项）；

② 选择 Target 标签；

③ 在 Operating System 的下拉列表中选择 RTX51 Tiny。

8.4.2　应用举例

为了让读者对 RTX 应用程序有一个全面了解，下面例题中采用 RTX 操作系统和普通 C51 两种编程方式来实现。

【例 8-2】　用 51 单片机实现十字路口交通信号灯的控制，在正常情况下交通信号灯的控制时序如图 8-1 所示。设东西方向、南北方向紧急切换按钮各一个，当按下紧急按钮时，相应方向紧急切换为“绿”灯，以便特种车辆通行。交通信号灯控制系统的参考电路原理图如图 8-2 所示。

1．采用 RTX51 操作系统的程序设计

由前面介绍可知，在默认情况下 RTX51 每 10 000 个机器周期产生一个滴答中断，晶振频率为 6MHz 时滴答周期为 0.02s。程序设计如下：

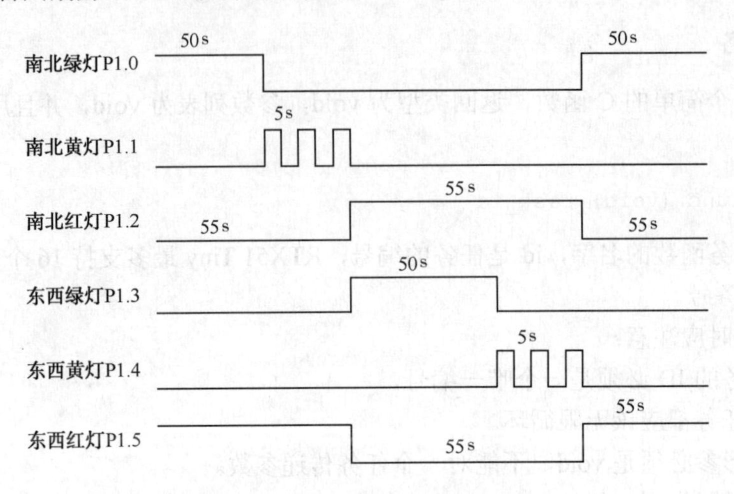

图 8-1　交通信号灯的控制时序

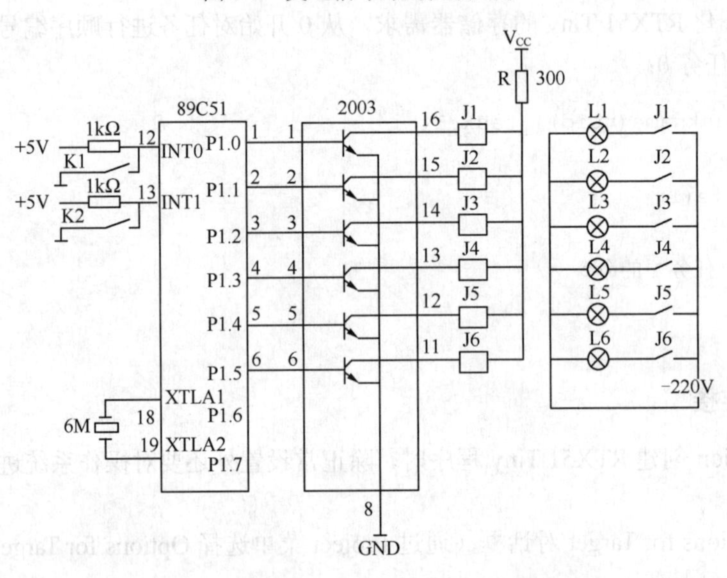

图 8-2　交通信号灯控制系统的参考电路原理图

```
        #include <reg51.H>              //包含文件，寄存器定义
        #include < rtx51tny.h >         //包含文件，rtx51tny
        sbit  switch_nb =P3^3;          //南北紧急切换按钮
        sbit  switch_dx =P3^2;          //东西紧急切换按钮
        sbit  green_nb =P1^0;           //南北绿灯
        sbit  yello_nb =P1^1;           //南北黄灯
        sbit  red_nb  =P1^2;            //南北红灯
        sbit  green_dx =P1^3;           //东西绿灯
        sbit  yello_dx =P1^4;           //东西黄灯
        sbit  red_dx  =P1^5;            //东西红灯
        bit  key;                       //按钮标志
        int  Tcounter;                  //秒定时计数器
void systeminit(void) _task_0
```

```
{                                                   //创建任务 0
    Key=0;
    Tcounter0;
    os_create_task(1);                              //创建任务 1，定时时钟
    os_create_task(2);                              //创建任务 2，正常时序控制
    os_delet_task (0) ;                             //删除任务 0
}
void clock(void)_task_1
{
    while(1)
    {
          Tcounter++;                               //秒计数器加 1
          os_Wait2(K_TMO, 50);                      //等待 50 个滴答，在此系统为 1s
          if (Tcounter>110) Tcounter=0;
    }
}

void lightcontrol(void) _task_2
{
      while(1)
          {
              if (!key)
              {
              if (Tcounter<50)
              {
                        green_nb = 1;               //南北绿灯亮
                        green_dx = 0;               //东西绿灯灭
                        red_dx  = 1;                //东西红灯亮
                        red_nb  = 0;                //南北红灯灭
                        yello_dx = 0;               //东西黄灯灭
                        yello_nb = 0;               //东西黄灯灭

              }
              else if (Tcounter<55)
              {
                        green_nb=0;                 //南北绿灯灭
                        yello_nb=!yello_nb;         //南北黄灯闪
                        os_wait2(K_TMO, 50 );       //等待 1s

              }
              else if(Tcounter<105)
              {
                        green_dx = 1;               //东西绿灯亮
                        red_dx  = 0;                //东西红灯灭
                        red_nb  =1;                 //南北红灯亮
                        yello_dx = 0;               //东西黄灯灭
```

```
            }
            else
            {
                    green_dx=0;               //东西绿灯灭

                    yello_nb=!yello_nb;      //东西黄灯闪

                    os_wait2(K_TMO, 50 );    //等待1s

            }
        }
    }
}
void emergenc(void)_task_3
{
    while (1)
        {
            key=0;
            if(!switch_nb)
            { P1  =0X04;               //南北紧急切换，南北绿灯亮
            key=1;
            }
            if(!switch_dx)
            {  P1  =0X01;    //东西紧急切换，东西绿灯亮
            key=1;

            }
            os_wait2(K_TMO,10 );
        }

}
```

2. C语言参考程序

```
#include <reg51.H>                //包含文件，寄存器定义
/* 全局变量定义 */
unsigned char t_100ms;            //100ms 变量
unsigned char t_1s;               //1s 变量
/*  位定义 */
sbit  switch_nb =P3^3;            //南北紧急切换按钮
sbit  switch_dx =P3^2;            //东西紧急切换按钮
sbit  green_nb =P1^0;             //南北绿灯
sbit  yello_nb =P1^1;             //南北黄灯
sbit  red_nb  =P1^2;              //南北红灯
sbit  green_dx =P1^3;             //东西绿灯
sbit  yello_dx =P1^4;             //东西黄灯
sbit  red_dx  =P1^5;              //东西红灯
```

```
/*   主程序  */
void main(void)
{
    P1 =0X21;                           //初始状态，南北绿灯亮，东西红灯亮
    t_100ms =0;                         //变量初始化
    t_1s =0;
    TMOD = 0X01;                        //设置定时器工作方式
    TL0  =0XB7;                         //定时常数
    TH0  = 0X3C;
    IE   = 0X82;                        //设置中断方式
    TR0  =1;
    while (1)                           //主循环
    {
        if(!switch_nb)  P1  =0X04;  //南北紧急切换，南北绿灯亮
        if(!switch_dx)  P1  =0X01;  //东西紧急切换，东西绿灯亮
    }
}
/*  定时器中断子程序  */
void int_timer0(void) interrupt 1
{
    TL0  =0XB7;                         //重新加载定时常数
    TH0  = 0X3C;
    if(++t_100ms==10)
    {
        t_100ms=0;
        t_1s++;
        if(t_1s==110)
        {
            t_1s=0;             //秒单元清 0
            green_nb = 1;       //南北绿灯亮
            red_dx  = 1;        //东西红灯亮
            red_nb  = 0;        //南北红灯灭
            yello_dx = 0;       //东西黄灯灭
        }
        else if(t_1s>105) yello_dx=!yello_dx;  //东西黄灯闪
        else if(t_1s==105)green_dx=0;          //东西绿灯灭
        else if(t_1s==55)
        {
            red_nb   =1;        //南北红灯亮
            green_dx =1;        //东西绿灯亮
            yello_nb =0;        //南北黄灯灭
            red_dx   =0;        //东西红灯灭
        }
        else if(t_1s>50)  yello_nb=!yello_nb;  //南北黄灯闪
        else if(t_1s==50) green_nb=0;          //南北绿灯灭
    }
}
```

利用查询方式实现紧急切换的参考程序框图如图 8-3 所示。

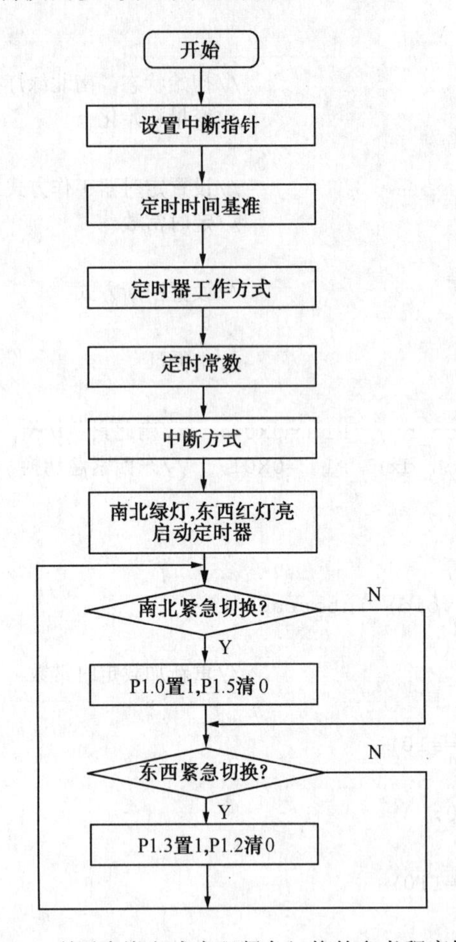

图 8-3　利用查询方式实现紧急切换的参考程序框图

习题八

1．什么是实时操作系统？

2．51 单片机使用实时操作系统有哪些好处？

3．RTX51 中的任务有几种状态？

4．如何更改滴答周期？

5．新任务启动运行要满足哪些条件？

6．采用 RTX51 操作系统设计波形发生器，要求波形通过 DAC0832 转换器输出，按键 K1 按下时产生 1Hz 的方波，K2 按下时产生 1Hz 的锯齿波，K3 按下时产生 1Hz 的三角波。设 DAC0832 地址为 7FFFH，P1.0、P1.1、P1.2 分别与 K1、K2、K3 相连，且按下为 0，断开为 1，设计完整的系统程序。

第 9 章 单片机应用系统综合开发应用

学习要点：通过前面各章的学习，读者已经掌握了单片机的基本工作原理、程序设计方法、系统扩展及接口技术等，它们是开发单片机应用系统的软件和硬件基础。本章将首先介绍单片机应用系统的开发方法、研制过程，然后介绍单片机开发工具和软件、硬件设计方法及调试方法，最后通过设计实例，进一步学习和领会单片机应用系统的开发方法和技巧。

9.1 单片机应用系统设计概述

前面几章已经介绍了单片机应用系统各个部分的结构、工作原理及有关的扩展方法和接口电路，但对于一个具体的控制对象，怎样入手去设计一个应用系统，以满足实际的控制要求才是读者学习单片机的最终目的，也是一个至关重要的问题。这一节主要从应用的角度来详细介绍单片机应用系统软件、硬件综合设计的思想、方法及步骤。

9.1.1 单片机应用系统设计的内容

单片机应用系统设计涉及非常广泛的基础知识和专业知识，是一个综合性的劳动过程。既有硬件系统的设计，又需要配套应用软件的开发，要求设计者具有一定的综合素质。

一般来说，单片机应用系统设计包括以下几个方面的内容。

1．前向通道接口电路设计

这是单片机应用系统与被检测、被控制对象相互联系的输入通道。通常应包括各种物理量的传感器、变送器输入，对于不同传感器输出的信号，需经过隔离、放大、整形、变换（电流/电压变换、A/D 转换、V/F 变换）等。对于多路巡回检测系统，还要增加多路开关等电路之后才能输出到单片机。

2．后向通道接口电路设计

这是单片机应用系统与被检测、被控制对象相互联系的输出通道。通常应包括满足伺服控制要求的 D/A 转换器、脉宽调制（PWM）输出、功率驱动接口（继电器、接触器、固态继电器、晶闸管）等。

3．人机对话接口电路设计

单片机应用系统必须满足人机交互要求，即系统工作时，一是能用实时显示（LED、LCD

等）、声音（如报警声）等向使用者反映系统工作状态；二是使用者可以通过键盘、语音、远程通信等实现对应用系统的管理和控制。

4．通信功能接口电路设计

一个单片机应用系统中，可能有多个单片机，而系统又需要与上位机进行通信，根据单片机应用系统与上位机通信距离的不同，又分为近程通信和远程通信。通信中涉及的信道可分为有线和无线。有线可分为近程的专用线和远程的固定电话线、光纤线、电力线载波等。无线也可分为近程的红外线通信和远程的基于 GSM 或 GPRS 的移动通信。为了满足分布式系统突出控制功能的要求，需要现场总线接口，如 RS-232C、RS-485、CAN BUS、I^2C 等。

5．低功耗及可靠性设计

应用系统为了适应不同的环境，满足不同的要求，长期稳定地工作，必须要有很高的可靠性。某些产品为了便携要求或受使用场合限制，必须降低功耗。目前，国际、国内都对电子产品的低功耗及可靠性规定了标准，并提供测试方法和仪器。因此，在设计应用系统硬件时，必须同步设计可靠性电路，在选择系统使用的元器件时，必须注意选择可靠性高、功耗低的元器件。

9.1.2 单片机应用系统设计的方法与步骤

单片机不同于一般的通用计算机，通用计算机有完备的外围设备和丰富的软件支持，装上必要的软件就可以进行工作。而单片机仅是一种集 CPU、ROM、RAM、I/O 接口和中断系统于一体的超大规模集成电路芯片，要使单片机可以进行工作，必须给它连接一些必要的外围电路和设备，还要对它进行编程调试，直到使它能够完成所需要的功能。这一过程才是单片机的应用过程，也是一个研制开发的过程。

一般情况下，一个实际的单片机应用系统的设计过程主要包括以下 5 个阶段。

1．系统的总体方案设计

进行系统总体方案设计的第一步是明确单片机控制对象或过程的技术指标。在深入调查、分析和必要的测试基础上，了解系统的控制要求、信号的种类和数量、应用环境等，进行必要的理论分析和计算。在综合考虑可靠性、可维护性、成本和经济效益等要求后，提出合理可行的技术指标。

接下来是单片机的选型。就是确定用哪种单片机去满足技术指标要求。这是系统设计中十分关键的一步，在实践中需要在功能、指标、价格和可开发性之间反复权衡。

2．硬件设计

所谓硬件设计，就是为实现应用系统功能，而确定系统扩展所需要的存储器、I/O 接口电路、A/D 和 D/A 电路及相关的外围电路，然后设计出系统的电路原理图，并根据设计出来的电路原理图制作试验板或印制电路板的过程。

3．软件设计

软件设计的任务是根据应用系统总体设计方案的要求和硬件结构，设计出能够实现系统要求的各种功能的控制程序。一般情况下，在程序设计的时候应采用模块化的程序设计方法，其内容主要包括主程序模块的设计、各子程序模块的设计、中断服务程序模块的设计、查表程序的设计等。在各个子程序模块里，可以根据实际需要，分别采用顺序结构、分支结构、循环结构等程序设计结构。采用模块化的程序设计方法最大的好处就是调试方便，而且具有较强的可移植性，便于团体分工合作（只需要知道入口参数、出口参数和程序占用的系统资源即可，各个子程序相对独立）。

4．系统仿真调试

在单片机应用系统硬件和软件的初步设计完成之后，就可以进行系统的仿真调试。仿真调试是指利用某一系列单片机的在线仿真器对所设计的软、硬件进行测试的过程。单片机的在线仿真器是一种能够仿真目标系统的单片机，并能够模拟目标系统的 ROM、RAM 和 I/O 接口的一种开发工具。不同系列的单片机的在线仿真器一般不同。

在调试时，最好将功能相对独立的模块一部分一部分地调试成功之后再将它们组合起来调试，这样可以提高效率，并有利于快速定位调试过程中出现的故障和问题。

5．系统安装运行

系统进行在线仿真调试成功之后，可以认定硬件设计和软件设计基本上正确，将程序固化到 EPROM 中，用单片机芯片替换仿真器后运行系统，观察系统运行是否达到要求，若达不到要求则可能还必须对软件进行少量修改，因为仿真器毕竟只是仿真单片机的功能，不能代替实际的单片机。这时要重点调试复位、振荡和“看门狗”等电路，直到单片机运行正常，整个系统的开发完毕。

5 个阶段不是完全独立的部分，往往是相互联系的整体，在总体设计中一般已经开始考虑硬件设计和软件设计的问题了。图 9-1 所示为单片机应用系统设计的流程图。

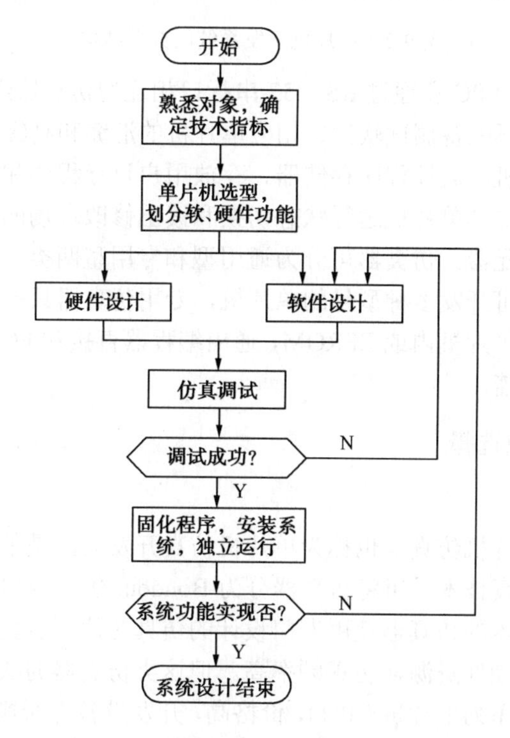

图 9-1　单片机应用系统设计流程图

9.2 单片机程序的仿真与调试

由于单片机应用系统种类繁多，技术要求及指标各不相同。因此，设计方案、设计步骤、开发过程并不完全相同，但也存在着一些共性。本节针对大多数应用场合，介绍开发单片机应用系统过程中使用的开发工具和开发平台，以及程序设计的基本方法。

9.2.1 单片机的开发与开发工具

由于单片机只是一个器件，本身无开发能力，必须借助于由各类开发工具构成的开发系统，才能进行编程及软、硬件的调试。

1．单片机开发系统的构成

单片机开发系统的典型结构如图9-2所示。

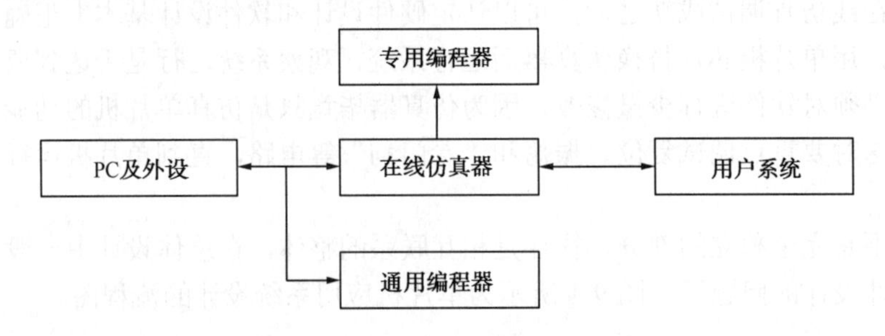

图9-2 单片机开发系统的典型结构

单片机开发系统一般由PC和通过RS-232串行口相连的仿真器组成。在PC本身提供多种软、硬件资源的基础上，再配备调试软件、相应单片机的汇编和高级语言编译软件。

仿真器内有仿真单片机、监控程序存储器、存放用户目标程序和数据的仿真存储器、存放断点的断点存储器，以及仿真单片机运行状态切换和读出修改现场的控制电路，并提供和用户系统单片机相连的仿真适配器。仿真器可分为通用型和专用型两类。通用仿真器由主控板和仿真板构成，调换仿真板就可开发多种型号的单片机，专用仿真器只能开发一种单片机。

编程器将程序固化到单片机内或EPROM，通用编程器直接和PC串行口或并行口相连，专用编程器一般与仿真器相连。

2．单片机开发工具及选择

1）仿真器

（1）仿真器种类。单片机仿真器也称为单片机仿真开发器，是单片机开发的重要工具，其种类很多。根据使用的仿真技术，可将仿真器分为Bondout仿真器和HOOKS仿真器两大类。

基于Bondout仿真技术的仿真器使用专门设计的仿真芯片，能真实地仿真某一特定厂家的系列单片机芯片，不占用硬件资源，仿真频率高。但这类仿真器的缺点是通用性差（某一专用的仿真芯片只能仿真某一系列单片机CPU），价格高，开发设备更新换代速度慢。新单片机CPU出现后，开发商才会根据市场需要来设计配套的仿真芯片。以前国内开发的普及型MCS-51仿真器大多采用价格低廉，仅支持标准MCS-51系列的仿真芯片，而支持增强型MCS-51或更高档次CPU的专用仿真芯片价格昂贵，一般用户很难接受。

HOOKS仿真技术由Philips公司开发，该技术的核心是通过分时复用I/O引脚方式来重构MCS-51系列P0、P2口，使支持HOOKS技术的MCS-51芯片进入HOOKS仿真状态后，通过硬件将复用的P0、P2口扩展为独立的仿真总线及用户P0、P2口。该方法的优点是无须专用的仿真芯片，如用普通的51系列即可进行相同芯片（或硬件资源兼容芯片）仿真。因此，其成本低廉，只要实时加入新型CPU数据资料，换上相应CPU即可仿真新的CPU，仿真开发设备更新速度快，投入少。但HOOKS仿真器通过硬件、软件模拟实际MCS-51系列芯片的P0、P2口，与实际CPU的P0、P2口尚有区别，另外它的仿真频率也不能太高。

目前，国内仿真器开发商通过授权、转让的方式从Philips公司引进了HOOKS仿真技术，开发了基于HOOKS仿真技术的仿真器，如广州周立功单片机发展有限公司的TKS—HOOKS系列等。这些仿真器适应性广，通过更改仿真头内的CPU芯片即可仿真不同系列的CPU。例如，TKS-HOOKS系列内的TKS-668仿真器，更换仿真头内的CPU后，可仿真Philips公司的P8XC5X、P8XC5XX2、P89C6XX2、P89C51RX、P89C66X等系列芯片。

此外，根据仿真器的适应性，可把仿真器分为专用仿真器和通用仿真器。专用仿真器只能仿真某一系列的CPU，如南京伟福公司的K51系列和E51系列仿真器只能仿真MCS-51及其兼容芯片。专用仿真器的最大特点是价格低廉。通用仿真器适应性强，更换不同的仿真头即可仿真不同种类的CPU，如南京伟福公司的E6000系列、E2000系列，更换不同仿真头后即可仿真Intel MCS-51及其兼容CPU、Philips公司增强型80C51内核CPU（包括8XC5X系列、89C51RX系列、552系列、592系列、76X系列等）及Microchip公司的PIC系列CPU。通用仿真器价格高，一次性投入较大，但与仿真器配套的各系列仿真头价格较低，更重要的是可在同一仿真开发环境下使用，也是物有所值。

（2）仿真器的选择。一般某一型号的仿真器只适用于开发特定系列、型号的单片机（一些型号的仿真器功能较强，通过更换不同的仿真插头可以仿真不同系列、不同类型的单片机芯片，如WAVE的E6000、E2000系列仿真器，更换不同仿真插头即可仿真MCS-51及其兼容单片机和Microchip公司的PIC系列单片机，属于通用仿真器，但价格比专用仿真器高一些）。因此，在选择仿真器时，首先要了解该仿真器能仿真何种类型的单片机CPU。

仿真器功能越强，程序调试效率就越高，理想的单片机开发系统必须具有如下功能。

- 不占用硬件资源。一些低档的MCS-51仿真器（仿真头）只能将P0、P2口作为总线使用，不能作为I/O接口使用。
- 随机浏览、修改内部RAM和特殊功能寄存器内容。
- 浏览、编辑程序存储器各存储单元内容。
- 随机修改程序计数器PC的值。
- 浏览、修改外部RAM单元内容。
- 具备连续、单步、跟踪执行功能，以方便程序的调试。
- 灵活、方便的断点设置和取消功能。断点数目最好没有限制，以方便程序调试。

开发系统提供的汇编器（仿真开发软件）必须具备如下功能。

- 源程序编辑操作方式与用户熟悉的通用字处理软件（如Word）相同或相近。
- 方便、灵活的查找和定位功能，以便迅速找到源程序中特定字符串（如标号、变量、操作码或操作数助记符）。
- 汇编器（仿真开发软件）应具备一定的容错能力。

汇编器最好支持“过程汇编”伪指令，这对于程序设计、编写将非常方便。采用过程伪指令后，过程内的标号就可以分为两类：公共标号和局部标号。公共标号在整个程序内有效，而局部标号只在本过程内有效，这样不同子过程（子程序）内就能重复使用公共标号外的标号名，避免了因标号重定义造成的错误，也使不同过程内的局部标号名含义明确。

除了支持A51汇编语言外，最好支持C语言。

2）其他工具

（1）逻辑笔。逻辑笔主要用于判别电路某点的电平状态（高电平、低电平，还是脉冲），是数字电路系统常用的检测工具。

（2）万用表（数字式或指针式）。万用表是最基本的电子测量工具，主要用于测量电路系统中各节点间电压或对地电压，电路中两点通断，判别元器件的好坏等。

（3）通用编程器。由于目前内置OTP ROM、Flash ROM存储器芯片的单片机CPU已成为主流芯片，程序调试结束后，需要在编程器上将调试好的程序代码写入CPU内的程序存储器中。

（4）IC插座。在单片机开发过程中，可能需要各种规格的IC插座。例如，当遇到目标板上CPU插座周围的元器件（如电解电容、晶振等）高度过高，妨碍仿真头插入时，可使用一两块IC插座抬高CPU插座，以方便仿真头的插入。

3．单片机应用系统开发的新理念

1）平台模式将进入单片机应用系统设计领域

厂家平台是指半导体厂家推出新型MCU系列产品及新技术时，能为用户服务的全部技术支持实体。它包括基本功能及资源的演示系统、开发环境、参考设计、应用示例、典型操作子程序库、库函数及操作系统。良好的厂家开发平台有利于厂家新产品、新技术的推广。

2）单片机应用SoC化设计

MCU是作为底层的嵌入式应用。长期以来，中国MCU嵌入式应用与SoC（片上系统）要求相差甚远，人力分散、项目分散、低水平重复、投资力度低，无法适应SoC对投资和应用相对集中的要求。未来SoC是嵌入式应用的主要形态，是相关学科的交汇点，只有实现这些学科的相互交融，才能实现SoC技术的飞跃。

3）ISP/IAP将广泛应用于单片机应用系统中

近年来，单片机纷纷采用FLASH存储器。如SST公司用增强型的SuperFI。ASH技术生产了兼容8051的FLASH Flex51系列芯片，其中的SST89C54和89C58芯片分别有20KB和36KB FLASH存储器，并利用快速闪烁存储器可高速读/写的特点，率先实现系统编程（ISP）和应用编程（IAP）功能。传统的单片机应用系统开发理念正逐步被ISP/IAP等技术替代。

9.2.2 单片机开发系统所具有的一般功能

具有支持软件设计调试环境功能的应用系统，称为单片机应用系统开发工具。它一般要具备如下功能。

1．在线仿真功能

开发系统中的在线仿真器应能仿真目标系统中的单片机，并能模拟目标系统中的ROM、

RAM、I/O 接口。使在线仿真时目标系统的运行环境完全“逼真”于脱机运行的环境，以实现系统一次性开发。仿真功能体现在如下两个方面。

1）仿真功能

在线仿真时，开发系统应能将在线仿真器中的单片机完整地出借给目标系统，不占用目标系统单片机的任何资源，使目标系统在联机仿真和脱机运行时的环境（工作程序、使用的资源和地址空间）完全一致，实现完全的一次性仿真。

2）模拟功能

在开发目标系统的过程中，单片机的开发系统允许用户使用它内部的 RAM 存储器和 I/O 来代替目标系统中的 ROM 程序存储器、RAM 数据存储器及 I/O，使用户在目标系统样机还没有完全配置好以前，便可以借用开发系统提供的资源进行软件开发。最重要的是目标机的程序存储器模拟功能。在目标程序还未生成的研制初始阶段，用户的目标程序必须存放在开发系统 RAM 存储器中，以便于调试过程中修改程序。

2．调试功能

开发系统对目标系统中软、硬件的调试功能（也称为排错功能）直接关系到开发的效率。性能优良的单片机开发系统应具有下列调试功能。

1）运行控制功能

开发系统应能使用户有效地控制目标程序的运行，以便检查程序运行的结果，对存在的硬件故障和软件错误进行定位。

单步运行：能使 CPU 从任意的程序地址开始，执行一条指令后停止运行。

断点运行：允许用户任意设置断点条件，启动 CPU 从规定地址开始运行后，当断点条件（程序地址和指定断点地址符合或者 CPU 访问到指定的数据存储器单元等条件）符合以后停止运行。

全速运行：能使 CPU 从指定地址开始连续地全速运行目标程序。

跟踪运行：类似单步运行过程，但可以跟踪到子程序中运行。

2）目标系统状态的读出修改功能

当 CPU 停止执行目标系统的程序后，允许用户方便地读出或修改目标系统资源的状态，以便检查程序运行的结果、设置断点条件及设置程序的初始参数。可供用户读出、修改的目标系统资源包括程序存储器、单片机片内资源、系统中扩展的数据存储器、I/O 接口。

3）跟踪功能

高性能的单片机开发系统具有逻辑分析仪的功能，在目标程序运行过程中，能跟踪存储目标系统总线上的地址、数据和控制信号的状态变化，跟踪存储器能同步记录总线上的信息。用户可以根据需要显示跟踪存储器搜集到的信息，也可以显示某一位总线状态变化的波形，使用户掌握总线上状态变化的过程，对各种故障的定位特别有用，可大大提高工作效率。

9.2.3　软件设计方法

单片机应用系统软件（监控程序）的设计，是系统设计的最基础的工作，其工作量较大。合理的软件结构是设计出性能优良的单片机应用系统的基础，必须给予足够的重视。

1．问题定义

问题定义阶段是要明确软件所要完成的任务，确定输入/输出的形式，对输入数据进行哪些处理，以及如何处理可能发生的错误。

软件所要完成的任务已在总体设计时明确规定，现在要结合硬件结构，进一步弄清软件所承担的每个任务细节，确定具体实施的方法。

首先要定义输入/输出，确定数据的传输方式。数据传输的方式有串行或并行通信、异步或同步通信、选通或非选通输入/输出、数据传输的速率、数据格式、校验方法及所用的状态信号等。它们必须和硬件逻辑协调一致，同时还必须明确对输入数据应进行哪些处理。系统对输入/输出的要求是问题定义的依据。

把输入数据变为输出结果的基本过程，主要取决于对算法的确定。对于实时系统，测试和控制必须有明确的时间要求，如对模拟信号的采样频率、何时发送数据、有多少延迟等。

另外，必须考虑到可能发生的错误类型和检测方法，在软件上做何种处理，以减小错误对系统的影响。

2．自顶向下的程序设计

自顶向下进行程序设计时，先从主程序开始设计，从属的程序或子程序用符号来代替。主程序编好后再编制各个从属的程序和子程序，最后完成整个系统软件的设计。调试也是按这个次序进行。

自顶向下程序设计的优点是：比较接近于人们的日常思维习惯，设计、测试和连接同时按一个线索进行，程序错误可以较早地发现；其缺点是：上一级的程序错误将对整个程序产生影响，一处修改可能造成对整个程序进行全面修改。

3．模块程序设计

模块程序设计是单片机应用中常用的一种程序设计技术。它把一个功能完整的、较长的程序分解为若干个功能相对独立的、较小的程序模块，各个程序模块分别进行设计、编程和调试，最后把各个调试好的程序模块联成一个大的程序。

模块程序设计的优点是：单个功能明确的程序模块，设计和调试比较方便、容易完成，一个模块可以为多个程序所共享，还可以利用现成的程序模块（如各种现成子程序）；缺点是：各个模块的连接有时有一定的难度。程序模块的划分没有一定的标准，一般可以参考以下原则。

（1）每个模块不宜太大。

（2）力求使各个模块之间界限明确，在逻辑上相对独立。

（3）对一些简单任务不必模块化。

（4）尽量利用现成的程序模块。

4．建立数学模型

根据问题的定义，描述出各个输入变量和输出变量之间的数学关系，也就是建立数学模型。数学模型正确与否，是系统性能好坏的决定性因素之一。例如，在直接数字控制系统中，采用数字 PID 控制算法或其改进形式，参数 P、I、D 的确定是至关重要的。在测量系统中，从模拟输入通道得到的温度、流量、压力等现场信息与该信息对应的物理量之间常常存在非线性关系，用什么样的公式来描述这种关系，进而进行线性化处理，这对仪器的测量精度起着决定性作用，还有为了削弱或消除干扰信号的影响选择何种数字滤波方法等。

5．绘制程序流程图

通常在编程之前先绘制程序流程图。程序流程图在前几章中已进行介绍。程序流程图以简明直观的方式对任务进行描述，并很容易由此编写程序，故对初学者来说尤为适用。所谓程序流程图，就是把程序应该完成的各种分立操作，表示在不同的框框中，并按一定顺序把它们连接起来，程序流程图也称为程序框图。

9.2.4　软件调试方法

1．常见的软件错误类型

1）程序失控

这种错误的现象是当以断点或连续方式运行时，目标系统没有按规定的功能进行操作或什么结果也没有。这是由于程序转移到没有预料到的地方或在某处死循环所造成的。这类错误的原因包括程序中转移地址计算错误、堆栈溢出（出界）、工作寄存器冲突等。在采用实时多任务操作系统时，错误可能在操作系统中，CPU 没有完成正确的任务调度操作；也可能在高优先级任务程序中，该任务不释放处理机，使 CPU 在该任务中死循环。

2）中断错误

（1）不响应中断。CPU 不响应任何中断或不响应某一个中断。这种错误的现象是连续运行时不执行中断服务程序的规定操作，当断点设在中断入口或中断服务程序中时碰不到断点。错误的原因有：中断控制寄存器（IE、IP）的初值设置不正确，使 CPU 没有开放中断或不允许某个中断源请求；或者对片内的定时器/计数器、串行口等特殊功能寄存器和扩展的 I/O 接口编程有错误，造成中断没有被激活；或者某一中断服务程序不是以 RETI 指令作为返回主程序的指令，CPU 虽已返回到主程序，但内部中断状态寄存器没有被清除，从而不响应中断；或者由于外部中断源的硬件故障使外部中断请求无效。

（2）循环响应中断。这种错误是 CPU 循环响应某一个中断，使 CPU 不能正常地执行主程序或其他的中断服务程序。这种错误大多发生在外部中断中。若外部中断（$\overline{\text{INT0}}$或$\overline{\text{INT1}}$）以电平触发方式请求中断，当中断服务程序没有有效清除外部中断源（例如，8251 发送和接收中断时，8251 受到干扰将不能被清除）或由于硬件故障使中断源一直有效时，使 CPU 连续响应该中断。

3）输入/输出错误

这类错误包括输入/输出操作杂乱无章或根本无动作，错误的原因包括，没有输入/输出程序，I/O 硬件协调不好（如地址错误、写入的控制字和规定的 I/O 操作不一致等），时间上没有同步，硬件中还存在故障。

4）结果不正确

目标系统基本上已能正常操作，但控制有误动作或者输出的结果不正确。这类错误大多是由于程序中的错误引起的。

2．软件调试方法

软件调试与所选用的软件结构和程序设计技术有关。如果采用实时多任务操作系统，一般是逐个任务进行调试。在调试某一个任务时，同时也调试相关的子程序、中断服务程序和一些操作系统程序。若采用模块程序设计技术，则逐个模块（子程序、中断程序、I/O 程序等）调试好以后，再联成一个大的程序，然后进行系统程序调试。

9.3 单片机应用系统的硬件设计及调试

9.3.1 单片机系统总体设计

设计人员在接到某项单片机应用系统的研制任务后，一般先进行总体设计。总体设计包括以下内容。

1．理解系统功能和技术指标

设计人员在接到某项单片机应用系统的研制任务后，先对用户提出的任务进行深入细致的分析和研究，参考国内外同类或相关产品的有关资料、标准，根据系统的工作环境、具体用途、功能和技术指标，拟订出性价比较高的一套方案，这是系统设计的依据和出发点，也是决定系统设计是否成功的关键。

2．选择单片机类型

自20世纪70年代单片机诞生以来，其发展十分迅速。目前世界上生产单片机的厂商已有几十家，单片机型号有上千种。其中，应用比较多的产品有Intel公司的MCS-48、MCS-51、MCS-96，Philips公司的Philips51及LPC51系列，华邦Winbond的78系列，Atmel公司的89系列，Microchip公司的PIC16系列，Motorola公司M68HC系列，Zilog公司的Z8系列等。

一般来说，在选择单片机类型时，主要综合考虑以下几个问题。

（1）货源充足、稳定。所选单片机芯片在国内元器件市场上货源要稳定、充足，且有成熟的开发设备。

（2）性价比要高。在保证性能指标的情况下，所用芯片价格要尽可能低，使系统有较高的性价比。

（3）研制周期。在研制任务重、时间紧的情况下，应考虑采用自己比较熟悉的产品系列，这样可以较快地进行系统设计。最好选择使用广泛、技术成熟、性能稳定且自己又熟悉的产品系列和型号。

在研制阶段，对于MCS-51兼容芯片来说，可选择带Flash ROM存储器的CPU芯片，如89C5X系列中的89C51/52/54/58，89C5XX2系列中的89C51X2/52X2/54x2/58X2，89C6XX2系列中的89C60X2、89C61X2等，无须擦除器，借助通用编程器即可反复修改应用程序，便于调试。在小批量试产时，可换上相应型号、价格更低的OTP ROM存储器芯片，如87CXX系列中的87C51/52/54/58或87C5XX2系列芯片即可，无须修改硬件（如PCB）和软件。

3．关键器件的选择

在选定单片机类型后，通常还要对一些严重影响系统性能指标的器件（如传感器等）进行选择。例如，一个设计合理的测控系统往往会因为传感器件的精度或使用条件等因素的限制而达不到应有的效果。

4．软、硬件功能划分

同一般的计算机系统一样，单片机应用系统的软件和硬件在逻辑功能上是等效的。具有相同功能的单片机应用系统，其软、硬件功能可以在很宽的范围内变化。一些硬件电路的功能可以由软件来实现，反之亦然。多用硬件来实现一些功能，可以提高系统反应速度，减少存储容量和软件开发的工作量，但会增加硬件成本，降低硬件的利用率，使系统的灵活性与适应性变差。相反，若用软件来实现某些硬件功能，可以节省硬件开支，增强灵活性和适应性，但反应速度会下降，软件设计费用和所需存储器容量也要增加。在总体设计时，必须权衡利弊，仔细划分好硬件和软件的功能。

5．资源分配

一个单片机应用系统所拥有的硬件资源分片内和片外两部分。片内资源是指单片机本身所包含的中央处理器、程序存储器、数据存储器、定时器/计数器、中断源、I/O 接口及串行通信接口等。不同公司不同类型的单片机的这部分硬件资源的种类和数量之间差别很大，当设计人员选定某种型号的单片机进行系统设计时，应充分利用片内的各种硬件资源。但若在应用中，片内的这些硬件资源不够使用，就需要在片外加以扩展。通过系统扩展，单片机应用系统具有了更多的硬件资源，因而有了更强的功能。

由于定时器/计数器、中断源等资源的分配比较容易，下面主要介绍 I/O 引脚资源、ROM 资源和 RAM 资源的分配。

1）I/O 引脚资源分配

单片机芯片各 I/O 引脚功能不完全相同，如部分引脚具有第二输入/输出功能；各 I/O 引脚输出级电路结构不尽相同，如 8XC5X 的 P0 口采用漏极开路输出方式，P1～P3 口采用准双向结构。此外，在 87LPC76X 系列中，P1.5 引脚只能作为输入引脚使用。因此，在分配 I/O 引脚时，需要认真考虑。

2）程序存储器资源分配

片内 ROM 存储器用于存放程序和数据表格。按照 MCS-51 单片机的复位及中断入口的规定，002FH 以前的地址单元都作为中断、复位入口地址区。在这些单元中一般都设置了转移指令，转移到相应的中断服务程序或复位启动程序。当程序存储器中存放的功能程序及子程序数量较多时，应尽可能为它们设置入口地址表。一般的常数、表格集中设置表格区。二次开发扩展区应尽可能放在高位地址区。

3）RAM 资源分配

RAM 分为片内 RAM 和片外 RAM。片外 RAM 的容量比较大，通常用来存放批量大的数据，如采样结果数据；片内 RAM 容量较小，尽可能重叠使用，如数据暂存区与显示、打印缓冲区重叠。

对于 MCS-51 单片机来说，片内 RAM 是指 00H～7FH 单元，这 128 个单元的功能并不完全相同，分配时应注意发挥其各自的特点，做到物尽其用。

9.3.2 硬件设计

硬件设计的任务是根据总体设计要求，在所选定的单片机类型的基础上，具体确定系统中所用的元器件及系统构成方式，设计出系统的电路原理图。必要时做一些部件实验，以验证电路图的正确性、可靠性。当然也包括工艺结构设计、印制板设计等。

1．元器件选择原则

单片机应用系统中可用的各种元器件种类繁多、功能各异、价格不等，这就为用户在元器件功能、特性等方面进行选择提供了较大的自由度。用户必须对自己的系统要求及芯片的特性有充分了解后才能较好地选择所用的元器件。

选择元器件的基本原则是选择那些满足性能指标、可靠性高、经济性好的元器件。选择元器件时应考虑以下因素。

（1）性能参数和经济性。在选择元器件时必须按照器件手册所提供的各种参数（工作条件、电源要求、逻辑特性等）指标综合考虑，但不能单纯追求超出系统性能要求的高速、高精度、高性能。例如，一般10位精度的A/D转换器价格远高于同类8位精度的A/D转换器；陶瓷封装（一般适用于-25～85℃或-55～125℃）的芯片价格略高于塑料封装（0～70℃）的同类型芯片。

（2）通用性。在应用系统中，尽量采用通用的大规模集成电路芯片，这样可大大简化系统的设计、安装和调试，也有助于提高系统的可靠性。

（3）型号和公差。在确定元器件参数之后，还要确定元器件的型号，这主要取决于电路所允许元器件的公差范围。如电解电容可满足一般的应用，但对于电容公差要求高的电路，电解电容则不宜采用。

（4）与系统速度匹配。单片机时钟频率一般可在一定范围内选择（如增强型MCS-51单片机芯片可在 0～33MHz 之间任意选择），在不影响系统性能的前提下，时钟频率选低些好，这样可降低系统内其他元器件的速度要求，从而降低成本和提高系统的可靠性。在选择比较高的时钟频率时，需挑选和单片机速度相匹配的元器件。另一方面，较低的时钟频率会降低晶振电路产生的电磁干扰。

（5）电路类型。对于低功耗应用系统，必须采用CHMOS或CMOS芯片，如74HC系列、CD4000系列，而一般系统可使用TTL数字集成电路芯片。

2．系统构成方式选择

目前用户在构成单片机应用系统时，有以下3种方式可供选择。

（1）专用系统。系统的扩展与配置完全是按照应用系统的功能要求设计的。系统硬件只需满足应用要求，系统中只配备应用软件，故系统有最佳配置，系统的软、硬件资源能得到最充分的利用，但这种系统无自开发能力。采用这种方式要求有较强的硬件开发基础。

（2）模块化系统。由于单片机应用系统的扩展和配置具有典型性，因此有些厂家将这些典型配置做成了用户板（比如主机板、A/D板、D/A板、I/O板、打印机接口板、通信接口板等），供用户选择使用。用户可根据具体需要选择有关的用户板，构成自己的某种测控系统。模块化结构是大、中型应用系统的发展方向，它可大大减少用户在硬件开发上投入的力量。

（3）单片单板机系统。受通用 CPU 单板机（如 TP801 等）的影响，有些厂家用单片机来构成单板机，其硬件按典型应用系统配置，并配有监控程序，具有一定的二次开发能力。但是，单板机的固定结构形式常使应用系统不能获得最佳配置，产品批量大时，软、硬件资源浪费较大，但可以减少系统研制时硬件工作量，并且具有二次开发能力，故可提高系统的研制进度。

3. 系统硬件电路设计原则

一般在系统硬件电路设计时应遵循以下原则。

（1）尽可能选择标准化、模块化的典型电路，且符合单片机应用系统的常规用法。

（2）系统配置及扩展标准必须充分满足系统的功能要求，并留有余地，以利于系统的二次开发。

（3）硬件结构应结合应用程序设计一并考虑。软件能实现的功能尽可能由软件来完成，以简化硬件结构。但“软化”的结果可能会使响应时间比硬件实现时间长，且占用 CPU 时间。对实时性要求高的场合，宜采用硬件实现。

（4）系统中相关的器件要尽可能做到性能匹配。例如，选用 CMOS 芯片单片机构成低功耗的系统时，系统中全部芯片都应选择低功耗的。

（5）单片机外接电路较多时，必须考虑其驱动能力。若驱动能力不足，则系统工作不可靠。这时应增设总线驱动器或者减少芯片功耗，降低总线负载。

（6）可靠性及抗干扰设计是硬件系统设计不可缺少的一部分。可靠性、抗干扰能力与硬件系统自身素质有关，诸如构成系统的各种芯片和元器件的正确选择、电路设计的合理性、印制电路板布线、去耦滤波、通道隔离等，都必须认真考虑。

为了提高单片机控制系统的可靠性，单片机控制系统中的 TTL 电路芯片旁必须放置相应的滤波电容。这一点最容易被线路设计者忽略。

74LS 系列小规模集成电路，每 1～2 块芯片的电源引脚和地之间应加接一个容量为 0.01～0.1μF 的高频滤波电容，滤波电容安装位置尽量接近芯片电源引脚。工作频率越高，滤波电容容量就可以越小。例如，系统工作频率大于 10MHz 时，滤波电容的容量可取 0.01～0.047μF（选择容量为 103、223 或 473 的电容）。

74LS 系列中规模集成电路，如锁存器、译码器、总线驱动器等，每块芯片的电源引脚和地引脚之间均需要加接滤波电容。

此外，在印制板电源入口处应加接容量在 20～47μF 的铝电解或钽电解的低频滤波电容。

（7）TTL 电路未用引脚的处理。在 TTL 单元电路中，一些单元含有多个引脚，当只使用其中部分引脚时，如将“2 输入与非门”作为反相器使用时，就遇到多余引脚处理问题。

对于未用的与门（包括与非门）引脚，可采取：

当电路工作频率不高时，可悬空（视为高电平，但不允许带长开路线）。

当电源电压不超过 5.5V 时，可直接与电源 V_{CC} 相连。优点是无须增加额外的元器件，缺点是当电源部分出现故障，输出电压大于 5.5V 时，可能损坏与电源相连的与非门电路器件。

将所有未用的输入端连在一起，并通过 2.0kΩ电阻接电源 V_{CC}，缺点是需要增加一个电阻。

在前级驱动能力足够时，将多余输入端并接在已使用的输入端上。缺点是除了要求前级电路具有足够的驱动能力外，增加了前级电路的功耗。对于未用的或门（包括或非门）引脚，一律接地。

（8）工艺设计，包括机架、机箱、面板、配线、接插件等，必须考虑安装、调试、维护的方便。

4．印制电路板设计

单片机应用系统产品在结构上离不开用于固定单片机芯片及其他元器件的印制板。通常这类印制板布线密度高，焊点分布密度大，需要双面甚至多层板才能满足电路要求。

印制电路板的元器件布局是电路板的关键，不同的布局将导致不同的电气走线。整体合理的工艺结构，可以消除因布线不当而产生的噪声干扰，同时便于生产中的安装、调试与检修等。

印制电路板的设计，首先从确定板的尺寸大小开始，印制电路板的尺寸因受到机箱外壳大小限制，以插入外壳内为宜。其次，应考虑印制电路板与外接元器件（主要是电位器、键盘、接口或另外印制电路板）的连接方式。印制电路板与外接元件一般通过塑料导线或金属隔离线进行连接，但有时也设计成插座形式。对于安装在印制电路板上较大的元件，要加金属附件固定，以提高耐振、耐冲击性能。

布线时，首先需要对所选用元器件及各种插座的规格、尺寸、面积等有全面的了解，对各部件的位置安排进行合理、仔细的考虑，主要是从电磁场兼容性、抗干扰的角度，考虑布线短、交叉少、电源和接地的路径及去耦等因素。各部件位置定出后，就是各部件的连线，按照电路图连接有关引脚，完成的方法有多种，线路图的设计有计算机辅助设计与手工设计方法两种。

最原始的布线方式是手工布图，这样比较费事，往往要反复多次，才能最终完成，但手工排列布图方法对刚学习印制板设计者来说是很有帮助的。随着计算机科学技术的发展，推出了多种计算机辅助制图，这些专业的绘图软件功能各异，但总的说来，用它们绘制、修改电路图较为方便，并且可以存盘和打印。

9.3.3 可靠性设计

由于单片机芯片主要应用于工业控制、智能化仪器仪表和家用电器，因此对单片机应用系统的可靠性提出了更高的要求。

可靠性是单片机应用系统的重要指标之一，单片机应用系统的可靠性通常是指在规定的条件和时间，完成规定功能的能力。其中，规定条件是指系统工作时所处的环境条件（温度、湿度、振动、电磁干扰等）、维护条件、使用条件等，规定时间是指考察系统是否正常工作的起止时间，规定功能则是系统应当实现的功能。

提高系统的可靠性也就是要减少系统的故障，而引起故障的因素来自系统内部和外部两个方面。

（1）外部因素。例如，环境温度、湿度、电源的波动、电磁干扰、冲击、振动、腐蚀等。

（2）内部因素。它出现在系统的硬件及软件上。其中包括电路连线短路或开路，构成电路的元器件损坏失效等，另外还包括软件设计中的问题。

一个高可靠性的单片机应用系统是通过可靠性设计来产生的，并通过可靠性生产和可靠性使用及维护来保证。因此，在系统设计时要充分利用可靠性的概念和方法考虑系统的硬件设计和软件设计。

9.3.4　硬件调试方法

单片机应用系统的硬件调试和软件调试是分不开的，许多硬件故障是在调试软件时才发现的，但通常是先排除系统中明显的硬件故障后才和软件结合起来调试。

1．常见的硬件故障

1）逻辑错误

样机硬件的逻辑错误是由于设计错误和加工过程中的工艺性错误所造成的。这类错误包括错线、开路、虚焊、短路、相位错等几种，其中虚焊和短路是最常见也较难排除的故障。单片机的应用系统往往要求体积小，从而使印制板的布线密度高，由于工艺原因造成引线之间的短路。开路常常是由于印制板的金属化孔质量不好、虚焊或接插件接触不良引起的。

2）元器件失效

元器件失效的原因有两个方面：一方面是器件本身已损坏或性能指标较差，诸如电阻电容的型号、参数（或离散性引起）不正确，集成电路已损坏，器件的速度、功耗等技术参数不符合要求等；另一方面是由于组装错误造成的元器件失效，如电容、二极管、三极管的极性错误和集成块安装的方向错误等。

3）可靠性差

系统不可靠的因素很多，如金属化孔、虚焊、接插件接触不良会造成系统时好时坏；经不起振动；内部和外部的干扰、电源波纹系数过大、器件负载过大等会造成逻辑电平不稳定。另外，布线不合理等也会带来系统的可靠性问题。

4）电源故障

若样机中存在电源故障，则上电后将造成器件损坏，因此必须单独调试好电源以后才能加到系统的各个部件中。电源的故障包括：电压值不符合设计要求，电源引出线和插座不对应，各挡电源之间的短路，变压器功率不足，内阻大，负载能力差等。

2．硬件调试方法

1）静态测试

在样机加电之前，首先，用万用表等工具根据硬件电气原理图和装配图仔细检查样机线路的正确性，并核对元器件的型号、规格和安装是否符合要求。应特别注意电源的布线，防止电源之间的短路和极性错误，并重点检查扩展系统总线（地址总线、数据总线和控制总线）是否存在相互间的短路或与其他信号线的短路。

其次，加电后检查各插件上引脚的电位，仔细测量各点电位是否正常，尤其应注意单片机插座上的各点电位，若有高压，联机时将会损坏仿真器。

最后，在不加电情况下，除单片机以外，插件上所有的元器件，用仿真插头将样机的单片机插座和 SICE 的仿真接口相连，这样便为联机调试做好了准备。

2）使用仿真器调试

在静态测试中，只对样机硬件进行初步测试，排除一些明显的硬件故障。目标样机中的硬件故障主要是靠联机调试来排除的。静态测试完成后分别打开样机和仿真器电源，就可开始联机调试。

（1）测试扩展RAM存储器。用仿真器的读出/修改目标系统扩展RAM/IO接口的命令，将一批数据写入样机的外部RAM存储器，然后用读样机扩展RAM/IO接口的命令读出外部RAM的内容，若对任意的单元读出和写入的内容一致，则该RAM电路和CPU的连接没有逻辑错误。若存在写不进、读不出或读出和写入内容不一致的现象，则有故障存在。故障原因可能是地址、数据线短路，或读/写信号没有加到芯片，或RAM电路没有加电，或总线信号对 ALE、WR、RD干扰等。此时可编一段程序，循环地对某一RAM单元进行读和写。例如：

```
STRT:   MOV     DPTR，#ADRM          ；ADRM为RAM中一个单元地址
        MOV     A，#0AAH
LOOP:   MOVX    @DPTR，A
        MOVX    A，@DPTR
        SJMP    LOOP
```

连续运行这一段程序，用示波器测试RAM芯片上的选片信号、读信号和写信号，以及地址、数据信号是否正常，以进一步查明故障原因。

（2）测试I/O接口和I/O设备。I/O接口有输入和输出口之分，也有可编程和不可编程的I/O接口差别，应根据系统对I/O接口的定义进行操作。对于可编程接口电路，先用读出/修改命令把控制字写入命令口，使之具有系统所要求的逻辑结构。然后，分别将数据写入输出口，测量或观察输出口和设备的状态变化（如显示器是否被点亮，继电器、打印机是否被驱动等），用读命令读输入口的状态，观察读出内容和输入口所接输入设备（拨盘开关、键盘等）的状态是否一致。如果对I/O接口的读/写操作和I/O设备的状态变化一致，则I/O接口和所连设备没有故障；如果不一致，则根据现象分析故障原因。可能存在的故障有：I/O 电路和单片机连接存在逻辑错误，写入的命令字不正确，设备没有连好等。

（3）测试程序存储器。用仿真器使样机中的EPROM作为目标系统的程序存储器，再用命令读出EPROM中的内容，若读出内容和EPROM内容一致则无故障；否则有错误。一般在目标系统中只有一片EPROM，若有故障很容易定位。

（4）试晶振和复位电路。用选择开关，使目标系统中晶振电路作为系统晶振电路，此时系统若正常工作，则晶振电路无故障；否则检查一下晶振电路便可查出故障所在。按下样机复位开关（如果存在）或样机加电应使系统复位；否则复位电路也有错误。

习题九

1．简述单片机应用系统开发步骤。

2．简述单片机应用系统开发、维护所需工具及各自的用途。

3．单片机应用系统的干扰源主要有哪些？列举常用的软件、硬件抗干扰措施。

4．什么是软件看门狗？简述软件看门狗程序的实现方法。

5．简述对模拟输入信号都有哪些数字滤波方法。

附录 A　MCS−51 单片机指令速查表

MCS−51 单片机指令速查表分别如表 A-1～表 A-5 所示。

表 A-1　数据传送指令

助 记 符	功 能 说 明	字 节 数	指 令 周 期
MOV A,Rn	寄存器内容送入累加器	1	1
MOV A,direct	直接地址单元中的数据送入累加器	2	1
MOV A,@Ri	间接寻址 RAM 中的数据送入累加器	1	1
MOV A,#data8	8 位立即数送入累加器	2	1
MOV Rn,A	累加器内容送入寄存器	1	1
MOV Rn,direct	直接地址单元中的数据送入寄存器	2	2
MOV Rn,#data8	8 位立即数送入寄存器	2	1
MOV direct,A	累加器内容送入直接地址单元	2	1
MOV direct,Rn	寄存器内容送入直接地址单元	2	2
MOV direct,direct	直接地址单元中数据送入直接地址单元	3	2
MOV direct,@Ri	间接寻址 RAM 中的数据送入直接地址单元	2	2
MOV direct,#data8	8 位立即数送入直接地址单元	3	2
MOV @Ri,A	累加器内容送入间接寻址 RAM 单元	1	1
MOV @Ri,direct	直接地址单元中数据送入间接寻址 RAM 单元	2	2
MOV @Ri,#data8	8 位立即数送入间接寻址 RAM 单元	2	1
MOV DPTR,#data16	16 位立即数送入数据指针	3	2
MOVC A,@A+DPTR	以 DPTR 为基址的查表指令	1	1
MOVC A,@A+PC	以 PC 为基址的查表指令	1	2
MOVX A,@DPTR	外部数据单元内容送入累加器	1	2
MOVX A,@Ri	外部数据单元内容送入累加器	1	2
MOVX @DPTR,A	累加器内容送入外部数据单元	1	2
MOVX @Ri,A	累加器内容送入外部数据单元	1	2
PUSH direct	直接地址单元数据压入堆栈	2	2
POP direct	堆栈中的数据弹出到直接地址单元	2	2
XCH A,Rn	寄存器与累加器交换	1	1
XCH A,direct	直接地址单元与累加器交换	2	1
XCH A,@Ri	间接寻址 RAM 单元数据与累加器交换	1	1
XCHD A,@Ri	间接寻址 RAM 单元数据与累加器进行低半字节交换，高半字节不变	1	1

表 A-2 算术运算指令

助 记 符	功 能 说 明	字 节 数	指 令 周 期
ADD A,Rn	寄存器内容加到累加器	1	1
ADD A,direct	直接地址单元中的内容加到累加器	2	1
ADD A,@Ri	间接寻址 RAM 单元中的内容加到累加器	1	1
ADD A,#data8	8 位立即数加到累加器	2	1
ADDC A,Rn	寄存器内容带进位加到累加器	1	1
ADDC A,direct	直接地址单元中的内容带进位加到累加器	2	1
ADDC A,@Ri	间接寻址 RAM 单元中的内容带进位加到累加器	1	1
ADDC A,#data8	8 位立即数带进位加到累加器	2	1
SUBB A,Rn	累加器带借位减寄存器内容	1	1
SUBB A,direct	累加器带借位减直接地址单元中的内容	2	1
SUBB A,@Ri	累加器带借位减间接寻址 RAM 单元中的内容	1	1
SUBB A,#data8	累加器带借位减 8 位立即数	2	1
INC A	累加器加 1	1	1
INC Rn	寄存器加 1	1	1
INC direct	直接地址单元中的内容加 1	2	1
INC @Ri	间接寻址 RAM 单元中的内容加 1	1	1
INC DPTR	数据指针加 1	1	2
DEC A	累加器减 1	1	1
DEC Rn	寄存器减 1	1	1
DEC direct	直接地址单元中的内容减 1	2	1
DEC @Ri	间接寻址 RAM 单元中的内容减 1	1	1
MUL AB	A 乘以 B	1	4
DIV AB	A 除以 B	1	4
DA A	累加器进行十进制调整	1	1

表 A-3 逻辑运算指令

助 记 符	功 能 说 明	字 节 数	指 令 周 期
ANL A,Rn	累加器与寄存器相“与”	1	1
ANL A,direct	累加器与直接地址单元相“与”	2	1
ANL A,@Ri	累加器与间接寻址 RAM 单元相“与”	1	1
ANL A,#data8	累加器与 8 位立即数相“与”	2	1
ANL direct,A	直接地址单元与累加器相“与”	2	1
ANL direct,#data8	直接地址单元与 8 位立即数相“与”	3	2
ORL A,Rn	累加器与寄存器相“或”	1	1
ORL A,direct	累加器与直接地址单元相“或”	2	1
ORL A,@Ri	累加器与间接寻址 RAM 单元相“或”	1	1
ORL A,#data8	累加器与 8 位立即数相“或”	2	1
ORL direct,A	直接地址单元与累加器相“或”	2	1
ORL direct,#data8	直接地址单元与 8 位立即数相“或”	3	2
XRL A,Rn	累加器与寄存器相“异或”	1	1

续表

助　记　符	功 能 说 明	字　节　数	指 令 周 期
XRL A,direct	累加器与直接地址单元相“异或”	2	1
XRL A,@Ri	累加器与间接寻址 RAM 单元相“异或”	1	1
XRL A,#data8	累加器与 8 位立即数相“异或”	2	1
XRL direct,A	直接地址单元与累加器相“异或”	2	1
XRL direct,#data8	直接地址单元与 8 位立即数相“异或”	3	2
CLR A	累加器清 0	1	1
CPL A	累加器取反	1	1
RL　A	累加器循环左移	1	1
RLC A	累加器带进位位循环左移	1	1
RR A	累加器循环右移	1	1
RRC A	累加器带进位位循环右移	1	1
SWAP A	累加器高、低半字节相交换	1	1

表 A-4　控制转移指令

助　记　符	功 能 说 明	字　节　数	指 令 周 期
ACALL　addr11	绝对短调用子程序	2	2
LCALL　addr16	长调用子程序	3	2
RET	子程序返回	1	2
RETI	中断返回	1	2
AJMP　addr11	绝对短转移	2	2
LJMP　addr16	长转移	3	2
SJMP　rel	相对转移	2	2
JMP　@A+DPTR	相对于 DPTR 的间接转移	1	2
JZ　rel	累加器为零则转移	2	2
JNZ　rel	累加器非零则转移	2	2
CJNE A, direct, rel	累加器与直接地址单元比较，不等则转移	3	2
CJNE A, #data8, rel	累加器与 8 位立即数比较，不等则转移	3	2
CJNE Rn, #data8, rel	寄存器与 8 位立即数比较，不等则转移	3	2
CJNE @Ri,#data8, rel	间接寻址 RAM 单元与 8 位立即数比较，不等则转移	3	2
DJNZ Rn,rel	寄存器减 1，非零转移	3	2
DJNZ direct,rel	直接地址单元减 1，非零转移	3	2
NOP	空操作	1	1

表 A-5　布尔变量操作指令

助　记　符	功 能 说 明	字　节　数	指 令 周 期
CLR C	清进位位	1	1
CLR bit	清直接地址位	2	1
SETB C	置进位位	1	1
SETB bit	置直接地址位	2	1
CPL C	进位位求反	1	1

续表

助 记 符	功 能 说 明	字 节 数	指 令 周 期
CPL bit	直接地址位求反	2	1
ANL C , bit	直接地址位与进位位相“与”	2	2
ANL C , bit	直接地址位的反码与进位位相“与”	2	2
ORL C , bit	直接地址位与进位位相“或”	2	2
ORL C , bit	直接地址位的反码与进位位相“或”	2	2
MOV C , bit	直接地址位送入进位位	2	2
MOV bit , C	进位位送入直接地址位	2	2
JC rel	进位位为“1”则转移	2	2
JNC rel	进位位为“0”则转移	2	2
JB bit , rel	直接地址位为“1”则转移	3	2
JNB bit , rel	直接地址位为“0”则转移	3	2
JBC bit , rel	直接地址位为“1”则转移，并清0该位	3	2

参 考 文 献

[1] 苏家健，等．单片机原理及应用技术．北京：高等教育出版社，2004．
[2] 李广弟．单片机基础．北京：航空航天大学出版社，2001．
[3] 吴立新．实用电子技术手册．北京：机械工业出版社，2002．
[4] 胡汉才．单片机原理及其接口技术．北京：清华大学出版社，2001．
[5] 陈光东，等．单片微型计算机原理与接口技术．武昌：华中理工大学出版社，1993．
[6] 张迎新，等．单片微型计算机原理、应用及接口技术．北京：国防工业出版社，2004．
[7] 闫玉德，俞虹．MCS-51 单片机原理与应用．北京：机械工业出版社，2002．
[8] 谢维成，杨加国．单片机原理与应用及 C51 程序设计．北京：清华大学出版社，2009．
[9] 夏路易．单片机技术基础教程与实践．北京：电子工业出版社，2008．
[10] 刘坤，等．51 单片机 C 语言应用开发技术大全．北京：人民邮电出版社，2008．
[11] 徐爱钧．单片机原理与应用：基于 Proteus 虚拟仿真技术．北京：机械工业出版社，2010．
[12] RTX51 Tiny 用户手册．MICRODIGITAL ELECTRONIC LIMITED．
[13] 阳艳，等．嵌入式操作系统 RTX51 Tiny 的分析及应用．计算机技术与发展．Vol16(6)，2006．

反侵权盗版声明